战略性新兴领域“十四五”高等教育系列教材

绿色智能建造概论

主　编　岳中文　郭东明
副主编　张　彬　侯敬峰
参　编　周予启　贺丽洁　李伟捷　刘　康

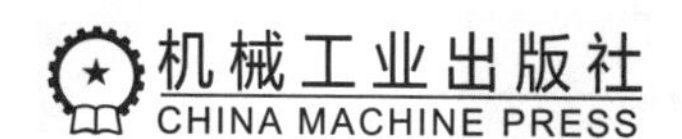

本书以绿色智能建造为中心，分7章介绍了绿色智能建造的相关概念和主要内容。第1章为绪论，介绍了智能建造、绿色建造和绿色智能建造的概念，并举例介绍了绿色智能建造的应用。第2～4章分别介绍了绿色智能建造技术、软件和装备。其中，绿色智能建造技术包括BIM技术、三维逆向建模技术、数字孪生技术、物联网技术等；绿色智能建造软件包括数字化建模软件、建筑性能分析软件、结构设计软件、数值模拟软件、工程造价软件和智慧工地管理平台软件；绿色智能建造装备包括3D打印设备、建筑机器人、空中造楼机和无人机。第5～7章分别介绍了绿色建筑设计、绿色智能施工和绿色智能运维。其中，绿色建筑设计介绍了场地规划设计、物理环境设计、建筑材料应用、建筑构造选型和绿色能源利用；绿色智能施工详细介绍了绿色施工和智能施工，并提供了典型工程案例；绿色智能运维主要介绍了运维内涵、相关技术、运维系统及典型案例。

本书可作为高等学校智能建造、土木工程等专业本科生的教学用书，也可作为智能建造、土木工程从业人员的参考书。

图书在版编目（CIP）数据

绿色智能建造概论 / 岳中文，郭东明主编. -- 北京 ：机械工业出版社，2024. 11. --（战略性新兴领域“十四五”高等教育系列教材）. -- ISBN 978-7-111-76715-2

Ⅰ. TU74-39

中国国家版本馆 CIP 数据核字第 2024R3C237 号

机械工业出版社（北京市百万庄大街22号　邮政编码100037）

策划编辑：刘春晖　　　　　责任编辑：刘春晖　宫晓梅

责任校对：郑　雪　李小宝　　封面设计：马若濛

责任印制：邓　博

北京盛通印刷股份有限公司印刷

2024年12月第1版第1次印刷

184mm×260mm · 13.5印张 · 314千字

标准书号：ISBN 978-7-111-76715-2

定价：49.80 元

电话服务　　　　　　　　　网络服务

客服电话：010-88361066　　机　工　官　网：www.cmpbook.com

　　　　　010-88379833　　机　工　官　博：weibo.com/cmp1952

　　　　　010-68326294　　金　　书　　网：www.golden-book.com

　机工教育服务网：www.cmpedu.com

系列教材编审委员会

丛书序一

面对全球气候变化日益严峻的形势，碳中和已成为各国政府、企业和社会各界关注的焦点。早在 2015 年 12 月，第二十一届联合国气候变化大会上通过的《巴黎协定》首次明确了全球实现碳中和的总体目标。2020 年 9 月 22 日，习近平主席在第七十五届联合国大会一般性辩论上，首次提出碳达峰新目标和碳中和愿景。党的二十大报告提出，“积极稳妥推进碳达峰碳中和”。围绕碳达峰碳中和国家重大战略部署，我国政府发布了系列文件和行动方案，以推进碳达峰碳中和目标任务实施。

2023 年 3 月，教育部办公厅下发《教育部办公厅关于组织开展战略性新兴领域“十四五”高等教育教材体系建设工作的通知》（教高厅函〔2023〕3 号），以落实立德树人根本任务，发挥教材作为人才培养关键要素的重要作用。中国矿业大学（北京）刘波教授团队积极行动，申请并获批建设未来产业（碳中和）领域之一系列教材。为建设高质量的未来产业（碳中和）领域特色的高等教育专业教材，融汇产学共识，凸显数字赋能，由 63 所高等院校、31 家企业与科研院所的 165 位编者（含院士、教学名师、国家千人、杰青、长江学者等）组成编写团队，分碳中和基础、碳中和技术、碳中和矿山与碳中和建筑四个类别（共计 14 本）编写。本系列教材集理论、技术和应用于一体，系统阐述了碳捕集、封存与利用、节能减排等方面的基本理论、技术方法及其在绿色矿山、智能建造等领域的应用。

截至 2023 年，煤炭生产消费的碳排放占我国碳排放总量的 63%左右，据《2023 中国建筑与城市基础设施碳排放研究报告》，全国房屋建筑全过程碳排放总量占全国能源相关碳排放的 38. 2%，煤炭和建筑已经成为碳减排碳中和的关键所在。本系列教材面向国家战略需求，聚焦煤炭和建筑两个行业，紧跟国内外最新科学研究动态和政策发展，以矿业工程、土木工程、地质资源与地质工程、环境科学与工程等多学科视角，充分挖掘新工科领域的规律和特点、蕴含的价值和精神；融入思政元素，以彰显“立德树人”育人目标。本系列教材突出基本理论和典型案例结合，强调技术的重要性，如高碳资源的低碳化利用技术、二氧化碳转化与捕集技术、二氧化碳地质封存与监测技术、非二氧化碳类温室气体减排技术等，并列举了大量实际应用案例，展示了理论与技术结合的实践情况。同时，邀请了多位经验丰富的专家和学者参编和指导，确保教材的科学性和前瞻性。本系列教材力求提供全面、可持续的解决方案，以应对碳排放、减排、中和等方面的挑战。

本系列教材结构体系清晰，理论和案例融合，重点和难点明确，用语通俗易懂；融入了编写团队多年的实践教学与科研经验，能够让学生快速掌握相关知识要点，真正达到学以致用的效果。教材编写注重新形态建设，灵活使用二维码，巧妙地将微课视频、模拟试卷、虚拟结合案例等应用样式融入教材之中，以激发学生的学习兴趣。

本系列教材凝聚了高校、企业和科研院所等编者们的智慧，我衷心希望本系列教材能为从事碳排放碳中和领域的技术人员、高校师生提供理论依据、技术指导，为未来产业的创新发展提供借鉴。希望广大读者能够从中受益，在各自的领域中积极推动碳中和工作，共同为建设绿色、低碳、可持续的未来而努力。

谢和平

中国工程院院士

深圳大学特聘教授

2024 年 12 月

丛书序二

2015年12月，第二十一届联合国气候变化大会上通过的《巴黎协定》首次明确了全球实现碳中和的总体目标，“在本世纪下半叶实现温室气体源的人为排放与汇的清除之间的平衡”，为世界绿色低碳转型发展指明了方向。2020年9月22日，习近平主席在第七十五届联合国大会一般性辩论上宣布，“中国将提高国家自主贡献力度，采取更加有力的政策和措施，二氧化碳排放力争于2030年前达到峰值，努力争取2060年前实现碳中和”，首次提出碳达峰新目标和碳中和愿景。2021年9月，中共中央、国务院发布《中共中央 国务院关于完整准确全面贯彻新发展理念做好碳达峰碳中和工作的意见》。2021年10月，国务院印发《2030年前碳达峰行动方案》，推进碳达峰碳中和目标任务实施。2024年5月，国务院印发《2024—2025年节能降碳行动方案》，明确了2024—2025年化石能源消费减量替代行动、非化石能源消费提升行动和建筑行业节能降碳行动具体要求。

党的二十大报告提出，“积极稳妥推进碳达峰碳中和”“推动能源清洁低碳高效利用，推进工业、建筑、交通等领域清洁低碳转型”。聚焦“双碳”发展目标，能源领域不断优化能源结构，积极发展非化石能源。2023年全国原煤产量47.1亿t、煤炭进口量4.74亿t，2023年煤炭占能源消费总量的占比降至55.3%，清洁能源消费占比提高至26.4%，大力推进煤炭清洁高效利用，有序推进重点地区煤炭消费减量替代。不断发展降碳技术，二氧化碳捕集、利用及封存技术取得明显进步，依托矿山、油田和咸水层等有利区域，降碳技术已经得到大规模应用。国家发展改革委数据显示，初步测算，扣除原料用能和非化石能源消费量后，“十四五”前三年，全国能耗强度累计降低约7.3%，在保障高质量发展用能需求的同时，节约化石能源消耗约3.4亿t标准煤、少排放CO_2约9亿t。但以煤为主的能源结构短期内不能改变，以化石能源为主的能源格局具有较大发展惯性。因此，我们需要积极推动能源转型，进行绿色化、智能化矿山建设，坚持数字赋能，助力低碳发展。

联合国环境规划署指出，到2030年若要实现所有新建筑在运行中的净零排放，建筑材料和设备中的隐含碳必须比现在水平至少减少40%。据《2023中国建筑与城市基础设施碳排放研究报告》，2021年全国房屋建筑全过程碳排放总量为40.7亿t CO_2，占全国能源相关碳排放的38.2%。建材生产阶段碳排放17.0亿t CO_2，占全国的16.0%，占全过程碳排放的41.8%。因此建筑建造业的低能耗和低碳发展势在必行，要大力发展节能低碳建筑，优化建筑用能结构，推行绿色设计，加快优化建筑用能结构，提高可再生能源使用比例。

面对新一轮能源革命和产业变革需求，以新质生产力引领推动能源革命发展，近年来，中国矿业大学（北京）调整和新增新工科专业，设置全国首批碳储科学与工程、智能采矿工程专业，开设新能源科学与工程、人工智能、智能建造、智能制造工程等专业，积极响应未来产业（碳中和）领域人才自主培养质量的要求，聚集煤炭绿色开发、碳捕集利用与封存等领域前沿理论与关键技术，推动智能矿山、洁净利用、绿色建筑等深度融合，促进相关学科数字化、智能化、低碳化融合发展，努力培养碳中和领域需要的复合型创新人才，为教育强国、能源强国建设提供坚实人才保障和智力支持。

为此，我们团队积极行动，申请并获批承担教育部组织开展的战略性新兴领域“十四五”高等教育教材体系建设任务，并荣幸负责未来产业（碳中和）领域之一系列教材建设。本系列教材共计 14 本，分为碳中和基础、碳中和技术、碳中和矿山与碳中和建筑四个类别，碳中和基础包括《碳中和概论》《碳资产管理与碳金融》和《高碳资源的低碳化利用技术》，碳中和技术包括《二氧化碳转化原理与技术》《二氧化碳捕集原理与技术》《二氧化碳地质封存与监测》和《非二氧化碳类温室气体减排技术》，碳中和矿山包括《绿色矿山概论》《智能采矿概论》《矿山环境与生态工程》，碳中和建筑包括《绿色智能建造概论》《绿色低碳建筑设计》《地下空间工程智能建造概论》和《装配式建筑与智能建造》。本系列教材以碳中和基础理论为先导，以技术为驱动，以矿山和建筑行业为主要应用领域，加强系统设计，构建以碳源的降、减、控、储、用为闭环的碳中和教材体系，服务于未来拔尖创新人才培养。

本系列教材从矿业工程、土木工程、地质资源与地质工程、环境科学与工程等多学科融合视角，系统介绍了基础理论、技术、管理等内容，注重理论教学与实践教学的融合融汇；建设了以知识图谱为基础的数字资源与核心课程，借助虚拟教研室构建了知识图谱，灵活使用二维码形式，配套微课视频、模拟试卷、虚拟结合案例等资源，凸显数字赋能，打造新形态教材。

本系列教材的编写，组织了 63 所高等院校和 31 家企业与科研院所，编写人员累计达到 165 名，其中院士、教学名师、国家千人、杰青、长江学者等 24 人。另外，本系列教材得到了谢和平院士、彭苏萍院士、何满潮院士、武强院士、葛世荣院士、陈湘生院士、张锁江院士、崔愷院士等专家的无私指导，在此表示衷心的感谢！

未来产业（碳中和）领域的发展方兴未艾，理论和技术会不断更新。编撰本系列教材的过程，也是我们与国内外学者不断交流和学习的过程。由于编者们水平有限，教材中难免存在不足或者欠妥之处，敬请读者不吝指正。

刘波

教育部战略性新兴领域“十四五”高等教育教材体系

未来产业（碳中和）团队负责人

2024 年 12 月

前　言

改革开放以来，我国土木工程建设取得了举世瞩目的成就。然而与之相伴随的是日益严重的资源、能耗、环境和人口问题。据统计，全球范围内40%的能源消耗、40%的固体废弃物、38%的温室气体排放以及12%的水资源消耗均来源于建筑业。此外，近年来，人口老龄化问题日益突出，存在用工荒等问题。

为解决上述问题，近年来国家颁布了多项政策和文件，大力推动绿色智能建造技术的研发和应用。2021年3月，《中华人民共和国国民经济和社会发展第十四个五年规划和2035年远景目标纲要》公布，提出“发展智能建造，推广绿色建材、装配式建筑和钢结构住宅，建设低碳城市”要求。2022年，我国住房和城乡建设部出台《“十四五”建筑业发展规划》，明确提出“到2035年，建筑业发展质量和效益大幅提升，建筑工业化全面实现”。

在此背景下，绿色智能建造技术、软件和装备不断推陈出新，在土木工程设计、施工和运维环节中正扮演着日益重要的角色，如BIM、数字孪生、物联网等技术，以及建筑机器人、空中造楼机等装备。

本书是战略性新兴领域“十四五”高等教育系列教材之一，将绿色发展与智能建造相结合，重点介绍智能建造如何助力行业绿色发展。本书共7章，分别是绪论、绿色智能建造技术、绿色智能建造软件、绿色智能建造装备、绿色建筑设计、绿色智能施工和绿色智能运维。

本书由岳中文和郭东明任主编，张彬和侯敬峰任副主编。具体编写分工如下：第1章由岳中文编写，第2章由郭东明和刘康编写，第3章由张彬编写，第4章由李伟捷编写，第5章由贺丽洁编写，第6章由周予启编写，第7章由侯敬峰编写。

本书在编写过程中参考了很多文献，在此向原作者表示诚挚的谢意。

限于编者水平，书中难免存在不妥之处，敬请广大读者批评指正。

编　者

目 录

第1章 绪论

1.1 智能建造

1.1.1 智能建造的背景

习近平总书记在2019年新年贺词中指出："中国制造、中国创造、中国建造共同发力，继续改变着中国的面貌。"我国经历了史无前例的大规模基础设施建设，为土木工程的科技创新提供了前所未有的机遇。过去30多年，我国的工程建造取得了巨大成就。根据阿卡迪全球建筑资产财富指数，2014年我国建筑资产规模首次超过美国成为全球建筑规模最大的国家。

在工程建造技术领域，我国重大工程建造科技总体上已经达到国际先进水平。在超高层建筑、大跨度空间结构、跨江跨海超长桥隧等领域，我国工程设计建造和集成技术应用已居于世界领先水平，创造了多项世界第一，高铁建设更是我国一张靓丽的名片。我国自主研发了以钢-混凝土组合结构、大跨空间结构、预应力结构等为代表的系列结构新技术，其综合指标居于世界先进水平，在节约资源、提高安全水平、改善居住品质、减少劳动用工等方面优势显著。我国在大型复杂结构和超高层建筑结构设计、分析和施工关键技术方面取得了一系列具有自主知识产权、国际先进的核心技术成果，在材料、设计、施工、运维等方面解决了一系列关键的技术难题，实现了技术极限与传统认知的不断突破，有力地保障了我国重大标志性工程的建设水平。

然而，建筑行业发展的同时也伴随着严重的资源、能耗与环境问题。据统计，全球范围内40%的能源消耗、40%的固体废弃物、38%的温室气体排放以及12%的水资源消耗均来源于建筑业。我国作为全球第一建设大国，既有建筑物及每年新增建筑物的体量和规模都居世界前列。据《2023中国建筑与城市基础设施碳排放研究报告》统计，2021年我国房屋建筑全过程碳排放总量达到了40.7亿t CO_2，占全国能源相关碳排放的38.2%。在我国"双碳"政策背景下，建筑行业面临着巨大的减排压力。

与此同时，传统建造模式一直存在着工业化程度低、劳动力需求大、生产方式落后、生产效益不高等问题。而近年来老龄化问题日益突出、劳动力持续减少、人力成本显著提高，这些趋势将对土木工程产业形态产生极其深远的影响。传统的土木工程产业模式将愈发无所适从，破解难题的核心在于提升土木工程产业的劳动生产率。随着劳动力价格的不断升高，劳动力缺口将逼迫土木工程产业持续转型升级，向工业化和智能化方向发展。土木工程技术是一项古老的传统工程技术，其大规模、粗放式、以消耗大量人力资源为特征的运作模式将愈发与世界经济社会的发展模式和需求格格不入。

当前，以物联网、大数据、云计算、人工智能为代表的新一代信息技术，正在催生新一轮的产业革命，为产业变革与升级提供了历史性机遇。土木工程建造技术将逐步展现出现代化、工业化、智能化的特征。随着信息化技术、3D 打印技术以及物联网、大数据等技术的不断涌入，土木工程将彻底改变碎片化、粗放式的工程建造模式，实现高水平智能化的建造过程，并由此带来节水、节能、节时、节材、节地等一系列效益，绿色建造以及可持续建造理念也将得到普及。

全球主要工业化国家均因地制宜地制定了以智能建造为核心的建筑业发展战略。美国在 2007 年就规定所有重要工程项目都要使用建筑信息模型（Building Information Modeling，BIM）技术，通过使用信息技术实现低碳绿色发展，并在 2017 年发布了重点关注建造过程的《美国基础设施重建战略规划》。新加坡是最早应用 BIM 处理与审查建筑物全生命周期项目文件的国家之一。审查包括城市设计审查、建筑设计审查、结构设计审查、临时施工许可、消防安全、法令完成证书、定期结构检查等。2010 年，新加坡公共工程全面要求设计施工应导入 BIM。2015 年，开始要求以 BIM 进行所有的公私建筑工程建设。英国推出了《英国建造 2025》战略，致力于提升 BIM 在建筑业中的应用程度，增加装配式建筑的比例和建筑构件异地制造的比例，以及促进使用新一代智能技术。日本制定了“i-Construction（建设工地生产力革命）”战略，为建筑企业和建筑行业制定了发展目标，着力提升建筑产品的品质、安全和效益，预期 2025 年建筑工地生产率提高 20%。德国于 2015 年发布了《数字化设计与建造发展路线图》，提出了工程建造领域的数字化设计、施工和运营的变革路径。其核心内容是通过推广 BIM 技术，从而优化设计精度和成本控制。同时，在工业 4.0 的背景下大力推进建筑业数字化升级，在建筑领域促进工业化与信息化的深度融合。

我国也制定了建筑业工业化与信息化相融合的智能建造发展战略。2018 年，习近平总书记在中国科学院第十九次院士大会、中国工程院第十四次院士大会上指出，“世界正在进入以信息产业为主导的经济发展时期。我们要把握数字化、网络化、智能化融合发展的契机，以信息化、智能化为杠杆培育新动能”“要推进互联网、大数据、人工智能同实体经济深度融合，做大做强数字经济”。党中央国务院高度重视智能建造发展，国家相关部门也就发展智能建造达成了共识。2020 年以来，国家对发展智能建造做出了一系列工作部署，住房和城乡建设部会同相关部门出台了《关于推动智能建造与建筑工业化协同发展的指导意见》等政策文件，初步完成了顶层制度设计。全国多地积极响应国家政策，出台了实施意见，推动智能建造各项任务落实落地。2021 年 3 月发布的《中华人民共和国国民经济和社会发展第十四个五年规划和 2035 年远景目标纲要》，首次从国家层面将发展智能建造作为推进新型城市建设、全面提升城市品质的重要内容，为推动建筑业转型升级指明了方向。此外，中共中央、国务院印发的《国家标准化发展纲要》和中共中央办公厅、国务院办公厅印发的《关于推动城乡建设绿色发展的意见》都对发展智能建造提出了明确要求。我国住房和城乡建设部等部门也出台了相关政策文件，见表 1-1。《“十四五”建筑业发展规划》明确提出，“到 2035 年，建筑业发展质量和效益大幅提升，建筑工业化全面实现”。同时提出了加快智能建造与新型建筑工业化协同发展的任务，主要包括推广数字化协同设计、加快建筑机器人研发和应用、推广绿色建造方式等 7 个分任务，为建筑行业向绿色化、智能化以及高效化转型指明了目标和方向。2022 年 11 月，住房和城乡建设部将北京市、天津市、重庆市等 24 个城市列为智能建造试点城市，试点为期 3 年。

表 1-1　住房和城乡建设部等部门关于发展智能建造的政策文件

时间	文件名称	相关内容
2020 年 7 月	住房和城乡建设部等 13 部门《关于推动智能建造与建筑工业化协同发展的指导意见》	到 2025 年，我国智能建造与建筑工业化协同发展的政策体系和产业体系基本建立，建筑产业互联网平台初步建立，推动形成一批智能建造龙头企业，打造“中国建造”升级版。到 2035 年，我国智能建造与建筑工业化协同发展取得显著进展，建筑工业化全面实现，迈入智能建造世界强国行列
2021 年 3 月	国家发展改革委会等 28 部门《加快培育新型消费实施方案》	推动智能建造与建筑工业化协同发展，建设建筑产业互联网，推广钢结构装配式等新型建造方式，加快发展“中国建造”
2021 年 8 月	民航局《推动民航智能建造与建筑工业化协同发展的行动方案》	到 2025 年末，民航设计、施工的龙头企业基本具备数字化设计、智能建造的实施能力，初步形成与民航智能建造及建筑工业化相适应的行业标准及监管模式，民航建设管理水平有效提升，形成一批数字化设计及智能建造的示范性项目，智能建造与建筑工业化的应用项目投资占比达到 50%
2021 年 9 月	住房和城乡建设部等 8 部门《物联网新型基础设施建设三年行动计划（2021—2023 年）》	在智慧城市、数字乡村、智能交通、智慧农业、智能制造、智能建造、智慧家居等重点领域，加快部署感知终端、网络和平台，形成一批基于自主创新技术产品、具有大规模推广价值的行业解决方案，有力支撑新型基础设施建设。加快智能传感器、射频识别、二维码、近场通信、低功耗广域网等物联网技术在建材部品生产采购运输、BIM 协同设计、智慧工地、智慧运维、智慧建筑等方面的应用。利用物联网技术提升对建造质量、人员安全、绿色施工的智能管理与监管水平
2021 年 11 月	工业和信息化部《“十四五”信息通信行业发展规划》	推动智能建造与建筑工业化协同发展，实施智能建造能力提升工程，培育智能建造产业基地，建设建筑业大数据平台，实现智能生产、智能设计、智慧施工和智慧运维
2022 年 1 月	住房和城乡建设部《“十四五”建筑业发展规划》	智能建造与新型建筑工业化协同发展的政策体系和产业体系基本建立，装配式建筑占新建建筑的比例达到 30% 以上，打造一批建筑产业互联网平台，形成一批建筑机器人标志性产品，培育一批智能建造和装配式建筑产业基地
2022 年 6 月	住房和城乡建设部、国家发展改革委《城乡建设领域碳达峰实施方案》	推广智能建造，到 2030 年培育 100 个智能建造产业基地，打造一批建筑产业互联网平台，形成一系列建筑机器人标志性产品

1.1.2 智能建造的概念

近几年，智能建造成为建筑行业的高频词汇，仅住房和城乡建设部印发的《“十四五”建筑业发展规划》中“智能化”一词出现频次就达30次之多。但是，整体上智能建造在我国还处于摸索发展阶段，相关理论和技术体系尚不完善，学术界和工业界对于智能建造尚未形成统一的定义。

中国工程院院士、华中科技大学丁烈云教授认为，智能建造是新一代信息技术与工程建造融合形成的工程建造创新模式，即利用以“三化”（数字化、网络化、智能化）和“三算”（算据、算力、算法）为特征的新一代信息技术，在实现工程建造要素资源数字化的基础上，通过规范化建模、网络化交互、可视化认知、高性能计算及智能化决策支持，实现数字链驱动下的工程立项策划、规划设计、施（加）工生产、运维服务一体化集成与高效率协同，不断拓展工程建造价值链、改造产业结构形态，向用户交付以人为本、绿色可持续的智能化工程产品与服务。智能建造的核心是发展面向全产业链一体化的工程软件、面向智慧工地的工程物联网、面向人机共融的智能化工程机械、面向智能决策的工程大数据，支持工程建造全过程、全要素、全参与方协同。

中国工程院院士、中国建筑股份有限公司首席专家肖绪文指出，智能建造的核心包括三个方面：①构建工程建造信息模型（Engineering Information Modeling，EIM）管控平台。EIM管控平台是针对工程项目建造的全过程、全参与方和全要素的系统化管控而开发的建造过程多源信息自动化管控系统。②数字化协同设计。利用现代化信息技术对工程项目的工程立项、设计与施工的策划阶段，进行全专业、全过程、全系统协同策划。③机器人施工。在EIM管控平台和建筑信息模型技术的驱动下，机器人代替人完成工程量大、重复作业多、危险环境、繁重体力消耗等情况下的施工作业。

中国工程院院士、中国人民解放军陆军工程大学钱七虎教授认为，智能建造是以可持续发展和以人为本理念，综合运用信息技术、自动化技术、物联网技术、材料工程技术、大数据技术、人工智能技术，对建造过程的技术和管理多个环节进行集成改造和创新，实现精细化、数字化、自动化、可视化和智能化，最大限度地节约资源、保护环境，降低劳动强度和改善作业条件，最大限度地提高工程质量、降低工程安全风险的工程建造活动。

中国工程院院士、重庆大学周绪红教授指出，智能建造是以机器学习等智能算法为核心，融合新一代信息技术和工程建造技术，代替需要人类智能才能完成的复杂工作，具有“自学习、自适应、自决策、自执行”特征的新型生产方式。

清华大学土木工程系马智亮教授认为，智能建造是将智能及相关技术充分利用于建造过程中，以实现少人、经济、安全、优质的建造过程为目的，以智能及相关技术为手段，以智能化系统为表现形式的新型建造模式。智能建造应具有灵敏感知、高速传递、精准识别、快速分析、优化决策、自动控制和替代作业的特征。

北京工业大学刘占省教授认为，智能建造技术覆盖建筑工程的设计、施工、运维等建筑物全生命周期的各个阶段，是以土木工程建造技术为基础，以现代信息技术和智能技术为支撑，以项目管理理论为指导，以智能化管理信息系统为表现形式，通过构建现实世界与虚拟世界的孪生模型和双向映射，对建造过程和建筑物进行感知、分析、控制，实现建造过程的精细化、高品质、高效率的一种土木工程建设模式。

1.2 绿色建造

工程建设的最终目的是为人类创造幸福家园，但客观上工程建设活动在为民众创造福祉的同时，也对自然环境造成了一定的负面影响。

绿色建造是指体现可持续发展的理念，立足于工程建设总体，在施工图设计和施工全过程中，在保证安全和质量的前提下，通过科学管理和技术进步，提高资源利用效率，最大限度地节约资源和能源，减少污染，保护环境，实现绿色建筑产品的工程建设活动。具体而言，绿色建造的发展方向：一是要把保护和节约资源放在非常重要的位置来研究，不仅包括节能、节水、节地、节材，还要节约人力资源和设备资源。二是保护环境和控制污染，污染包括固体废弃物污染、水污染、气体污染和噪声污染等。三是要以人为本减轻劳动强度，改善作业条件。装配化的提出，实质上就是为了最大限度地减少现场的工作量，减轻劳动强度，改善作业条件。四是要推进建造的机械化、工业化和信息化。五是要基于工程项目管理模式进行创新，工程项目总承包负总责（Planning Engineering Procurement Construction，PEPC）的承包模式与基于全生命周期的工程设计咨询服务（Design Consult Service，DCS）相结合的工程项目管理模式（PEPC+DCS），有利于推进绿色建造，培养企业自立于市场，并应在建设行业加大研究推进的力度。

很多发达国家已经制定了关于建造业方面的规划，甚至把这些规划纳入国家战略。这些规划有共同的特点，就是一定会有绿色、可持续发展的内容。2017 年，美国白宫发布了《美国基础设施重建战略规划》，明确建筑产品和基础设施要实现安全（韧性）、绿色和耐久，并关注建造过程的经济效益和可持续发展。规划提出：到 2025 年，其建筑产品全生命周期的成本要比现在降低 50%；到 2030 年，其工程建设要 100%实现碳中性设计。英国则推出了《英国建造 2025》，上升到国家战略。在其制定的远景目标、共同目标中都强调了绿色、可持续发展的内容，提出了实施数字设计、智慧建造，低碳和可持续建筑的战略措施。日本的关注重点在工地，若工地上的管理水平太低，就不可能有工程安全和质量，更不可能有绿色。所以日本从工地抓起，制定了“i-Construction”战略。这既是企业的目标、行业的目标，也是国家的战略目标，从建筑产品的品质、安全、效益到创新等方面，都包含了绿色的内容。因此，绿色建造是建筑业发展非常重要的议题。

2020 年底，住房和城乡建设部在湖南省、广东省深圳市、江苏省常州市三个地区率先开展绿色建造试点工作。2021 年 3 月，《中华人民共和国国民经济和社会发展第十四个五年规划和 2035 年远景目标纲要》公布。规划要求，发展智能建造，推广绿色建材、装配式建筑和钢结构住宅，建设低碳城市。当月，住房和城乡建设部发布《绿色建造技术导则（试行)》，对绿色策划、绿色设计、绿色施工和绿色交付进行了规定。2021 年 7 月，中共中央办公厅、国务院办公厅印发《关于推动城乡建设绿色发展的意见》，要求大力发展装配式建筑，重点推动钢结构装配式住宅建设，不断提升构件标准化水平，推动形成完整产业链，推动智能建造和建筑工业化协同发展。2022 年，我国住房和城乡建设部发布的《“十四五”建筑节能与绿色建筑发展规划》提出，到 2025 年，城镇新建建筑全面建成绿色建筑，建筑能源利用效率稳步提升，建筑用能结构逐步优化，建筑能耗和碳排放增长趋势得到有效控制，基本形成绿色、低碳、循环的建设发展方式，为城乡建设领域 2030 年前碳达峰奠定坚实的基础。党的二十大报告提出：“推动能源清洁低碳高效利用，推进工业、建筑、交通等领域清洁低碳转型。”

1.3 绿色智能建造

1.3.1 绿色智能建造的概念

绿色智能建造的概念

华中科技大学丁烈云院士指出，智能建造的最终目的是提供以人为本、智能化的绿色可持续的工程产品与服务。智慧建筑、智慧社区、智慧城市，从本质上讲一定也是符合绿色可持续发展内涵的。智能建造的目的是交付绿色工程产品，绿色建造的实现过程则需要智能化、数字化建造技术的支撑。二者从本质上是一致的，实现方式也是殊途同归。智能建造具体目标有三个：①以用户为本，提供智能化的服务，使用户的生活环境更美好、工作环境更高效；②提升建筑对环境的适应性，实现节能减排、再生循环；③促进人与自然和谐。智慧的本质应该是与自然生态、社会文化以及用户需求的体验相适应的，这样才能够构成绿色与智能之间良性的互动关系，而不是为了技术而技术。

上海社会科学院信息研究所助理研究员夏蓓丽指出，智慧绿色建筑是智慧建筑和绿色建筑的有机结合体，通过建筑 4.0 及其技术工具集合来实现建筑全生命周期建设和管理的数字化、智能化、绿色化，以及实现建筑投入使用后的低碳环保、智能响应等功能。智慧绿色建筑吸收了智慧建筑将建筑视为一个生命体进行全生命周期的智慧化管理、能源效率评估及与环境互动的概念，并且强化了绿色建筑利用数字化技术实现绿色施工、绿色建造、新型建筑工业化的方法。从实践角度讲，它是通过数字化手段运用新的运营模式，创造出更安全的工作场所、更具弹性的部门和更高技能的劳动生产力，支持建筑全生命周期的设计、建造和运维，从而实现建筑的智慧、绿色、高质量、可持续发展。

绿色智能建造本质上是以绿色发展引领智能建造，是面向绿色、可持续发展需求，强调利用智能建造相关技术，实现建筑全生命周期内节能、节水、节地、节材、节约人力资源和设备资源、减轻劳动强度、改善作业条件、保护环境和控制污染等目标。

1.3.2 绿色智能建造应用举例

智慧平台管理

近年来，我国大力发展绿色智能建造，推动“中国建造”优化升级。一批自主创新软件崛起，装备水平不断提高，一系列世界顶尖水准建设项目成为“中国建造”的醒目标志，建筑业从现场搅拌砂浆、“满面尘灰”

的传统作坊式时代，发展到“像造汽车一样造房子”的建筑工业化时代，正在向数字建造时代迈进。基于全生命周期不同环节的实践表明，智能建造对于实现建筑过程的绿色化方面具有十分积极的意义。

1. 设计阶段

建筑信息模型（BIM）、数字孪生等技术的发展，以及 Revit 等建模软件的应用，带来工程建造设计阶段的变革。

以北京市通州区宋庄镇的北京安贞医院通州院区项目为例，医疗工程专业性强、要求高，结构体量大，组织及材料管理难度大，机电专业较多，管线排布难度大。而依托高标准的数字化建设，通过推进智能建造，确保了高质量施工。

通过 BIM 技术，工程在开工前就能模拟大部分施工工序，或者对很多不能预见做法通过数字建模进行优化，施工人员在每一个工序开始前就能真正介入，摒弃传统的以“见招拆招”“摸着石头过河”的方式去解决问题。通过数字赋能、模拟建造，达到事半功倍的效果。同时引入数字化管理平台，将施工过程中的各种信息及时上传至管理平台，项目决策者足不出户就能了解工程动态，并能快速发现问题，做出决策，调配资源。

2. 施工阶段

随着装配式等绿色施工方式的推广，3D 打印、建筑机器人等智能装备的研发，以及智慧平台管理软件的应用，企业施工效率和施工过程安全性得到显著提高，企业生产和管理成本有效降低。

装配式建造推进了建筑业的节能减排，并使生产效率显著提升。以北京亦庄蓝领公寓项目为例，如图 1-1 所示，项目的建筑高度为 32m，建筑面积为 12 万 m^2，整体装配率达 92%。由于建筑的 90%已在工厂完成制造，施工现场免湿作业可节水 70%，实现零污水排放；免焊接等工序可节电 70%；免搭建脚手架可减少 80%的建筑垃圾。现场 6 名工人配合 1 台塔式起重机，每小时可完成 4 个箱式房屋吊装。如果 4 台塔式起重机同时作业，一天可完成吊装 88 个箱式房屋，吊装精度可控制在 5mm 之内，建造速度比传统建造速度快 60%。

图 1-1　北京亦庄蓝领公寓项目

钢筋绑扎智能机器人（图 1-2）已经在实际工程中得到应用。钢筋绑扎智能机器人可自动识别与定位钢筋网笼节点，通过工业六轴机械臂、工装夹具、旋转工作台、集成控制系统等软硬件，实现了飘窗钢筋网笼的自动加工，生产效率提升了4倍，良品率提升95%以上，实现了高效生产、安全生产、高质量生产。

图1-2 钢筋绑扎智能机器人

图1-2彩图

在北京市通州区宋庄镇的北京安贞医院通州院区项目中，通过运用5G、大数据、AI人工智能、AR增强现实等先进技术，搭建了“5G智慧工地”综合管理平台，让移动互联网、物联网、大数据等与施工现场深度融合，既提高了工程管理效率，保证工程顺利实施，又降低了施工现场管理成本，积极实现绿色智能建造。

3. 运维阶段

在传统工程物理交付过程中，通常是将物理建筑系统连同工程施工文字材料、竣工图、配套竣工资料、工程影像资料等海量、离散的数据搜集堆砌在一起，作为电子化留存，这些数据在建筑运维阶段无法查询和运用。

数字交付就是把各个阶段的数据进行串联，结合BIM、IoT、云数据等技术，对进入工程实体的设备进行动态数据的实时监测与部分设备的反向控制，并且将多垂直系统间的数据流打通，打造工程自身辅助运维管理的“数据中台”，实现工程项目数据从设计、施工到运维阶段的有效传递，最终实现传统物理交付之外的数字交付。例如，在某重点项目中，因施工现场地下管道环境极其复杂，为确保施工安全和便于后续追溯，要求项目班组每天对施工现场地下综合管线进行数据采集，并实时更新上传导改管道信息。通过定期整理现场的采集数据和实时变更的数据对三维模型进行修改，实现设计信息、施工信息全数据回溯的同时，完善了城市地下管网的数字化信息，最终完成真正意义上的数字交付，并为智慧运维提供了全面、专业、可信、可见底的数据储备。

思考题

1. 什么是智能建造？
2. 什么是绿色建造？
3. 什么是绿色智能建造？
4. 举例说明应用绿色智能建造技术的实际工程，并阐释其应用。

参考文献

[1] 杜修力，刘占省，赵研. 智能建造概论 [M]. 北京：中国建筑工业出版社，2021.

[2] 龙武剑. 智能建造概论 [M]. 北京：清华大学出版社，2023.

[3] 刘文锋，廖维张，胡昌斌. 智能建造概论 [M]. 北京：北京大学出版社，2021.

[4] 丁烈云. 数字建造导论 [M]. 北京：中国建筑工业出版社，2019.

[5] 丁波涛. 全球信息社会发展报告（2022）：消除数字鸿沟 促进绿色发展 打造可持续的信息社会 [M]. 北京：社会科学文献出版社，2022.

[6] 陈珂，丁烈云. 我国智能建造关键领域技术发展的战略思考 [J]. 中国工程科学，2021，23（4）：64-70.

[7] 王睿妍. 智能建造国内外政策及未来发展方向 [J]. 施工企业管理，2022（11）：76-77.

第2章 绿色智能建造技术

2.1 BIM技术

BIM技术概述

2.1.1 BIM技术概述

1. BIM的概念

建筑信息模型（BIM）是建筑学、工程学及土木工程的新工具。BIM的出现引发了继CAD替代图板之后，整个工程建设领域的第二次数字革命。BIM促进了建筑行业现有技术的进步，对生产组织模式和管理方式产生了深远的影响。

BIM的起源需追溯到1973年，当年受到全球石油危机的影响，美国全行业需要考虑提高行业效益的问题。1975年，Chuck Eastman教授在其研究的课题“Building Description System（建筑描述系统）”中提出“a computer-based description of a building（一个基于计算机的建筑物描述）”，以便实现建筑工程的可视化和量化分析，提高工程建设效率。BIM这一概念是由有“BIM之父”之称的Chuck Eastman教授在1999年的著作中正式提出的。随着行业的发展以及BIM的普及，国际标准化组织设施信息委员会（Facilities Information Council，FIC）给出了BIM比较准确的定义：BIM是在开放的工业标准下，对设施的物理和功能特性及其相关的项目全生命周期信息的可运算的形式表现，从而为决策提供支持，以更好地实现项目的价值。

对于BIM的定义，在我国2017年实施的GB/T 51212—2016《建筑信息模型应用统一标准》中是这样描述的：在建设工程及设施全生命周期内，对其物理和功能特性进行数字化表达，并依此设计、施工、运营的过程和结果的总称。《美国国家建筑信息模型标准（NBIMS-US）》对BIM的定义则更为丰富，它认为BIM不只是建筑模型，而是一个建设项目的功能特性和物理的数字表达，可以作为项目信息资源的一个共享平台，为项目的决策提供支撑依据，并且在项目的各个阶段通过BIM能够使得利益相关方协同作业。

其实，与传统的二维图不同，BIM可以说是三维、四维（空间+时间），甚至更多维度的设计，可以构建建筑物的三维模型，同时还可以加入时间、成本的维度，这对于业主、设计方和施工方来说，都将发挥重大的作用。

BIM 的核心是在计算机中建立虚拟的建筑工程三维模型，同时利用数字化技术，将建筑设计、施工和运营各环节的信息集成到一个共享的模型中，实现全过程的协同管理，为建筑全生命周期提供完整的建筑工程数据库。该数据库中既包括描述建筑物构件的几何信息，也包括非几何信息。建筑工程三维模型可提高建筑工程信息的集成化程度，为建筑工程项目的相关利益方提供一个工程信息共享平台。

2. BIM 技术的特点

（1）可视化

在建筑业，工程师们拿着已经设计好的建筑施工图，通过图上的线条来了解设计师的意图。BIM 技术出现以前，人们都是靠想象在脑海中搭建理想家园，二维的局限性在建筑形式逐渐各异、结构复杂的情况下尤为显著。而 BIM 技术的出现，给人们带来了视觉上的冲击，建筑不仅仅是平面和普通的线条，而是以三维的模式呈现（图 2-1），每一个构件都包含着具体的物理和几何信息，从前期的设计到施工，从建设到交付使用，甚至是后期的运作维护，项目的全生命周期都可以通过 BIM 平台在可视化的情况下展示出来，直观的感受避免了许多时间和资金上的浪费，可视化这一特点也成为建筑业十分重要的变革。

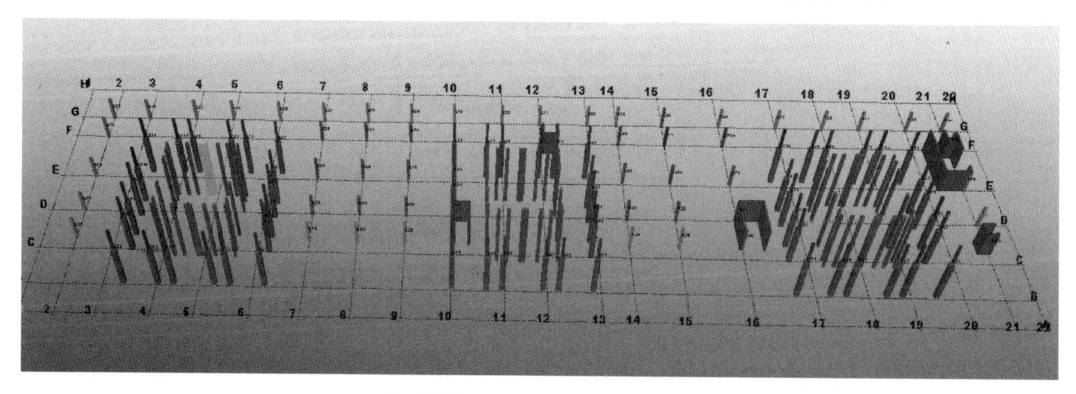

图 2-1　三维可视化设计模型

（2）协调性

项目在施工阶段，因为专业的不同而致使建筑的某些构件出现设计问题，这时就需要各个参与方共同协商，解决问题，然后做出变更，参与方各司其职，但因为在信息交叉的部分各方沟通起来非常困难，所以也使得解决问题的过程变得十分冗长。BIM 作为一个信息资源共享的平台，发挥了其协调性的特点，可以在设计阶段就发现各专业之间的碰撞问题，并提出解决方案，使得项目的各参与方能够规避出现问题的风险，做到事前控制。

（3）模拟性

BIM 技术可实现的不仅仅是建筑构件的模拟，除了三维搭建建筑并赋予建筑物理、几何信息外，在设计阶段，BIM 技术可以模拟日照、节能、暖通等生态条件，以便满足客户的多元化要求；在施工阶段，BIM 技术可以模拟实际施工状态，加上进度信息和成本信息可实现 5D 施工模拟（图 2-2 为基于 BIM 5D 的施工组织设计），合理利用现场已有资源，制订更为完善的施工计划；在后期运维阶段，BIM 技术可以模拟建筑紧急疏散演练，做好充分的准备以应对紧急情况。

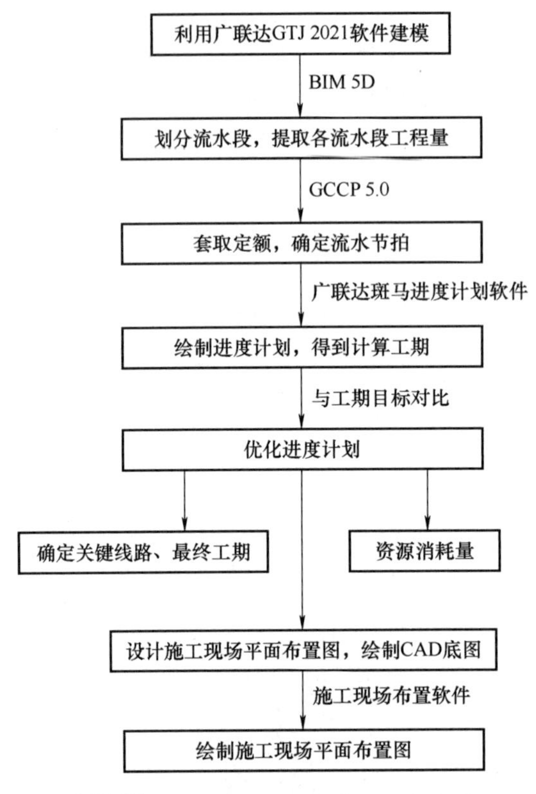

图 2-2　基于 BIM 5D 的施工组织设计

（4）优化性

随着建设项目日趋复杂化，业主对建筑的期待已经不限于满足外观要求那么简单，设计者有时甚至会望而却步。BIM 技术的出现使之不再是难题，将项目的设计方案与投资回报结合起来分析，优化项目设计方案，为业主提供更多的选择，而不用拘泥于外观；在施工阶段，也可提前模拟实际施工，依据模拟效果优化施工方案，使施工过程更为高效低耗。

（5）可出图性

除了普通的 CAD 二维图，BIM 技术还可以生成所需要的构件详图、综合管线分布图等，另外还有一些报告、表格等，如碰撞报告、预算表等。BIM 技术的可出图性不再单一，而是更加多样性，满足更多人的需求。

3. BIM 技术相关软件

BIM 技术实现的基础就是 BIM 应用软件。目前，市面上 BIM 应用软件种类繁多，主要分为两类：一类是建模软件；另一类是用模软件。建模软件是构建三维立体模型，在可视化基础下，将建设项目的相关数据输入模型中，用于后期的调用和计算；用模软件则是将已经构建好的模型导入其中，实现其他所需的功能，如碰撞检查、深化设计、技术交底、造价管理、施工管理等。项目中常见的 BIM 应用软件见表 2-1。

表 2-1 常见的 BIM 应用软件

序号	主要功能	软件名称
1	核心建模	Revit Architecture、ArchiCAD、CATIA 等
2	结构分析	PKPM、STAAD. Pro、Robot 等
3	碰撞检查	Autodesk Navisworks、Project Navigator 等
4	造价与施工管理	广联达、鲁班、Visual Estimating 等
5	深化设计	Xsteel、Athena 等
6	可视化	3D Max、Lumior、Lightscape 等

2.1.2 BIM 技术发展历程

BIM 技术最早起源于 20 世纪 70 年代，当时名为计算机辅助设计（Computer Aided Design，CAD）技术的相关概念开始出现。CAD 技术的应用主要是通过计算机软件进行建筑设计，但仅仅实现了图形化的数字化，未能很好地解决建筑项目全过程管理的需求。

1980—1990 年，CAD 技术开始广泛应用于建筑设计和绘图。建筑师可以利用 CAD 软件快速绘制出建筑平面图和立面图等，但信息量有限，缺乏数据化的建筑模型。1990—2000 年，随着计算机技术的发展，CAD 技术开始逐渐实现三维建模。建筑师可以用 CAD 软件创建三维建筑模型，但仍然局限于表面的几何模型，缺乏详细的建筑构件信息以及过程管理能力。进入 21 世纪，BIM 技术正式崭露头角。

目前，在全球范围内，BIM 技术已经得到广泛应用。例如，美国提出了“BIM 每个建筑师”计划，要求联邦政府所有项目必须使用 BIM 技术；英国制定了《BIM Level 2》标准，要求在公共建筑项目中必须采用 BIM 技术。其他国家如德国、澳大利亚等也已经通过政策推动 BIM 技术的应用。我国在 BIM 技术上起步较晚，但近年来取得了快速的发展。截至目前，我国已经颁布了一系列 BIM 相关的政策和标准，推动了 BIM 技术的推广和应用。

2.1.3 BIM 技术应用

BIM 技术引入国内的时间不长，但发展却很快，之所以发展迅速且受到政府的大力支持，全然得力于 BIM 技术带给人们的价值与便利。BIM 技术借助互联网和计算机向人们提供数据支持，贯穿项目的全生命周期。

在项目投资决策阶段，通过建立 BIM 模型数据库，为决策者提供类似的建筑模型，可快速对项目进行成本估算；BIM 技术还可以快速提取工程量并自动套定额，相较于人工手动计算等繁杂的步骤，可降低出错率并节省大量的时间。

在项目设计阶段，建设项目的设计问题往往是造成工程变更返工的主要原因，BIM 技术的应用可以减少预算外的变更；运用 BIM 技术对模型进行三维碰撞检测，快速形成碰撞报告，避免因专业不同而产生的设计问题。

在项目施工阶段，BIM 技术可以在施工前进行施工模拟，模拟现场实际施工状况

（图 2-3），合理安排现有资源；还可以跟踪构件使用情况，与进度成本相关联，在出现偏差时，及时采取纠偏措施。

在项目后期运维阶段，项目竣工验收后，项目的 BIM 模型数据均可以交给业主，业主可以在项目使用过程中对项目的损耗进行预演，及时维修，避免出现意外情况。

BIM 技术带给建筑行业的价值还远不止这些，随着 BIM 技术的逐渐成熟，BIM 能做到的可能会更多。

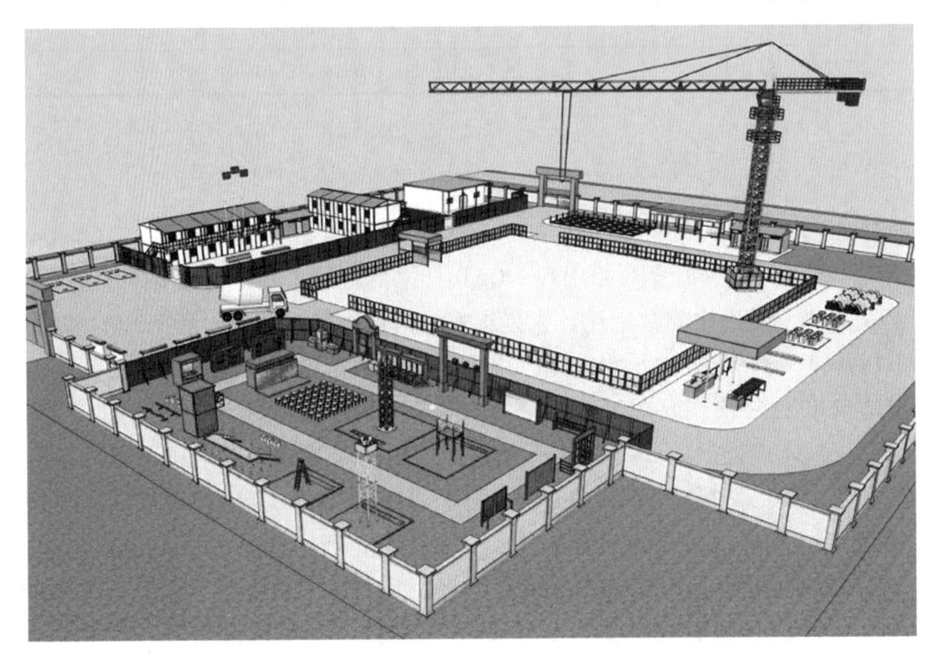

图 2-3　基于 BIM 技术的施工场地三维布置

2.2　三维逆向建模技术

2.2.1　三维逆向建模技术概述

元宇宙概念的提出，让人们对数字化的世界充满了期待，三维逆向建模技术作为现实世界的数字化工具，显得尤为重要。从重建的规模上看，三维逆向建模技术主要应用于小型三维物体重构和大规模三维场景重建，而目前的难度主要集中在室外大规模的重建。从获取的信息类型上看，三维逆向建模技术获取几何信息的方式主要是二维图形图像和三维点云数据，相比图像而言，点云数据更能表征真实空间。点云的精细度和准确度决定着三维模型的质量，因此，点云技术与三维逆向建模密不可分。

三维逆向建模技术的核心在于基于点云数据的自动重建，其原理与二维图像处理技术类似，即通过光学传感器获取物体表面上的点云数据，对这些点进行空间坐标的计算和处理，从而得到物体表面的几何形状信息。具体来说，在点云重建过程中，一般可以采用结构光、激光雷达等光学传感器获取物体表面上的点云数据，这些数据包括每个点的 *XYZ* 坐标和

RGB 颜色信息。然后，通过对这些点数据进行处理，可以构建出物体表面的三维几何模型，包括其形状、大小、表面纹理等信息。

2.2.2 三维逆向建模关键技术

1. 三维逆向建模算法的基本原理

点云是由大量的点坐标数据组成的，可以看作三维空间中的一个离散采样。对于一个物体或场景的点云数据，希望通过算法将其转换为一个具有表面结构的三维模型，以便后续的分析和应用。三维逆向建模算法的基本原理就是利用点云数据之间的几何关系和拓扑结构，将其映射到一个三维空间中的表面。

在实际应用中，三维逆向建模算法通常分为以下几个步骤：

1）点云数据获取。

2）数据预处理。首先对输入的点云数据进行预处理，包括去除噪声、填充缺失值和对数据进行归一化等操作。

3）特征提取。通过对点云数据进行特征提取，找到点云数据之间的几何特征和结构信息，为后续的模型重建提供重要的信息。

4）拓扑分析。根据点云数据的拓扑结构和几何关系，确定点与点之间的连接关系和约束条件。

5）三维逆向建模。根据前面得到的信息和模型，利用不同的重建算法将点云数据转换为具有表面结构的三维模型。

6）优化调整。对重建的三维模型进行优化调整，使其更加贴合原始的点云数据，提高重建的精度和真实感。

2. 点云数据获取方法

点云数据来源渠道较多，包括通过逆向工程转换得到点云数据（逆向点云），但更多的是在未知三维模型的情况下，试图通过点云数据的采集来表示三维物体或场景，这类方法大致分为三种：主动视觉法、被动视觉法和主被动视觉结合法。

1）主动视觉法是指利用三维扫描设备将激光、声波等光源或能量源发射至目标物体，通过接收返回的信号进行采样、处理、计算等，将三维信息数字化输出成点云数据。常用的三维扫描设备有 LiDAR 激光雷达、结构光传感器以及 TOF 相机等。

2）被动视觉法是指利用周围环境，如自然光的反射，将得到的图像或视频通过算法进行立体匹配获得点云数据，这些方法包括双目立体相机、运动恢复结构、机器学习等。其中，双目立体相机的结构形似人眼，是通过使用两个固定距离的摄像模组感知视差信息换算出带有深度信息的点云数据。除此之外，运动恢复结构和机器学习的方法都是通过对单目相机获取的数据集进行算法推理得到点云数据的。运动恢复结构又称 SFM 算法，是传统计算机视觉领域中应用于三维逆向建模的典型算法，其原理是利用移动摄像机拍摄多角度的照片或视频源匹配和推断相机的位姿参数，并通过三角测量技术计算深度信息，最终输出点云数据。机器学习是通过对丰富的图像或视频流和对应点云数据进行端到端的训练，进而培养机器自动生成点云的能力。

3）除了上述两大类外，当前还存在一类将主被动视觉相结合的方法，可利用 RGB-D 相机来实现。RGB-D 相机又称深度相机，结合了主动和被动传感器的优点，由被动 RGB 相机和主动深度传感器组成。根据 RGB-D 图像的信息和相机的内参便可计算出相机坐标系下的点云数据。因为三维逆向建模在多数应用场景下有着空间层次还原和色彩纹理还原的双重需求，因此主被动视觉结合的方式是目前最有效的解决方案，RGB-D 相机也得以广泛应用。此外，激光雷达和单目相机联合表面重建也是一种有效的解决方案。

通常点云数据在生成后需要导入建模软件中二次加工，实现点云数据到三维模型的转换，因此，点云数据的存储和导出有一定的公共格式，目前常用的点云格式有“.PTS”“.XYZ”“.PTX”“.LAS”“.E57”五种。

3. 常用的三维逆向建模算法

在三维逆向建模技术领域，许多学者提出了不同的算法，下面简要介绍几种常用的三维逆向建模技术算法。

（1）基于三维扫描的重建算法

这种算法通过使用激光扫描仪等设备收集大量的三维点云数据，并利用三维逆向建模将点云数据转换为表面模型。这种算法的优点是能够获得高分辨率和高精度的三维模型，但需要昂贵的设备和大量的时间成本。

（2）基于图像的重建算法

这种算法通过将点云数据投影到图像平面上，利用计算机视觉和图像处理技术进行特征匹配和三维逆向建模。这种算法的优点是简单易用，能够实现快速的三维逆向建模，但对于复杂的场景和物体可能存在一定的限制。

（3）基于深度学习的重建算法

近年来，深度学习技术在图像处理和计算机视觉领域取得了很大的进展，也被应用到三维逆向建模中。这种算法通过训练神经网络模型，实现对点云数据的特征提取和三维逆向建模，能够获得更加精确和准确的三维模型。

2.2.3 三维逆向建模技术发展历程

在现代科技的浪潮中，三维（3D）数据的获取、处理和应用已经成为推动多个行业创新的关键因素。3D 点云，作为一种能够精确描述物体表面或场景的三维数据结构，正变得越来越重要。它通过在三维空间中分布的一系列点来捕捉物体的形状和外观，每个点携带着其空间坐标，有时还包括颜色、强度等属性。3D 点云的应用范围广泛，涵盖了自动驾驶、机器人导航、地理信息系统（GIS）、建筑可视化、文化遗产数字化保护等多个领域。它不仅为机器提供了对现实世界的深入理解，还在虚拟世界中重现了真实世界的复杂性。

然而，从二维（2D）图像到 3D 点云的转换过程充满了挑战。传统的 3D 重建技术依赖于复杂的算法和大量的计算资源，并且在处理具有丰富细节和复杂结构的场景时往往效果有限。为了克服这些限制，深度学习技术被引入 3D 点云处理领域，希望通过从大量数据中学习特征来提高重建的质量和效率。

在这样的技术背景下，DiffPoint 作为一种创新的 3D 点云重建方法应运而生。根据论文 *DiffPoint: Single and Multi-view Point Cloud Reconstruction with ViT Based Diffusion Model* 的介绍，DiffPoint 结合了视觉变换器（Vision Transformer，ViT）和扩散模型的优势，提出了一种新的架构，用于从单个或多个 2D 图像中重建 3D 点云。这种方法的核心在于它能够处理点云的局部细节和全局结构，从而在 3D 重建任务中实现更高的精度和灵活性。

DiffPoint 的提出，标志着在 3D 点云重建领域的一个重要进展。它不仅能够从 2D 图像中有效地提取 3D 信息，还能够在多视图条件下实现一致的模型架构，这对于提高重建质量和处理大规模数据集具有重要意义。随着 DiffPoint 技术的不断发展和完善，可以期待它在 3D 建模、虚拟现实（VR）、增强现实（AR）以及更多领域中发挥更大的作用，为 3D 数据的生成和应用开辟新的道路。

2.2.4　三维逆向建模技术应用

1. 建筑运行维护

当前，国内已建设的大量工业、民用建筑，尤其是 20 世纪八九十年代的建筑进入运行维护期，而部分建筑基础资料缺失严重，在建筑结构加固维护过程中困难重重。三维逆向建模技术可快速生成建筑三维模型，结合物联网技术和人工智能技术，可实现建筑的运行和维护。图 2-4 为建筑三维逆向建模图像。

图 2-4　建筑三维逆向建模图像

2. 古建筑加固和修复

古建筑是人类物质文明和精神文明的产物，是人类历史的见证留存。由于自然、地理、气候等原因，古建筑逐渐破败消亡，保护古建筑、传承历史刻不容缓。近年来，通过实景三维技术对古建筑进行精细化重建，能够有效地实现文物全方位的、立体化的数字化管理存档，有利于形成文物数字治理新格局（图 2-5）。

3. 隧道运行维护

采用三维激光扫描技术进行隧道工程测量级三维重构，可克服常规测量方法环境适应能力差、效率低的缺点，为隧道工程测量、运营维护提供足够准确、科学的空间数据(图 2-6)。

图 2-5　古建筑点云三维重构

图 2-6　隧道三维激光扫描

图 2-6 彩图

2.3 数字孪生技术

2.3.1 数字孪生技术概述

美国密歇根大学 Michael Grieves 教授于 2002 年在所讲授的 “PLM（产品生命周期管理）” 课程中引入了镜像空间模型（后又改称为信息镜像模型）的概念。2011 年，这一概念在 *Virtually Perfect* 一书中得到了极大推广，该书的合著者开始将这一概念模型称为数字孪生，数字孪生的概念正式诞生。

目前，数字孪生（Digital Twin）尚无标准定义，但对其基本含义有比较清晰的认知，即数字孪生是以数字化的方式拷贝一个物理对象，模拟此对象在现实环境中的行为，对产品、制造过程乃至整个工厂进行虚拟仿真，从而提高制造企业产品研发和制造的生产效率。

从概念上来看，有几个核心点：一是物理世界与数字世界之间的映射；二是动态的映射；三是不仅仅是物理的映射，还是逻辑、行为、流程的映射，如生产流程、业务流程等；四是不单纯是物理世界向数字世界的映射，而是双向的关系，也就是说，数字世界通过计算、处理，也能下达指令，进行计算和控制；五是全生命周期，数字孪生体与实体的孪生体是与生共有、同生同长，任何一个实体孪生体发生的事件都应该上传到数字孪生体作为计算和记录，实体孪生体在这个过程中的劳损，如故障，都能够在数字孪生体的数据里有所反映。

2.3.2　数字孪生技术架构及特点

1. 数字孪生技术架构

数字孪生技术架构分为物理层、数据层、模型层、功能层和应用层。物理实体、数据、虚拟模型、连接、应用是数字孪生的核心要素。

（1）物理层

物理层就是数字孪生系统描述刻画的现实世界中的物理对象。不同类型的数字孪生应用，物理实体是不一样的，像智能工厂数字孪生，所描述刻画的物理对象，就是工厂、车间、产线、工位，以及工厂中的人、机、料、法、环等生产要素。不同的行业，其描述刻画的物理对象也会有所差异。

（2）数据层

数字孪生是基于数据驱动的，要实现物理实体与虚拟孪生体之间的实时映射和互动，就必须实现两者之间的数据互通，而数据层就是物理实体与虚拟孪生体之间连接的桥梁，主要负责实现数据的采集、数据的传输及数据的处理等。

（3）模型层

模型层是数字孪生的核心，它包括几何模型、规则模型、机理模型、算法模型等。几何模型是从外形上对物理实体进行刻画。规则模型是对物理对象业务逻辑的一种抽象或描述，确保虚拟孪生体与物理实体有着同样的运作流程和业务逻辑。机理模型是物理设备的运行机理或物理规律的抽象描述，通过这种明确的机理模型，可以利用虚拟体预测出物理对象的行为或状态，从而提前进行干预处理。算法模型主要是从海量数据的分析和挖掘中，找到潜在或无法通过公式或定理确定的知识和模式，为管理决策提供依据。

（4）功能层

在数据层和模型层之上，数字孪生以软件为载体，就具备了对物理对象的描述、诊断、预测和决策的能力。

（5）应用层

有数字孪生下面的四层技术架构做支撑，就可以开发出面向不同行业和场景的数字孪生应用。数字孪生的应用场景比较丰富，在智能制造、智慧交通、智慧城市、智慧建筑、智慧医疗等行业有很多实际的应用。

数字孪生技术架构也可以从以下三个视角来看：

1）从应用视角来看，数字孪生主要应用在智能工厂、车联网、智慧城市、智慧建筑、智慧医疗等应用场景。其中，在智能工厂领域的应用是最为广泛的，不仅可以实现产品迭代式创新、生产制造全过程数字化管理，还可以开展设备预测性维护。依据数字孪生基础共性标准、关键技术标准、工具/平台标准、测评标准和安全标准，结合各行业/领域自身需求与特点，制定数字孪生机床、数字孪生车间、数字孪生卫星、数字孪生发动机、数字孪生工程机械装备、数字孪生城市、数字孪生船舶、数字孪生医疗等具体行业的应用标准。在数字孪生使用前，应用对象、功能需求、适用性评价等行业应用标准能够帮助企业决策数字孪生的适用性；在数字孪生使用过程中，技术要求、工具标准、平台标准等结合行业领域特性的应用标准能够指导数字孪生在各领域的应用落地；在数字孪生使用后，测试要求、评价方法、安全要求、管理要求等行业应用标准能够指导数字孪生的评估及优化方法，保证其使用安全性、稳定性、可用性与易用性。

2）从功能视角来看，主要包括描述、诊断、预测、决策四个能力等级。其中，描述是通过感知设备采集到的数据，对物理实体各要素进行监测和动态描述；诊断是分析历史数据、检查功能、性能变化的原因；预测是揭示各类模式的关系，预测未来；决策是在分析过去和预测未来的基础上，对行为进行指导。

3）从部署视角来看，主要包括设想、确定方案、试运行、产业化、效果后评价五个阶段。设想阶段是设想并评估当前应用场景，拟订数字孪生适用流程；确定方案阶段是确定最适合该应用场景的方案；试运行阶段是运用数字孪生模型模拟物理实体运行；产业化阶段是推进试行项目虚体，以虚控实，实现产业化；效果后评价阶段是评价产业化效果和投资效益。

2. 数字孪生技术的特点

数字孪生技术具有以下特点：

1）数据驱动。数字孪生的本质是在比特的汪洋中重构原子的运行轨道，以数据的流动实现物理世界的资源优化。

2）模型支撑。数字孪生的核心是面向物理实体和逻辑对象建立机理模型或数据驱动模型，形成物理空间在赛博空间的虚实交互。

3）软件定义。数字孪生的关键是将模型代码化、标准化，以软件的形式动态模拟或监测物理空间的真实状态、行为和规则。

4）精准映射。通过感知技术、建模技术、软件等，实现物理空间在赛博空间的全面呈现、精准表达和动态监测。

5）智能决策。未来数字孪生将融合人工智能等技术，实现物理空间和赛博空间的虚实互动、辅助决策和持续优化。

2.3.3 数字孪生技术发展历程

“孪生”的概念起源于美国国家航空航天局（NASA）的“阿波罗计划”，即构建两个相同的航天飞行器，其中一个发射到太空执行任务，另一个留在地球上用于反映太空中航天飞行器在任务期间的工作状态，从而辅助工程师分析处理太空中出现的紧急事件。当然，这里的两个航天飞行器都是真实存在的物理实体。

“数字孪生”初始的概念模型是于 2002 年 10 月由 Michael Grieves 博士在美国制造工程协会管理论坛上所提出的。而到 2009 年，美国空军相关实验室明确提出带有数字孪生的概念——“机身数字孪生（Airframe Digital Twin）”。2010 年，美国国家航空航天局在《建模、仿真、信息技术和处理》《材料、结构、机械系统和制造》两份技术路线图中正式开始使用“数字孪生（Digital Twin）”这一名称。

伴随着 20 世纪末期到 21 世纪初期电子技术的不断发展成熟，新一代数字技术不断提高，数字孪生技术所需的万物互联技术逐步走向现实，数字孪生技术进行大规模推广及应用所需的最后一块版图被补齐，使其具有成本效益，使得近年来学术和企业界对数字孪生的研究热度不减，愈发深入。国际标准更是通过 ISO 23247 对数字孪生制造进行明确定义，界定了生产场景下的数字孪生。纵观数字孪生的发展历程，伴随着相关技术的迭代，数字孪生的内涵也不断丰富：从简单地对一个产品、一台设备、一条生产线等的数字孪生演进到更为复杂的对一个企业组织、一座城市的数字孪生，英国和德国甚至提出“数字国家”这种更为宏观的概念。

2.3.4　数字孪生技术应用

数字孪生作为实现智能建造的关键前提，能够实现虚拟空间与物理空间的信息融合与交互，并向物理空间实时传递虚拟空间反馈的信息，从而实现建筑工程的全物理空间映射、全生命周期动态建模、全过程实时信息交互、全阶段反馈控制（图 2-7）。

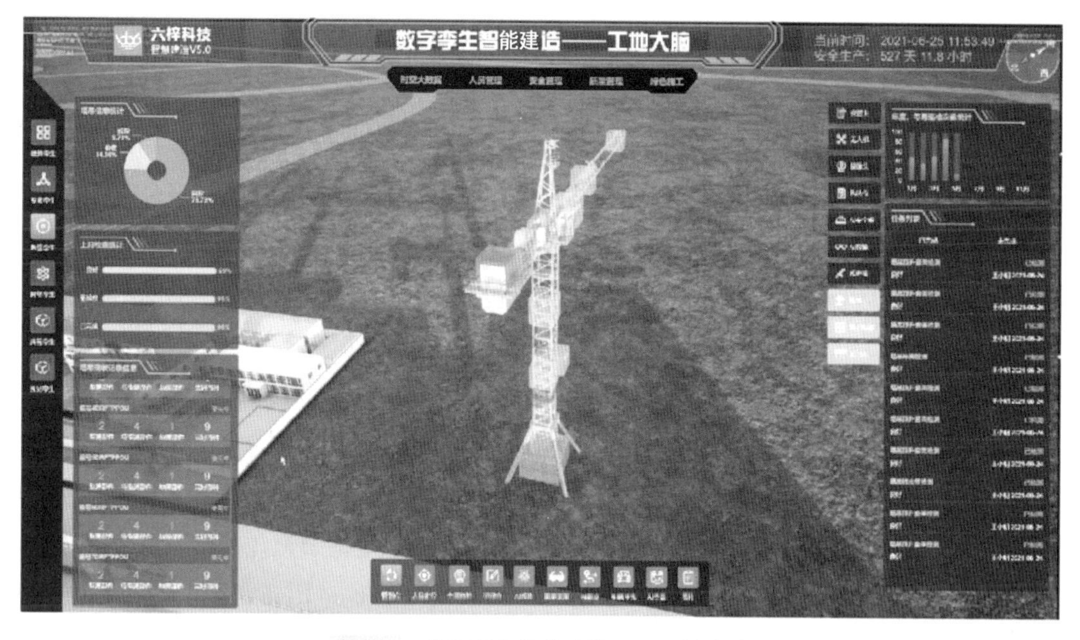

图 2-7　数字孪生智能建造——工地大脑

基于数字孪生的智能建造框架包括物理空间、虚拟空间、信息处理层、系统层四部分，它们之间的关系如下：

1）物理空间提供包含人、机、料、法、环在内的建造过程多源异构数据并实时传送至虚拟空间。

2）虚拟空间通过建立起物理空间所对应的全部虚拟模型完成从物理空间到虚拟空间的真

实映射，虚拟空间的交互、计算、控制属性可以实现对物理空间建造全过程的实时反馈控制。

3）信息处理层采集物理空间与虚拟空间的数据并进行一系列的数据处理操作，提高数据的准确性、完整性和一致性，作为调控建造活动的决策性依据。

4）系统层通过分析物理空间的实际需求，依靠虚拟空间算法库、模型库和知识库的支撑及信息层强大的数据处理能力，进行建筑工程数字孪生的功能性调控。

数字孪生技术可应用于智能建造全生命周期，包括设计阶段、施工阶段和运维阶段。

1）在设计阶段，基于数字孪生的设计，主要是应用 BIM 技术，不同专业可在数字孪生协同平台进行并行设计，同时进行建筑、结构和机电等模型的设计，克服了传统设计模式中设计周期较长，需要严格按照专业先后顺序，依次完成建筑设计、结构、机电等模型搭建的缺点，大大缩减了设计周期。同时可以通过基于 Web 的轻量化协同平台，应用展示和审核等工具，分别从设计和施工等人员的角度，对设计模型提前进行图纸会审，从而在源头上把控建筑的质量。

2）在施工阶段，通过数字孪生技术，可实现施工场地管理、施工现场危险源辨识、技术交底、碰撞检查、进度管理、成本管理、生产质量和安全管理。

3）在运维阶段，数字孪生具有较好的综合分析和预测能力，为预测维修建筑物的智能设施提供了有效的技术支持，是智能建筑物运行与智能系统一体化的主要模式。从构件信息和 BIM 模型的角度看，数字孪生建筑结构将智能结构体系从模型集成到系统，实现了微观和宏观的集成。

数字孪生技术的发展为智能建筑提供了坚实基础，是建筑可视化和数字化的基石。其中，BIM 是一个核心引擎，目前得到了建筑界的普遍认可，但还需要经过一个较长的磨合期。无论是数字孪生还是 BIM，都是未来建筑业的总体发展方向——基于数字孪生建筑平台，实现整个建筑业的数字化、在线化和智能化，并最终实现未来建筑的美好愿景。

2.4 物联网技术

物联网技术概述

2.4.1 物联网技术概述

1999 年，来自麻省理工学院 Auto-ID 实验室的 Kevin Ashton 教授最早阐释了物联网的基本内涵，受限于当时的技术水平，Ashton 提出的物联网概念是基于无线射频识别技术与无线通信技术的。当前，不同国家或组织对物联网的定义见表 2-2。

表 2-2　不同国家或组织对物联网的定义

国家或组织	对物联网的定义
美国	将各种传感设备，如射频识别设备、红外传感设备、全球定位系统等与互联网结合起来而形成的一个巨大的网络，其目的是让所有物品均与网络连接在一起，方便识别与管理
欧盟	将现有互联的计算机网络扩展到互联的物品网络
国际电信联盟	任何时间、任何地点，人们都能与任何东西相连。物联网主要解决物与物、人与人、人与物之间的互联

物联网是通过智能传感器、射频识别设备、卫星定位系统等信息传感设备，按照约定的协议，把各种物品与互联网连接起来，进行信息交换和通信，以实现对物品的智能识别、定位、跟踪、监控和管理的一种网络。

物联网所要实现的是物与物之间的互联互通，因此又被称为“物物相连的互联网”，英文名称是 Internet of Things（IoT）。

当前公认的物联网基本架构包括三个逻辑层，即感知层、网络层、应用层。

（1）感知层

感知层是实现物联网的关键技术，关键在于具备更精确、更全面的感知能力，并解决低功耗、小型化和低成本问题。感知层位于物联网的底层，传感器系统、标识系统、卫星定位系统及相应的信息化支撑设备（如服务器、网络设备、终端设备）组成了感知层的基础部件，其功能是采集包括各类物理量、标识、音频和视频数据等在内的物理世界中发生的事件和数据。

（2）网络层

网络层主要以广泛覆盖的移动通信网络作为基础设施，由各种私有网络、互联网、有线和无线通信网、网络管理系统等组成。在物联网中起到信息传输的作用，该层主要用于感知层和应用层之间的数据传递，是连接感知层和应用层的桥梁。网络层实现数据从感知层传输至应用层（平台层），分为物联网接入、物联网传输两部分。物联网接入技术包括以太网/光纤、串口通信、ZigBee、WiFi、Bluetooth（蓝牙）、LoRa、NB-IoT、4G/5G。物联网传输技术主流的协议是 MQTT 和 CoAP。

（3）应用层

应用层主要包括云计算、云服务和模块决策，其功能是完成相关数据的管理及处理，并将数据与各行业信息化需求相结合，实现智能化应用的解决方案。

2.4.2　物联网关键技术

物联网具有数据海量化、连接设备种类多样化、应用终端智能化等特点，其发展依赖于感知层技术、信息传输技术、信息处理技术、信息安全技术等。

1. 感知层技术

感知层技术是物联网的基础，用于采集物理世界中发生的事件和数据，实现外部世界信息的感知和识别，主要包括传感器技术、无线射频识别技术、图像与视频技术、定位技术。

（1）传感器技术

GB/T 7665—2005《传感器通用术语》将传感器定义为能够感受规定的被测量并按一定规律转换成可用输出信号的器件或装置的总称。传感器技术作为信息获取的重要手段，与通信技术和计算机技术共同构成信息技术的三大支柱。传感器已被应用于诸如工业生产、宇宙开发、海洋探测、环境保护、资源调查等极其广泛的领域。传感器具有微型化、数字化、智能化、多功能化、系统化、网络化等特点，它是实现自动检测和自动控制的首要环节。

1）传感器的构成。

① 电源：电源为传感器提供能源。

② 感知部件：不同类型传感器的感知部件将感知不同类型的外界信息，通常根据其基本感知功能可分为热敏元件、光敏元件、气敏元件、力敏元件、磁敏元件、湿敏元件、声敏元件和味敏元件等，并将其转换为数字信号。

③ 处理器和存储器：负责协调各部件的工作，对获取的信息进行必要的处理。

④ 通信部件：负责传感器之间或与观察者的通信。

⑤ 软件：为传感器提供如操作系统、数据库系统等软件支持。

传感器的基本构成示意图如图 2-8 所示。

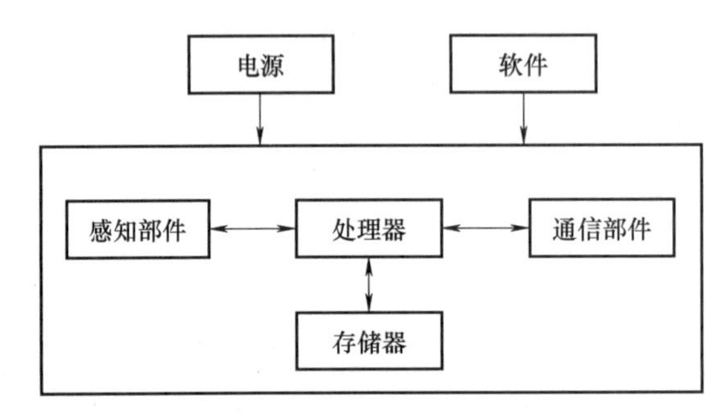

图 2-8 传感器的基本构成示意图

2）传感器技术的发展历程。

① 第一代传感器：诞生于 20 世纪 50 年代，第一代是结构型传感器，它利用结构参量变化来感受和转化信号，比较典型的代表是电阻式传感器，90%用在称重上；20 世纪 70 年代，比较典型的代表是物理传感器，如电阻应变式传感器（图 2-9），它是利用金属材料发生弹性形变时电阻的变化来转化电信号的。

图 2-9 电阻应变式传感器

② 第二代传感器——集成传感器：是 20 世纪 70 年代发展起来的固体型传感器，这种传感器由半导体、电介质、磁性材料等固体元件构成，是利用材料某些特性制成的。例如，能够进行声音感应、光感应和触屏的传感器（图 2-10），雷达设备，红外线传感器。

③ 第三代传感器——智能传感器：是利用嵌入式技术将传感器与微处理器集成在一起，具有环境感知、数据处理、智能控制与通信功能的智能终端设备。它具有自学习、自诊断、自补偿能力，复合感知能力及灵活的通信能力。智能传感器在感知物理世界时反馈给物联网系统的数据更准确、更全面，可达到精确感知的目的。智能传感器的构成如图 2-11 所示。

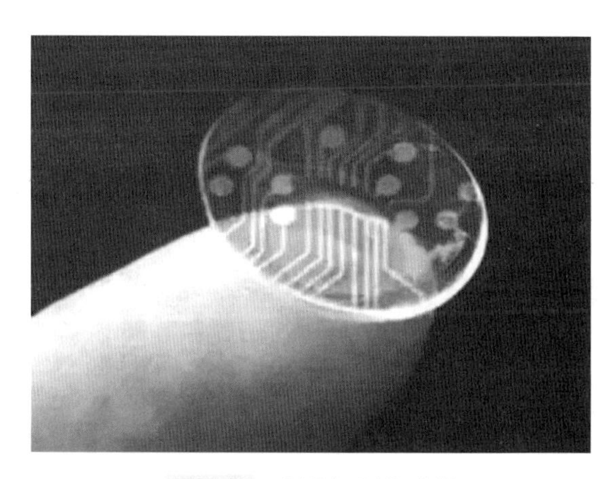

图 2-10　指纹识别传感器

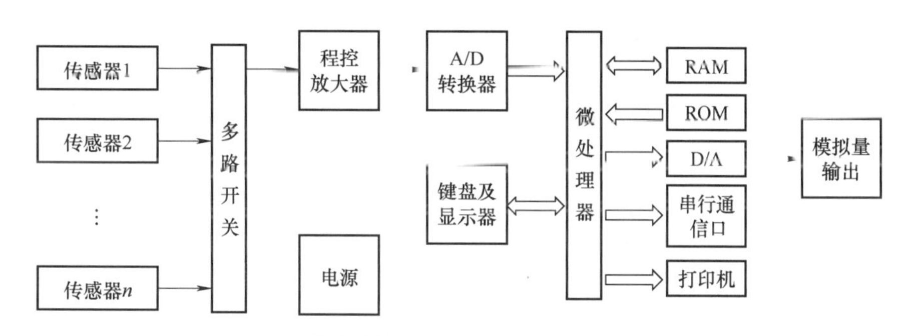

图 2-11　智能传感器的构成

3）传感器网络。传感器网络是由大量部署在作业区域内的、具有无线通信与计算能力的微小传感器节点通过自组织方式构成的能根据环境自主完成指定任务的分布式智能化网络系统。整个传感器网络将协调各个传感器，将覆盖区域内感知的信息综合处理，并发布给观察者。一个典型的传感器网络的结构包括分布式传感器节点、汇聚节点、互联网和用户界面等，如图 2-12 所示。

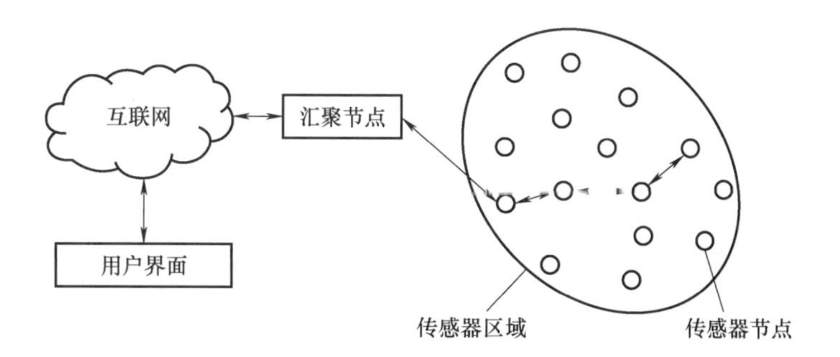

图 2-12　传感器网络结构

（2）无线射频识别技术

对物理世界的识别是实现物联网全面感知的基础，常用的识别技术有二维码、

RFID、条形码等，涵盖物品识别、位置识别和地理识别。无线射频识别（Radio Frequency Identification，RFID）技术是通过无线电信号识别特定目标并读写相关数据的无线通信技术。该技术不仅无须在识别系统与特定目标之间建立机械或光学接触，而且能在多种恶劣环境下进行信息传输，因此，在物联网的应用中有着重要的意义。常见的 RFID 标签如图 2-13 所示。

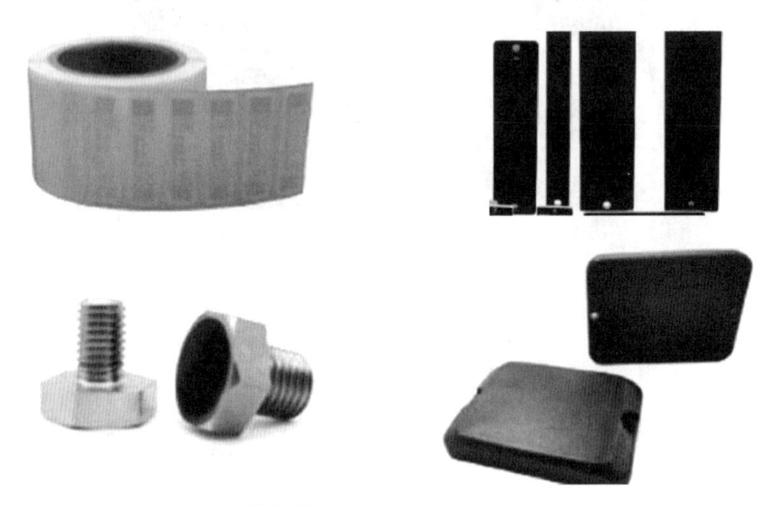

图 2-13　常见的 RFID 标签

1）RFID 系统的构成。RFID 系统由应答器、读写器和应用软件系统组成，如图 2-14 所示。

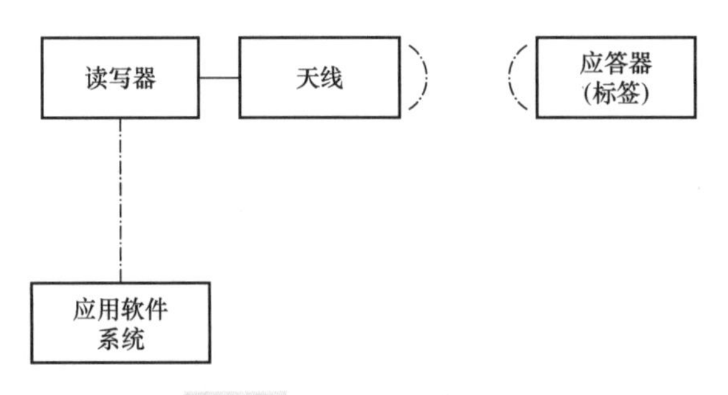

图 2-14　RFID 系统的构成

① 应答器（标签）：由天线、耦合元件及芯片组成，一般来说都是用标签作为应答器，每个标签具有唯一的电子编码，附着在物体上标记目标对象。标签原理图如图 2-15 所示。

② 读写器：由天线、耦合元件和芯片组成，读取或写入标签信息的设备，可设计为手持式或固定式，如图 2-16 所示。其工作原理如图 2-17 所示。

③ 应用软件系统：把收集的数据进一步处理，为人们所使用。

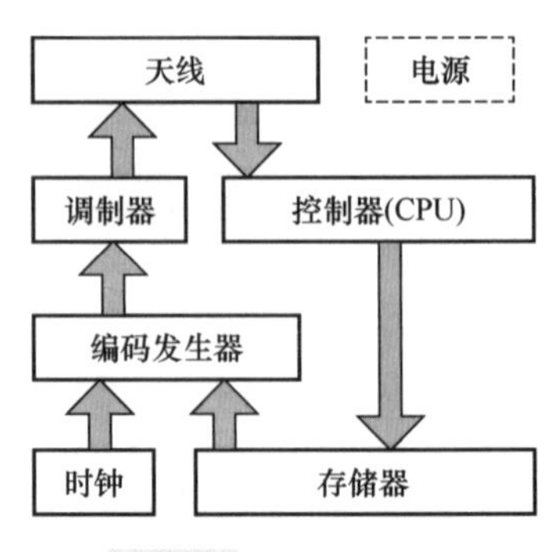

图 2-15　标签原理图

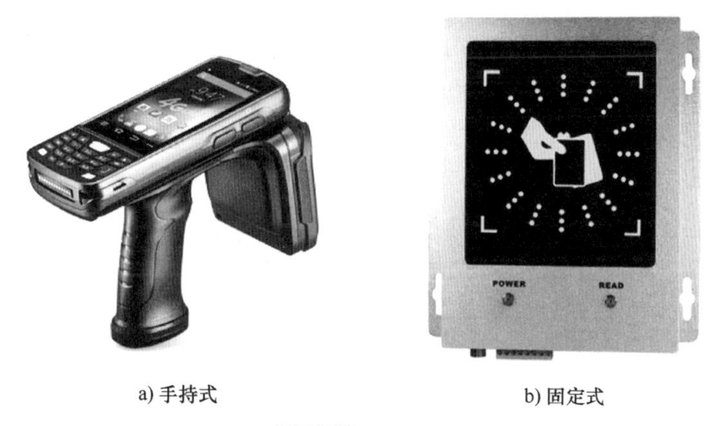

a) 手持式　　b) 固定式

图 2-16　读写器

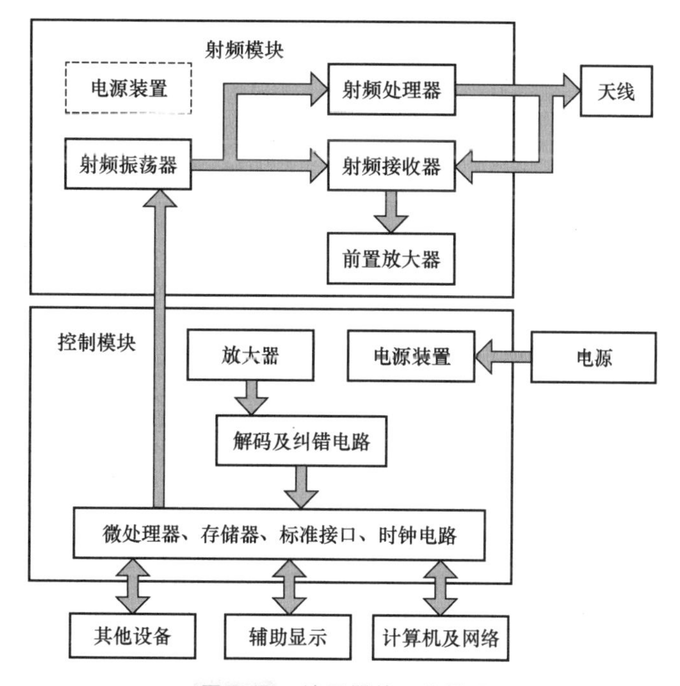

图 2-17　读写器的工作原理

2）RFID 系统的工作原理。在 RFID 系统工作过程中，物理读写器会通过天线发射出射频信号，此信号带有固定频率，当这个磁场和应答器相遇时，应答器就发生反应。应答器通过感应电流获取一定的能量后，向读写器发送相应的编码，编码中含有预先存储好的产品携带的信息。当读写器接收到编码以后，便会对所发送过来的编码进行解码翻译，将相应的信息及数据传输给计算机系统，并反映给决策者。RFID 系统的工作原理示意图如图 2-18 所示。

3）RFID 技术的发展。RFID 技术最早起源于英国，应用于第二次世界大战中辨别飞机身份，20 世纪 60 年代，开始商用。美国国防部自 2005 年规定，所有军需都要使用 RFID 标签；美国食品与药品管理局建议制药商从 2006 年起利用 RFID 技术跟踪药品生产、运输、销售过程。Walmart（美国沃尔玛）、Metro（德国麦德龙超市）零售业应用 RFID 技术等一系列行动更是推动了 RFID 技术在全世界的应用热潮。

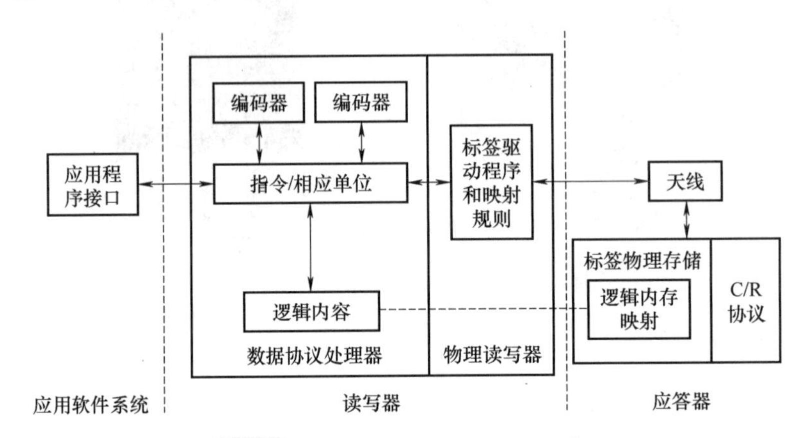

图 2-18　RFID 系统的工作原理示意图

2000 年，每个 RFID 标签的价格是 1 美元，现在超高频 RFID 标签的价格已经降到 10 美分左右。

4）RFID 技术的优点。

① 读取性强，非接触识别。

② 读写速度快，大多数情况不到 100ms。

③ 抗污染能力和耐久性强。

④ 可重复使用，RFID 标签可重复增、删、改，方便信息更新。

⑤ 信息容量大，RFID 技术能够适应信息容量需求增加的趋势。

⑥ 安全性强。

5）RFID 产品类型。RFID 技术所衍生的产品大概有三大类：

① 无源 RFID 产品。该类产品发展最早，也是发展最成熟、市场应用最广泛的产品。例如，公交卡、食堂餐卡、银行卡等，这些在日常生活中随处可见，属于近距离接触式识别类。

② 有源 RFID 产品。该类产品是最近几年逐渐发展起来的，因其远距离自动识别的特性，有巨大的应用空间和市场潜质。

③ 半有源 RFID 产品。该类产品结合有源 RFID 产品及无源 RFID 产品的优势，在低频 125kHz 频率的触发下，让微波发挥优势。利用低频近距离精确定位，微波远距离识别和上传数据。

（3）图像与视频技术

1）图像与视频技术概述。图像与视频技术包括采集、处理、识别等一系列相关技术，就是利用图像和视频技术代替人眼做测量和判断的技术。

机器视觉系统是通过机器视觉的产品将被摄取目标转化为图像信号，传给专有的图像处理系统，根据像素分布和亮度、颜色等信息，转变成数字信号，再由图像处理系统对这些信号进行运算处理，抽取目标特征，进而判断和控制现场的设备。

工业照相机和视频监控摄像头是图像和视频采集的前端设备。

2）图像识别与视频识别。由于机器学习等人工智能技术的发展，基于图像与视频技术的物体、动作识别成为目前图像与视频技术最重要的发展方向。

图像识别是指利用计算机对图像进行处理、分析和理解，以识别各种不同目标和对象的技术。工业实践中的图像来源于工业相机拍摄的图片，针对图像识别，主流的处理方法是进行局部特征点提取。一幅图像的数据矩阵中可能包括很多无用信息，必须根据这些数据提取出图像中的关键信息、一些基本元件以及它们的关系。图像识别最为广泛的应用包括手写文字识别、人脸识别等（图 2-19）。

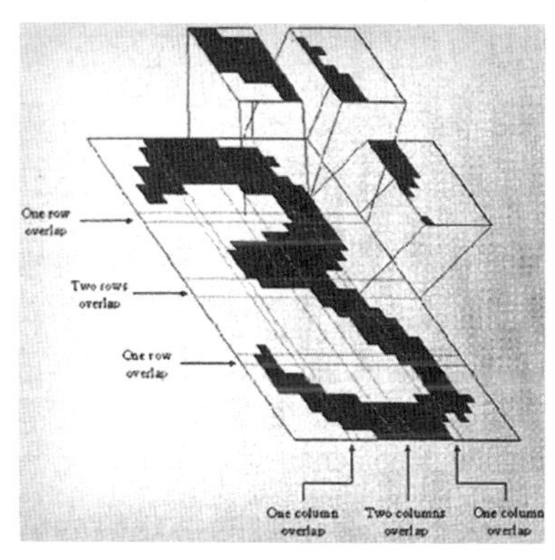

a) 手写文字识别

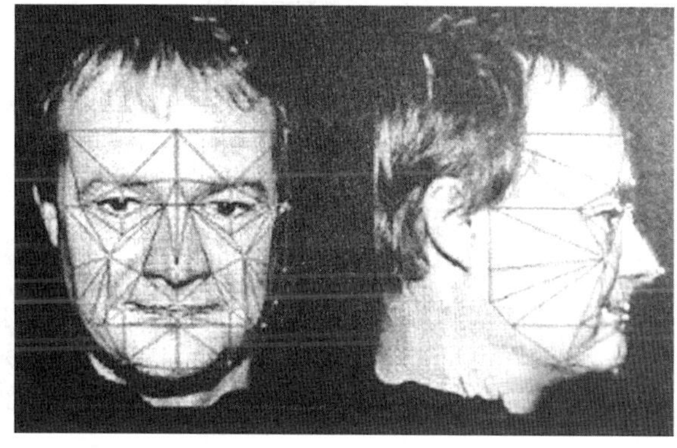

b) 人脸识别

图 2-19　基于图像识别技术的手写文字识别和人脸识别

视频识别是对采集的视频画面进行识别。针对视频识别，主流的方法是单帧识别，就是将视频进行截帧，然后基于图像粒度（单帧）进行识别表达。然而一帧图相对整个视频是很小的一部分，特别是当这帧图没有很好的区分度，或是一些和视频主题无关的图像时，会让分类器无法识别。因此，学习视频时间域上的表达是提高视频识别的主要因素。视频识别为自动驾驶等需要处理视频画面的应用提供了自动的物体识别支持。

在智能建造框架下，图像和视频相关技术负责图像和视频的采集、处理和分析，是信息的重要来源之一。

3）视频监控的构成。视频图像信息技术中的视频监控主要由三部分构成：

① 视频数据采集。在数据采集过程中使用的设备包括摄像、存储设备等。通过摄像设备对工程施工现场录像，联网保存。一旦发生工程施工问题，通过录像再现当时施工现场的情况，保证工程施工的准确性。

② 信息数据传输。主要利用计算机将收集到的信息进行压缩处理，通过网络传递准确地将信息交给视频监管人员。视频传输与网络稳定性相关，只有保障网络稳定，才能促使工程共享信息的准确性。

③ 计算机监控。依靠计算机硬件支持，实时分析处理信息，监控工程现场施工，对施工中出现不当情况及时改正。

（4）定位技术

1）室外定位技术——全球导航卫星系统：美国的 GPS、俄罗斯的 GLONASS（格洛纳斯）、欧盟的 Galileo（伽利略）、我国的北斗等。

基于卫星和基站的定位系统通常被用于室外定位。

卫星定位通过接收太空中卫星提供的经纬度坐标信号进行定位，其中 GPS 系统是现阶段应用最为广泛、技术最为成熟的卫星定位技术，我国的北斗卫星定位系统也逐渐成熟。卫星定位系统由空间部分、地面控制部分、用户设备部分三部分组成，如图 2-20 所示。

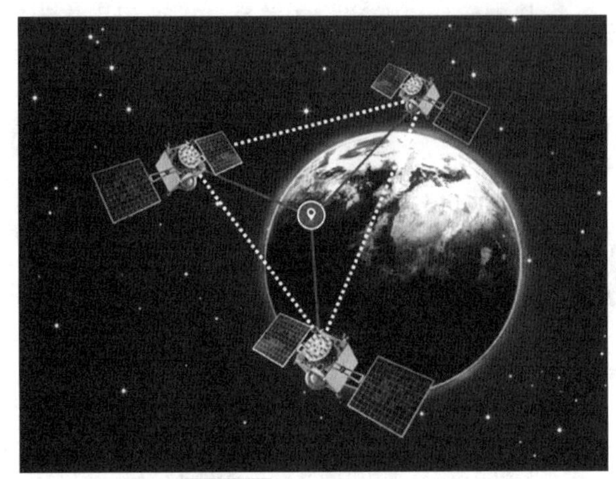

图 2-20 卫星定位技术

基站定位是指利用手机通信的基站进行定位，在电子地图平台的支持下，通过电信移动运营商的网络获取移动终端用户的位置信息。卫星定位和基站定位相比，卫星定位的精度更高，但受天气影响大，而基站定位的速度更快，受天气的影响较小。

室外定位技术在高层建筑、港口工程、桥梁等施工的定位观测和施工测量中有着广泛的应用前景，主要包括以下三个方面：

① 用于高效的大地测量，只需将定位仪安装便可以自动地完成大地测量。

② 用于室外人员和机械定位跟踪，便于合理地完成人员和机械调度。

③ 用于获取施工坐标与大地坐标的换算关系，对建筑物变形和振动进行连续观测。

2）室内定位技术——WiFi 定位、蓝牙定位、红外线定位、超宽带定位、RFID 定位、ZigBee 定位和超声波定位。

WiFi 定位技术主要有两种方法：一种是通过移动设备和 3 个无线网络接入点的无线信号强度，通过差分算法对人和车辆进行三角定位；另一种是实现记录巨量的确定位置点的信号强度，通过用新加入的设备的信号强度对比数据库，以确定位置。

蓝牙定位技术目前部署得较多，是相对比较成熟的技术。蓝牙定位原理和 WiFi 定位原理类似，都利用了三角定位技术，使用蓝牙基站帮助确定定位物体的室内位置。蓝牙定位的精度比 WiFi 定位精度高，达到亚米级。蓝牙室内定位最大的优势是设备体积小、短距离、低功耗，容易集成在手机等移动设备中。蓝牙传输不受视距的影响，但对于复杂的空间环境，蓝牙系统的稳定性稍差，受噪声信号干扰大。

此外，红外线定位、ZigBee 定位、超声波定位等也可实现室内定位。

利用室内定位技术，可对施工现场室内或较小范围的室外场地中的施工人员、建筑材料、施工机械进行实时定位，定位数据可被应用于施工质量监管、人员管理、安全管理等。

2. 信息传输技术

信息传输包括信息的传送和接收，是从一端将命令或状态信息经信道传送到另一端，并被对方所接收。信息传输过程中不能改变信息。信息本身并不能被传送或接收，必须有载体，如数据、语言、信号等载体，且传送方面和接收方面对载体有共同解释。

信息传输需要考虑传输设备的有效性、可靠性和安全性。

1）有效性用频谱复用程度或频谱利用率来衡量。提高信息传输有效性的措施是采用性能好的信源编码以压缩码率、采用频谱利用率高的调制减小传输带宽。

2）可靠性用信噪比和传输错误率来衡量。提高信息传输可靠性的措施是采用高性能的信道编码以降低错误率。

3）安全性用信息加密强度来衡量。提高安全性的措施是采用高强度的密码与信息隐藏或伪装的方法。

目前，信息传输技术包含有线传输技术、无线传输技术和移动通信技术，其中无线传输技术应用较为广泛。无线传输技术又分为远距离无线传输技术和近距离无线传输技术。

1）远距离无线传输技术包括 2G、3G、4G、NB-IoT、Sigfox、LoRa、eMTC 等，信号覆盖范围一般在几千米到几十千米，主要用于远程数据传输，如智能电表、远程设备数据采集等。

2）近距离无线传输技术包括 WiFi、蓝牙、UWB、ZigBee、NFC 等，信号覆盖范围一般在几十厘米到几百米，主要应用于局域网，如家庭网络、工厂车间联网、企业办公联网等。

无线传输技术对比见表 2-3。

表 2-3　无线传输技术对比

名称	通信技术	传输速度	通信距离	成本	优点	缺点
局域网	WiFi	11~54Mbit/s	20~200m	25 美元	应用广泛，传输速度快，距离远	设置麻烦，功耗高，成本高
	蓝牙	1Mbit/s	20~200m	2~5 美元	组网简单，低功耗，低延迟，安全	距离较短，传输数据量小
	ZigBee	20~250bit/s	2~20m	20 美元	低功耗，自组网，低复杂度，可靠	传输范围小，速率低，时延不确定
广域网	LoRa	小于 110kbit/s	域内，1.2km 域外，15km	5 美元	低成本，电池寿命长，广连接，通信不频繁	非授权频段
	Sigfox	小于 100kbit/s	3~10km	低于 1 美元	传输速率低，成本低，范围广，技术简单	数据传输量小，非授权频段，相对封闭
	NB-IoT	小于 200kbit/s	15km 以上	5 美元	高可靠性，安全，传输数据量大，低时延，广覆盖	成本高，协议复杂，电池耗电量大
	eMTC	小于 1Mbit/s		10 美元	低功耗，海量连接，高速率，可移动，支持 VoLTE	模块成本更高

3. 信息处理技术

物联网采集的数据往往具有海量性、时效性、多态性等特点，给数据存储、数据查询、质量控制、智能处理等带来了极大挑战。信息处理技术的目标是将传感器等识别设备采集的数据收集起来，通过信息的挖掘等手段发现数据内在联系，获取新的信息，为用户下一步操作提供支持。当前的信息处理技术有云计算技术、智能分析相关技术等，后续章节将详细介绍。

4. 信息安全技术

信息安全问题是互联网时代十分重要的议题，安全和隐私问题也是物联网发展面临的巨大挑战。物联网除面临一般信息网络的物理安全、运行安全、数据安全等问题外，还面临特有的威胁和攻击，如物理俘获、传输威胁、阻塞干扰、信息篡改等。

保障物联网安全涉及防范非授权实体的识别，阻止未经授权的访问，保证物体位置及其他数据的保密性，保护个人隐私、商业机密和信息安全等诸多内容，如网络非集中管理方式下的用户身份验证技术、离散认证技术、云计算和云存储安全技术、高效数据加密和数据保护技术、隐私管理策略制定和实施技术等。

2.4.3 物联网技术发展历程

1995 年，比尔·盖茨在他的《未来之路》一书中，提到物联网在未来生活中的应用，并进行了大胆的构想。具体描述如下：你不会忘记带走你遗留在办公室或教室里的网络连接用品，它将不仅仅是你随身携带的一个小物件，或是你购买的一个用具，而且是你进入一个新的媒介生活方式的通行证。这个设想在那个年代是一个梦想，因为当时的技术水平远远没有达到能实现的条件，但是，比尔·盖茨的描述为未来信息技术的发展指引了一个崭新的方向。

20 世纪 90 年代中期，Kevin Ashton 教授在长期的工作实践中产生了应用 RFID 技术辅助零售业务的想法，并在麻省理工学院 Auto-ID 实验室进行了进一步的研究与探讨。最终于 1999 年正式对物联网、万物互联的基本内涵进行了阐述。

2013 年，德国发布了第一版《德国工业 4.0 标准化路线图》，力求推动以物联网和信息物理融合系统为代表的新一代信息技术，推动传统制造业的智能化转型，进入以智能化制造为主导的工业 4.0 阶段。

近几年物联网技术迅猛发展，渗透到各行各业，对各行各业的发展起到了积极的推动作用。

2.4.4 物联网技术应用

物联网技术广泛应用于绿色智能建造的全过程，包括智能生产、智慧工地和绿色运维等，具体可细分为以下几部分应用。

1. 安全管理

(1) 门禁管理

基于物联网、生物识别、人脸识别等技术，为预制构件厂、施工现场等开发门禁管理系统，实现从感知层、网络层到应用层端到端智能门禁解决方案。

（2）人员统计

根据门禁传感器采集的数据，结合室内外定位技术，实现人员定位、人员数量统计、作业现场人员分布，为人员和现场管理提供即时数据，保证人员安全。

（3）行为分析

在视频监控的基础上，为不同摄像机的监控场景预设不同的报警规则，一旦在监控场景中出现相应违反预设规则的行为，即可进行报警提示（图 2-21）。如塔式起重机工人行为分析预警、安全帽和安全绳佩戴提醒、施工人员误操作等。

图 2-21　视频监控

（4）机械设备管理

传感器技术可对机械设备进行实时监控（图 2-22），保证机械设备的安全运行，通过 RFID 技术实现机械设备状态信息的实时更新，提高设备的利用效率。

（5）危化品管理

采用图像与视频识别技术等，进行施工和运维过程中危化品实时管控，保证使用安全。

2. 环境监测

（1）常规环境监测

利用传感器对环境温度、湿度、风速、光照度、噪声，以及 PM10、PM2.5 等常规因素进行实时监测，并根据监测数据控制相关设备的工作状态，确保环境满足相关规定。如混凝土养护室温湿度控制、打桩噪声监测、施工现场扬尘监测等。

（2）高危恶劣环境监测

利用传感器进行煤矿施工巷道瓦斯监测、爆破施工邻近天然气管线隧道天然气泄漏监测、防空洞加固改造环境监测等，以保证高危恶劣环境施工过程中的人员安全。

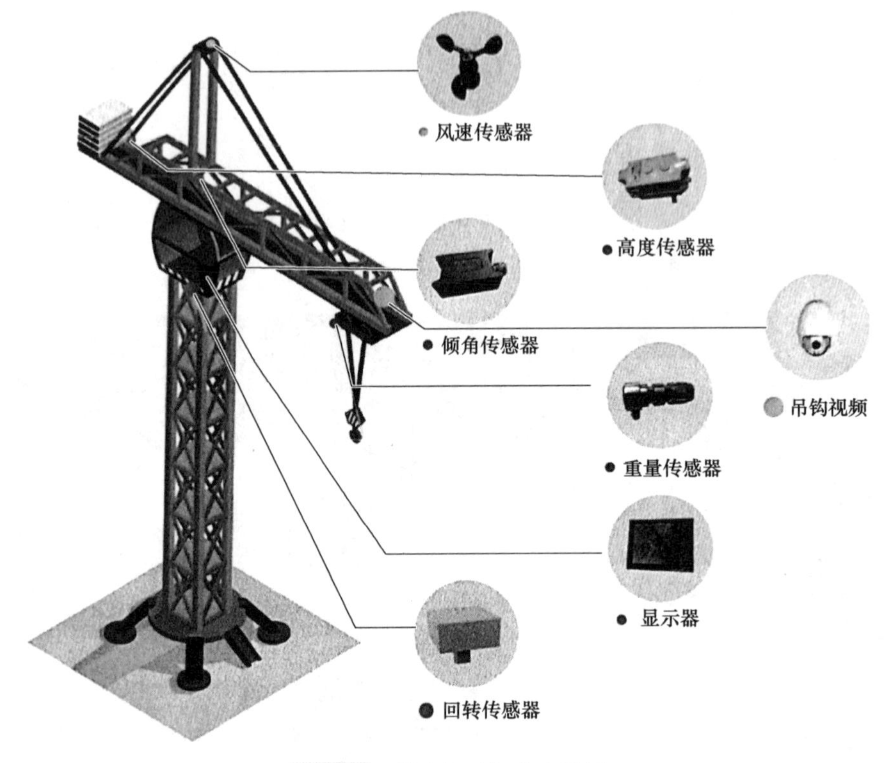

图 2-22　塔式起重机安全监测

3. 结构健康监测

为确保建筑安全，采用位移传感器、裂隙传感器、应变传感器等，对结构裂隙、结构内力、结构变形等进行实时监测，如图 2-23 所示。

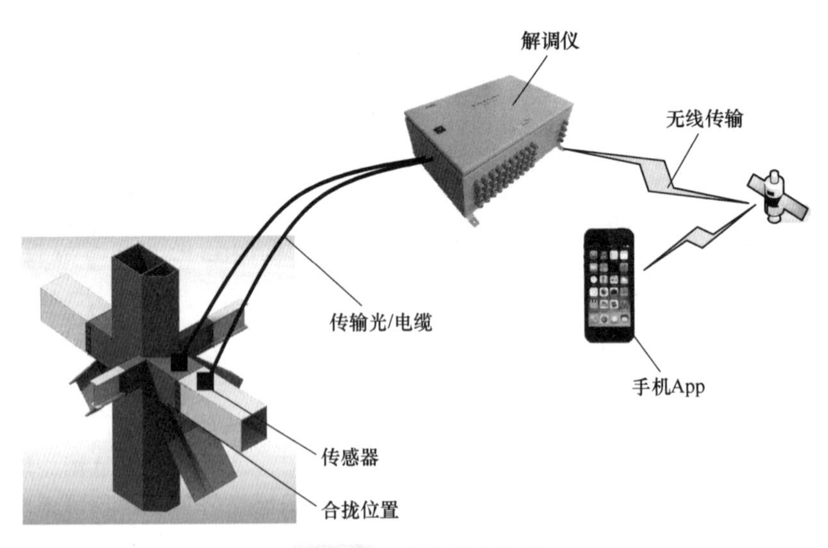

图 2-23　结构健康监测

4. 能耗管理

智慧工地生活生产用水、用电监测，基于室内温湿度的空调自动控制，基于光照的照明管理等，可实现智能建造全生命周期的能耗管理，达到节能减排。

2.5 5G+工业互联网技术

2.5.1 5G+工业互联网概述

1. 工业互联网

工业互联网（Industrial Internet）是新一代信息通信技术与工业经济深度融合的新型基础设施、应用模式和工业生态，通过对人、机、物、系统等的全面连接，构建起覆盖全产业链、全价值链的全新制造和服务体系，为工业乃至产业数字化、网络化、智能化发展提供了实现途径，是第四次工业革命的重要基石。

工业互联网不是互联网在工业领域的简单应用，而是具有更为丰富的内涵和外延。它以网络为基础、以平台为中枢、以数据为要素、以安全为保障，既是工业数字化、网络化、智能化转型的基础设施，也是互联网、大数据、人工智能与实体经济深度融合的应用模式，同时也是一种新业态、新产业，将重塑企业形态、供应链和产业链。

当前，工业互联网融合应用向国民经济重点行业广泛拓展，形成平台化设计、智能化制造、网络化协同、个性化定制、服务化延伸、数字化管理六大新模式，赋能、赋智、赋值作用不断显现，有力地促进了实体经济提质、增效、降本、绿色、安全发展。

2. 5G 通信技术概念

第五代移动通信技术（5th Generation Mobile Networks 或 5th Generation Wireless Systems、5th Generation，简称 5G 或 5G 技术）是最新一代蜂窝移动通信技术，也是继 4G（LTE-A、WiMax）、3G（UMTS、LTE）和 2G（GSM）系统之后的延伸。相比前几代移动通信技术，采用更加先进的 NOMA 技术，使得通信过程受到的干扰更小，高速运行情况下传输效率更高，并且传输容量大，能够让多个用户共享高速传输通道。

《5G 概念白皮书》指出，综合 5G 关键能力与核心技术，5G 概念可由标志性能力指标和一组关键技术来共同定义，其中，标志性能力指标为 Gbit/s 用户体验速率，一组关键技术包括大规模天线阵列、超密集组网、新型多址、全频谱接入和新型网络架构。

3. 工业互联网与 5G 通信技术融合

5G+工业互联网是指利用以 5G 为代表的新一代信息通信技术，构建与工业经济深度融合的新型基础设施、应用模式和工业生态。通过 5G 技术对人、机、物、系统等的全面连接，构建起覆盖全产业链、全价值链的全新制造和服务体系，为工业乃至产业数字化、网络化、智能化发展提供新的实现途径，助力企业实现降本、提质、增效、绿色、安全发展。

5G 是数字化从个人娱乐为主推向全连接社会的起点，是移动通信行业的机遇。然而 5G 与工业互联网的融合也对现有移动通信技术提出了挑战。5G 与工业互联网融合应用出现了八大类新型场景，分别为 5G+超高清视频、5G+AR、5G+VR、5G+无人机、5G+云端机器人、5G+远程控制、5G+机器视觉以及5G+云化AGV，相应应用场景对5G网络提出了新的需求。在应用场景发展节奏方面：5G与超高清视频的融合应用已进入应用成熟期，将成为5G在工业互联网领域的第一批应用场景；5G+AR、5G+VR以及5G+机器视觉等应用已进入高速发展期，经济价值逐渐显现，未来1~2年将成为工业互联网的主流应用场景；5G+无人机、5G+云化AGV等应用受限于与设备深度融合的需求，还需等待产品成熟，未来2~3年将有较快发展；5G+云端机器人和5G+远程控制等应用由于涉及工业核心控制环节，目前还处于探索期，有待深入的测试验证。

2.5.2 工业互联网特点及体系架构

1. 工业互联网特点

工业互联网是新一轮科技革命和产业变革快速发展的产物，具有更为丰富的内涵。随着互联网由消费领域向生产领域快速延伸，工业经济由数字化向网络化、智能化深度拓展，创新发展的互联网与新工业革命发生历史性交汇，从而催生了这一新兴领域。

工业互联网是支撑智能制造的一套智能技术体系，包含如下六大典型特征。

（1）智能感知

智能感知是工业互联网的基础。面对工业生产、物流、销售等产业链环节产生的海量数据，工业互联网利用传感器、射频识别等感知手段获取工业全生命周期不同维度的信息数据，具体包括人员、机器、原料、工艺流程和环境等工业资源状态信息。感知层面有传统信息系统、Web平台和物联网系统三个信息来源渠道。

（2）泛在连接

泛在连接是工业互联网的前提，即具备对设备、软件、人员等各类生产要素数据的全面采集能力。信息通信技术的发展正在拉开万物互联时代的序幕，工业资源通过有线或无线的方式彼此连接，形成便捷、高效的工业互联网信息通道，工业现场总线、工业以太网、工业无线网络和异构网络集成等技术，连接工业生产系统和工业生产各要素，实现工厂内各类装备、控制系统和信息系统的互联互通，工业互联网呈现出扁平化、无线化、灵活组网的发展趋势。

固定网络和蜂窝移动网络等技术为万物互联提供了基础保障，支撑工业数据的采集、交换、处理、建模和分析，是实现从单个生产线、车间到整个工业系统互联互通的基础工具，进一步拓展了资源优化配置的广度、深度和精度。物联网依托有线、无线等介质进行数据传输。

（3）数字孪生

数字孪生是工业互联网的方法。数字孪生基于物理实体的基本状态，以动态实时的方式对建立的模型、收集的数据做出高度写实的分析，用于物理实体的监测、预测和优化。它在虚拟的世界里模拟工业生产流程，借助数字空间强大的信息处理能力，实现对工业生产过程全要素的抽象建模，为工业互联网实体产业链运行提供有效的决策依据。

（4）实时分析预测

实时分析是工业互联网的手段。它是针对所感知的工业资源数据，通过技术分析手段，在数字空间中进行实时处理，获取工业资源状态在虚拟空间和现实空间的内在联系，将抽象的数据进一步直观化和可视化，完成对外部物理实体的实时响应。

预测性分析可以有效减少机器故障和计划外停机次数，优化物流和改进产品设计，不仅有助于企业降低生产成本，提高生产效率，还能够在风险评估以及业务决策环节发挥重要作用。有效的预测性分析模型既能提升企业在数据处理环节的效率，又能够将数据的价值放大到极致。

（5）精准控制

精准控制是工业互联网的目的。基于工业资源的状态感知、信息互联、数字建模和实时分析等，将在虚拟空间形成的决策转换成可以理解的控制命令，进行实际操作，实现精准的信息交互和无间隙协作。

（6）迭代优化

迭代优化是工业互联网的优势。工业互联网体系能够不断地自我学习与提升，通过工业资源数据存储、处理与分析，形成有效的、可继承的知识库、模型库和资源库，构成完整的工业数据服务链；汇聚各类传统专业处理方法与前沿智能分析工具，帮助用户方便快捷地实现工业数据的集成管理和价值挖掘，同时面向工业资源制造原料、制造过程、制造工艺和制造环境，不断进行迭代优化，达到最优目标。

2. 工业互联网体系架构

（1）工业互联网体系架构 1.0

面对数字化浪潮与第四次工业革命，为推进工业互联网发展，我国工业互联网产业联盟于 2016 年 8 月发布了《工业互联网体系架构（版本 1.0）》。工业互联网体系架构 1.0 提出工业互联网网络、数据、安全三大体系，其中，网络支撑着工业数据传输与交换和工业互联网发展，数据驱动工业智能化，安全则保障了网络与数据在工业中的安全应用。基于这三大体系，工业互联网构建三大优化闭环，即针对机器设备运行优化的闭环，针对生产运营决策优化的闭环，以及针对企业协同、用户交互与产品服务优化的全产业链、全价值链的闭环，形成了智能化、网络化、个性化、服务化四大模式。

（2）工业互联网体系架构 2.0

随着工业互联网体系架构 1.0 的推广，其发展也由发展理念与技术验证走向规模化应用。因此，为强化工业互联网体系架构 1.0 在技术解决方案开发与行业应用推广的实操指导性，以支撑我国工业互联网下一阶段的发展，我国工业互联网产业联盟于 2020 年 4 月对工业互联网体系架构 1.0 进行升级，提出了工业互联网体系架构 2.0，如图 2-24 所示。

工业互联网体系架构 2.0 由业务视图、功能架构、实施框架三大板块组成，以商业目标和业务需求为牵引，明确系统功能定义与实施部署方式的设计思路。其中，业务视图指明了企业应用工业互联网实现数字化转型的目标和相应的数字化能力；功能架构指明了企业支撑业务实现所需的核心功能和关键要素；实施框架描述了各项功能在企业落地实施的层级结构和部署方式。

相比工业互联网体系架构 1.0，工业互联网体系架构 2.0 在继承工业互联网体系架构 1.0 核心思想的基础上，为企业开展实践提供了一套方法论，从战略层面为企业开展工业互联网实践指明方向，并结合规模化应用需求对功能架构进行升级完善，提出更易于企业应用部署的实施框架，以构建一套更全面、更系统、更具体的总体指导性框架。工业互联网体系架构 2.0 仍突出强调将数据作为核心要素，并强调数据智能化闭环的核心驱动及其在生产管理优化与组织模式变革方面的作用。

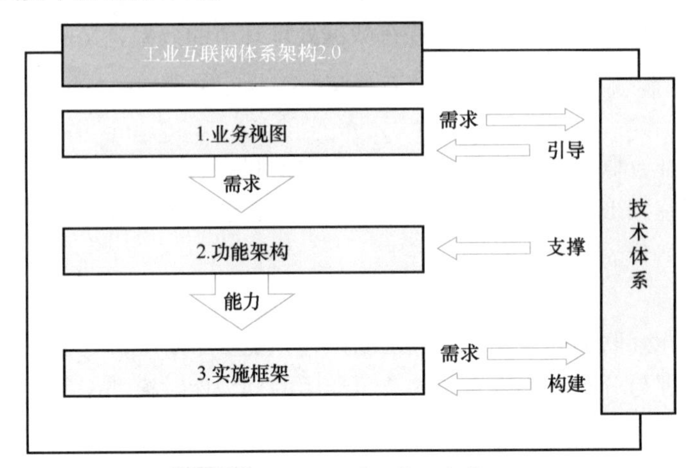

图 2-24 工业互联网体系架构 2.0

2.5.3 5G 网络架构

无线接入网、承载网以及核心网三者分工协作，共同构成 5G 网络。具体来说，无线接入网相当于一个接入的窗口，其主要负责将各个终端接入 5G 网络中，并在终端和基站之间收集数据；承载网相当于承载的卡车，其主要负责传输无线接入网和核心网之间的各项数据；核心网相当于管理中枢，其主要负责处理终端用户传上来的各项业务，并将处理好的业务进行反馈。5G 网络架构示意图如图 2-25 所示。本节将依次介绍无线接入网、承载网以及核心网在 5G 网络新架构下的变化。

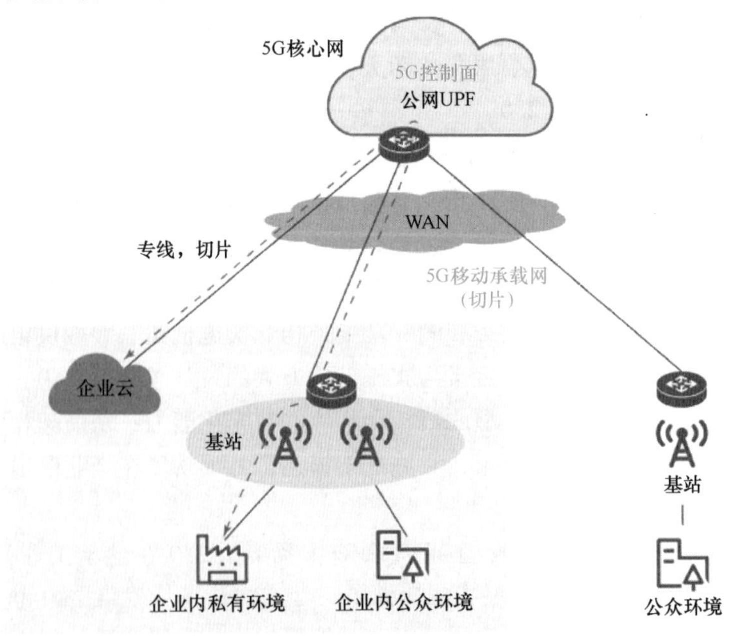

图 2-25 5G 网络架构示意图

1. 无线接入网

无线接入网（RAN）的核心是5G基站，它可提供5G空口协议功能，并支持与用户设备、核心网之间的通信。5G基站的组成部分可分为集中单元（Centralized Unit，CU）、分布单元（Distributed Unit，DU）和有源天线单元（Active Antenna Unit，AAU）三个实体。简单来说，CU和DU都是信号处理单元。但是细分下来，根据二者处理内容的实时性的不同，可简单认为CU负责非实时协议和服务的信号处理，而DU负责物理层协议和实时服务的信号处理。另外，AAU负责射频处理以及线缆上导行波和空气中空间波之间的转换工作。

2. 承载网

5G基站对无线接入网的功能划分及三级结构进行了重新部署。为了适应这些变化，承载网（Transport Network，TN）的架构和性能也发生了变化。下面将从前传、中传和回传三个不同的网络来分别介绍承载网的变化。

（1）前传

前传是负责连接AAU和DU的网络，一般的组网方式有光纤直连、无源/有源波分复用（Wavelength Division Multiplexing，WDM）和光传送网（Optical Transport Network，OTN）等。

（2）中传和回传

中传负责CU与DU之间的连接，而回传负责CU与核心网之间的连接。因为它们在带宽和组网灵活性等方面需求比较一致，所以两者可以使用统一的组网方案，如中传和回传都可采用分组增强型OTN设备的方式来进行组网。另外，回传也可采用现有的无线接入网IP化（Internet Protocol Radio Access Network，IPRAN）架构进行组网。

3. 核心网

核心网（Core Network，CN）可视为管理中枢，它拥有众多的网元来协调处理不同业务。在5G时代，与日俱增的多业务场景对网络架构的灵活性和开放性的要求也逐渐提高。当前的核心网架构的弊端也日益明显，如网元功能过于耦合、接口协议过于固定、拓扑结构过于复杂、运维不够智能和网络功能不对外开放等。在这种情况下，为了突破现有架构的限制，5G核心网将采用全新的基于服务的架构（Service-Based Architecture，SBA）。

2.5.4 工业互联网与5G通信技术发展历程

5G是新一代移动通信系统，5G与工业融合之后，逐步成为支撑工业生产的基础设施。5G与工业生产中既有研发设计系统、生产控制系统及服务管理系统等相结合，可以全面推动5G垂直行业的研发设计、生产制造、管理服务等生产流程的深刻变革，实现制造业向智能化、服务化、高端化转型。

1. 国外5G+工业互联网发展现状

目前，世界各国都在以制定政策和成立联盟的方式加快推动5G与工业互联网的融合发展，并已开展了5G+工业互联网应用的初步探索。

2017年起，美国就开始着手5G的应用并逐步扩大，美国联邦通信委员会（FCC）通过设立5G基金等方式推进5G向精准农业、远程医疗、智能交通等领域渗透。“5G美洲”是美国的一个工业贸易组织，主要由领先的电信服务提供商和制造商组成。“5G美洲”通过发布涉及5G+工业应用的白皮书来推动5G技术在美洲工业领域的应用。与此同时，美国电信运营商也加快了5G与制造业融合的应用实践，例如，美国电信运营商AT&T与三星电子在得克萨斯州打造了美国第一个专注于制造业的5G应用测试平台，并且探索了工业设备状态监测、员工培训等5G应用。

欧盟早在2016年就发布了“5G Action Plan”，并在2018年启动了5G规模试验。2018年4月，欧盟成立工业互联与自动化5G联盟（5G ACIA），联盟集合了OT龙头企业、ICT龙头企业、学术界等完整的生态系统，共同推进对工业需求的理解并向3GPP标准导入，同时探讨5G用于工业领域所涉及的话题，包括组网架构、运营模式、频谱需求等。德国作为工业4.0的发起国，更是通过“5G Strategy for Germany”和“Digital Strategy 2025”推进5G在德国的应用，尤其是在工业领域，以西门子、博世为代表的OT企业积极推进5G服务工业的应用研究与实践，并在汉诺威工业展上展示了基于5G的AGV应用等研究成果。欧盟各国电信运营商也纷纷与制造企业合作开展5G应用探索，如英国伍斯特郡5G工厂，探索使用5G进行预防性维护、机器维护远程指导等应用。

2. 我国5G+工业互联网发展现状

我国高度重视5G与工业互联网的融合发展，各省市也纷纷制定政策推进5G+工业互联网的应用示范落地。

2017年11月，国务院印发《关于深化“互联网+先进制造业”发展工业互联网的指导意见》，明确将5G列为工业互联网网络基础设施，并开展5G面向工业互联网应用的网络技术试验，协同推进5G在工业企业的应用部署。

2018年12月，工业和信息化部发布《工业互联网网络建设及推广指南》，其在工作目标中指出，到2020年，形成相对完善的工业互联网网络顶层设计，初步建成工业互联网基础设施和技术产业体系。5G作为工厂外网及内网的重要组成部分，将在标准、标杆网络、公共服务平台、测试床等方面获得国家项目及政策支撑。2019年，工业和信息化部在工业互联网创新发展工程中设置工业互联网企业内5G网络化改造及推广服务平台项目，支持5家国内工业企业及联合体开展5G内网部署模式、应用孵化推广、对外公共服务等方面开展探索。2019年8月，工业和信息化部在上海中国商用飞机有限责任公司召开“5G+工业互联网”全国现场工作会议，会议首次提出落实“5G+工业互联网”512工程，加强试点示范、应用普及、培育解决方案供应商，加快“5G+工业互联网”在全国推广普及。

在5G+工业互联网的应用方面，我国以5G应用产业方阵和工业互联网产业联盟为跨界合作交流平台，以“绽放杯”5G应用征集大赛为抓手推动5G向工业互联网领域渗透，涌现出一大批优秀的5G+工业互联网应用示范企业，如中国上飞、杭汽轮、精功科技、青岛港、南方电网等。中国电信、中国移动、中国联通三大电信运营商纷纷制订计划，推进5G应用的落地和发展。

2.5.5　工业互联网与 5G 通信技术应用

当前，新一轮科技革命和产业变革突飞猛进，信息技术日新月异。5G 与工业互联网的融合将加速数字中国、智慧社会建设，加速中国新型工业化进程，为中国经济发展注入新动能。在数字中国、智慧社会建设和新型工业化发展进程中，5G+工业互联网将主要发挥基础性作用、聚合性作用、融合性作用。

5G+工业互联网将发挥基础性作用。当前，工业网络无线化发展趋势显著，国际电信联盟定义的 5G 三大技术场景与工业互联网应用发展需求紧密契合。目前 5G 已可支持毫秒级空口时延，能够满足很多垂直行业的数字化场景，例如，港口、采矿、钢铁、建筑、仓储等行业的远程控制、无人控制等场景都是基于 5G 国际标准 R15 版本进行的产业化创新和融合应用探索。R16 标准进一步面向工业互联网等应用，引入新技术支持低于 1ms 空口时延以及更高可靠性，将有力支撑工厂生产线内网控制、机器人控制、运动控制等低时延及高可靠业务。

5G+工业互联网将发挥聚合性作用。5G 不仅提供网络连接，更将与人工智能、大数据、云计算等有机结合并带动相关技术创新和产业发展。5G 的推广和应用过程，即 5G 与各类信息通信技术聚合创新的过程。5G 加速了通信技术、信息技术、控制技术深度融合，推动通信与感知、计算、控制朝着深度耦合方向迈进；5G 将人工智能、物联网、云计算、大数据、边缘计算等新兴技术深度集成，形成云、网、边、端全链条能力，打造以 5G 为中心的泛智能集成设施；进而与区块链、增强现实/虚拟现实、全息影像等技术融合创新，支持各类工业场景和应用。

5G+工业互联网将发挥融合性作用。我国工业门类众多，企业所处阶段不同，需求差异性大，个性化更为突出。5G+工业互联网必须与工业特有的技术、知识、经验紧密结合，由浅入深、循序渐进，由生产监测、远程服务、智慧物流等基础环节向数字化研发、机器视觉检测、精准设备控制等关键环节延伸，这一过程复杂性高、难度大，需要各相关部门协同配合，充分调动产业各方的积极性和创造性，共同打好“团体赛”。

2.6　云计算技术

2.6.1　云计算技术概述

云计算既是互联网上以服务形式提供的各类应用，也是数据中心为这些服务提供支持的软硬件资源。云计算能够将资源进行虚拟的、动态的连接。以前的云计算只是对互联网发展趋势的一种比喻。而现如今，云计算的概念已经成为计算机数据处理动态化的抽象理念。

云计算技术是指将庞大的数据计算处理程序利用网络自动拆分成无数个小程序，然后通过多部服务器组成的系统进行分析和处理这些小程序得到结果，并将结果返回给用户。云计算技术是一种计算模式，它可以把资源、数据和应用以服务的方式通过网络提供给用户。云计算是基于互联网相关服务的增加、使用和支付模式，通常涉及通过互联网来提供动态易扩展且虚拟化的资源。云计算支持异构的基础资源和异构的多任务体系，可以实现资源的按需分配、按量计费，达到按需所取的目标，最终促进资源规模化，促使分工专业化，有利于降低单位资源成本，促进网络业务创新15%。虚拟化、分布式数据存储、并行化计算以及宽带网络等技术，使得云计算具有自助管理计算、存储等资源能力，并具有动态可扩展信息处理能力和应用服务。

由此可知，云计算技术最大的特点是把数据通过互联网进行传输分配。云计算技术是一种动态的易扩展的且通常通过互联网提供虚拟化的资源计算方式。云计算中的关键技术有分布式数据存储、并行化计算以及资源管理技术。其中，并行化计算技术以Apache服务器软件提供的Hadoop和Spark并行化计算框架为代表，分布式数据存储技术以HDFS（分布式文件系统）与HBase为代表解决海量数据的存储问题。根本上讲，云计算技术就是将数据存储在云端，应用和服务也存储在云端，通过网络来利用各个设备的计算能力，从而实现数据中心强大的计算能力，以及用户业务系统的自适应性。

2.6.2 云计算系统组成及服务层次

1. 云计算系统组成

云计算技术产品是指为搭建云计算技术平台所需要的硬件产品（主要形态为云计算技术一体机和云存储设备）、软件产品（分为基础设施产品、平台产品、应用产品）以及云终端产品。云计算技术产品基准是云解决方案和云服务的主要组成部分，云计算技术产品主要针对云服务和云解决方案所依赖的核心技术产品，从功能、性能等多个方面进行定义。云计算技术产品、云解决方案和云服务三个基准呈迭代关系。目前云计算技术产品包括虚拟化软件、云计算技术资源管理平台、云存储产品、云数据库产品、分布式应用服务产品、各类SaaS应用系统、相关的监控系统及业务管理系统。

2. 云计算系统的服务层次

通过对现有云计算系统进行剖析，根据其服务集合所提供的服务类型，可以将云计算系统看成一组有层次的服务集合，并划分为基础设施即服务层、平台即服务层、软件即服务层，如图2-26所示。

图2-26　云计算系统架构

（1）基础设施即服务（Infrastructure as a Service，IaaS）

提供给用户的服务是对所有设施的利用，包括处理、存储、网络和其他基本的计算资源等，用户能够部署和运行任意软件，包括操作系统和应用程序。用户不能管理或控制任何云技术基础设施，但能控制操作系统的选择、储存空间、部署的应用，也有可能获得一些网络组件（如防火墙、负载均衡器等）的控制。

（2）平台即服务（Platform as a Service，PaaS）

提供给用户的服务是把用户开发或收购的应用程序部署到供应商的云计算技术基础设施上，用户不需要管理或控制底层的云基础设施，包括网络、服务器、操作系统、存储等，但用户能控制部署的应用程序，也可能控制运行应用程序的托管环境配置。

（3）软件即服务（Software as a Service，SaaS）

提供给用户的服务是运营商在云计算技术基础设施上的应用程序，用户可以在各种设备上通过客户端界面访问。用户不需要管理或控制任何云计算技术基础设施。

云计算的最终目的是通过网络将不同的计算机设备进行网络化组合，形成一个具有强大计算能力的计算系统。这个系统可以整合不同计算机设备的资源，形成强大的资源库。资源库可以将各种教学应用系统进行集成，根据需要对使用电源、信息服务和空间存储等方面进行计算。云计算技术的主要特点包含根据具体需求进行个性化的服务，使网络访问服务变得无处不在，资源池共享，快速弹性处理问题，进行相应的测量服务等。

2.6.3　云计算关键技术

（1）虚拟化技术

虚拟化技术是指计算元件在虚拟的基础上而不是在真实的基础上运行，它可以扩大硬件的容量，简化软件的重新配置过程，减少软件虚拟机相关开销和支持更广泛的操作系统。计算系统虚拟化是一切建立在“云”上的服务与应用的基础。虚拟化技术主要应用在 CPU、操作系统、服务器等多个方面，是提高云服务效率的最佳解决方案。

（2）分布式海量数据存储

云计算系统由大量服务器组成，同时为大量用户服务，因此，云计算系统采用分布式存储的方式存储数据，用冗余存储的方式（集群计算、数据冗余和分布式存储）保证数据的可靠性。云计算系统中广泛使用的数据存储系统是 Google 的 GFS 和 Hadoop 团队开发的 GFS 的开源实现分布式海量数据存储。

（3）海量数据管理技术

云计算需要对分布的、海量的数据进行处理、分析，因此，数据管理技术必须能够高效地管理大量的数据。云计算系统中的数据管理技术主要包括 Google 的 BigTable 数据管理技术和 Hadoop 团队开发的开源数据管理模块 HBase。

（4）分布式的编程模式

云计算采用了一种思想简洁的分布式并行编程模型 Map-Reduce。它是一种编程模型和任务调度模型，在该模式下，用户只需要自行编写 Map 函数和 Reduce 函数即可进行并行计算。其中，Map 函数定义各节点上分块数据的处理方法，而 Reduce 函数定义中间结果的保存方法以及最终结果的归纳方法。

（5）云计算平台管理技术

云计算资源规模庞大，服务器数量众多并分布在不同的地点，同时运行着数百种应用。云计算系统的平台管理技术能够使大量的服务器协同工作，方便进行业务部署和开通，快速发现和处理系统故障，通过自动化、智能化的手段实现大规模的可靠运营。

2.6.4 云计算技术发展历程

云计算的历史最早可追溯到 1965 年，Christopher Strachey 在国际信息处理大会上发表 *Time Sharing in Large Fast Computer* 论文，论文中正式提出了“虚拟化”的概念。而虚拟化正是云计算基础架构的核心，是云计算发展的基础。

2006 年，Google 首席执行官 Eric Schmidt 在搜索引擎大会（SES San Jose 2006）首次提出云计算的概念。同年，亚马孙推出了 Amazon Web Services（AWS），这是云计算领域的一个里程碑事件。AWS 提供了计算、存储、数据库等基础设施服务，吸引了大量企业和开发者开始关注云计算。此后，诸多云计算厂商如 Google、IBM、Microsoft 等也开始布局云计算业务。

随着云计算技术的逐渐成熟，越来越多的企业开始尝试将业务迁移到云端。2008 年，Salesforce. com 推出了 Force. com 平台，使得 SaaS 应用能更加便捷地构建和部署。同时，Google App Engine 和 Heroku 等 PaaS 平台也相继推出，为开发者提供了更广阔的应用部署空间。

进入 21 世纪第二个十年，云计算的应用越来越广泛。几乎所有企业都在不同程度地应用云计算，以降低 IT 成本和提高业务灵活性。在这个阶段，云服务市场也出现了更多的创新型企业，如 Docker、Kubernetes 等，推动了云计算技术的快速发展。

2.6.5 云计算技术应用

云计算技术对于建筑行业具有很大的作用和价值。建筑物是个十分复杂的整体，云计算对于施工建造控制、结构健康检测、BIM 模型优化等各方面都具有广阔的应用前景。基于云计算技术，对于复杂的建筑物施工平台的数据处理可以使计算能力大大提升从而提高现场管理的效率以及扩大管理的范围。

1）在智能结构健康监测领域，云计算技术可以为其提供强大的计算技术支持，从而提高实时监测的能力，为结构健康监测提供了处理大量数据的技术保障，从而使监测效率大大提升，同时也会缩短预警所需的时间，为结构健康保障、人员保障等方面起到积极的作用。

2）BIM 模型的优化及数据处理，使建筑物的 BIM 模型越来越细致，越来越向实体建筑物方面发展，基于云计算技术的信息数据处理可以大幅度提高计算速度，从而为更加细致的 BIM 模型所需要处理的大量数据提供了技术支持。更加详尽的 BIM 模型也在简化施工流程、精确结构计算等方面提供了模型保障。

在未来智能建造发展过程中，云计算作为基础应用技术，是不可或缺的技术之一，物联网、移动互联等技术收集和传输大数据，需要进行信息的协同、数据的处理和资源的共享，在对数据进行处理的过程中，需要强大的计算能力。因此，云计算技术强大的计算能力和计算资源共享，将帮助提供智能建造所需的计算处理能力。

2.7 大数据与人工智能（AI）技术

2.7.1 大数据与人工智能（AI）技术概述

1. 大数据

大数据一般是指在获取、存储、管理、分析方面大大超出了传统数据库软件工具能力范围，需要采用新技术手段处理的海量、高增长率和多样化的信息资产。维基百科的定义：大数据是指所涉及的资料规模巨大到无法通过目前主流软件工具，在合理时间内达到撷取、管理、处理并整理成为帮助企业经营决策目的的资讯。麦肯锡的定义：大数据是指无法在一定时间内用传统数据库软件工具对其内容进行采集、存储、管理和分析的数据集合。

2. 人工智能

人工智能（Artificial Intelligence，AI）作为一门前沿交叉学科，其定义一直存有不同的观点。《人工智能：一种现代方法》将已有的一些人工智能定义分为四类：像人一样思考的系统，像人一样行动的系统，理性地思考的系统，理性地行动的系统。维基百科定义为“人工智能就是机器展现出的智能”，即只要是某种机器，具有某种或某些智能的特征或表现，都应该算作人工智能。大英百科全书则限定人工智能是数字计算机或者数字计算机控制的机器人在执行智能生物体才有的一些任务上的能力。百度百科定义人工智能是“研究、开发用于模拟、延伸和扩展人的智能的理论、方法、技术及应用系统的一门新的技术科学”，将其视为计算机科学的一个分支，指出其研究包括机器人、语言识别、图像识别、自然语言处理和专家系统等。我国信通院所发布的《人工智能白皮书》定义，人工智能是利用数字计算机或者数字计算机控制的机器模拟、延伸和扩展人的智能，感知环境，获取知识并使用知识获得最佳结果的理论、方法、技术及应用系统。

3. 大数据与人工智能技术融合

大数据与人工智能是当今科技领域的两个重要话题。大数据是指由于互联网、移动互联网、物联网等技术的发展而产生的海量、多样化、高速增长的数据。人工智能是指通过计算机程序模拟人类智能的能力，包括学习、推理、决策等。

大数据和人工智能之间存在着密切的联系。大数据是指规模庞大、复杂多样的数据集合，其中包含了从各种来源收集到的结构化和非结构化数据。这些数据通常包含有价值的信息，但由于其规模和复杂性，传统的数据处理方法难以有效地分析和利用这些数据。人工智能是一种模拟人类智能的技术，它利用计算机系统来执行一系列复杂的任务，如感知、理解、学习、推理和决策。人工智能的目标是使计算机能够模拟和执行人类智能的各个方面。大数据和人工智能的联系在于，人工智能可以利用大数据作为其训练和学习的基础。大数据提供了足够的样本和信息，使得人工智能算法能够从中学习和发现模式、规律，以及进行预测和决策。人工智能算法可以利用大数据进行模型训练，从而提高其性能和准确性。

大数据与人工智能的结合，使得人工智能可以更好地利用大数据，从而更好地理解和预测人类行为、提高决策效率、提高生产力、提高生活质量等。同时，人工智能也可以更好地处理大数据，从而更好地发现数据中的关键信息，更好地进行数据分析，更好地进行数据挖掘等。例如，对于一个基于人工智能的图像识别系统，大数据可以提供大量的图像样本进行训练，使得系统能够识别和分类不同的图像。另外，大数据还可以提供实时的数据流，为人工智能系统提供最新的信息和反馈，使得系统能够不断更新和优化自身的模型。

2.7.2　大数据内容框架及处理过程

1. 大数据内容框架

1）数据采集。ETL 是提取—转换—加载的意思，用于描述从源数据提取、转换和加载数据到目标数据的过程。

ETL 工具负责从分布式异构数据源提取数据，如关系型数据和平坦的数据文件，经过临时中间层的清洗、转换和集成，最后加载到数据仓库或数据集市，成为联机分析处理和数据挖掘的基础。

2）数据存取。利用关系型数据库和非关系型数据库（NoSQL）存取数据。

3）基础架构。应用云存储、分布式文件存储等架构。

4）数据处理。自然语言处理（NLP）是一门研究人机交互语言问题的学科。自然语言处理的关键是使计算机理解自然语言。因此，自然语言处理也被称为自然语言理解或计算语言学。它是语言信息处理的一个分支，也是人工智能的核心课题之一。

5）统计分析。统计分析主要包括假设检验、显著性检验、差异分析、相关分析、t 检验、方差分析、偏相关分析、距离分析、回归分析、快速聚类法与聚类法、判别分析、对应分析、多元对应分析（最优尺度分析）等。

6）数据挖掘。数据挖掘主要包括分类、估计、预测、相关性分析或关联规则、聚类、描述和可视化、复杂数据类型挖掘等。

7）模型分析。模型分析包括预测模型、机器学习、建模仿真。

8）结果呈现。大数据处理结果利用云计算、标签云和关系图等方式呈现。

2. 大数据处理过程

一般来说，大数据处理的流程分为四步，分别是大数据采集、大数据导入与预处理、大数据统计与分析和大数据挖掘。

（1）大数据采集

数据采集是数据挖掘的基础，是数据准备的第一步。根据不同类型的数据源，大数据的采集方法有以下几大类：

1）数据库采集。传统企业使用 MySQL、Oracle 等传统关系数据库来采集数据，在大数据时代，Redis、MongoDB、HBase 等 NoSQL 数据库也经常被用于数据采集。通过在采集端部署大量数据库，并在这些数据库之间进行负载均衡和分片，企业可以完成大数据采集工作。

2）系统日志采集。系统日志采集主要是收集公司业务平台每天产生的大量日志数据，供离线和在线大数据分析系统使用。高可用性、高可靠性和可扩展性是日志采集系统的基本特征。

3）网络数据采集。网络数据采集是指通过网络爬虫或网站公共 API 从网站获取数据信息的过程。

4）感知设备数据采集。感知设备数据采集是指通过传感器、摄像头等智能终端对信号、图片或视频进行数据的自动采集。

（2）大数据导入与预处理

采集端本身有一个大型数据库，数据首先会经过一些简单的数据清洗和预处理，之后会被导入一个集中的大型分布式数据库或分布式存储集群。

（3）大数据统计与分析

统计和分析分布式数据库的主要用途是对储存在分布式计算集群中的大数据进行总结和

分类。

（4）大数据挖掘

与上述统计分析过程不同的是，数据挖掘一般没有任何预设的主题，主要是对现有数据进行基于各种算法的计算，以达到预测效果，从而满足一些高层数据分析的需求。典型算法有 K-means 聚类算法、SVM 统计学习算法和 NaiveBayes 分类算法，主要使用的工具有 Hadoop Mahout 等。

大数据处理过程至少要具有以上四个基本步骤，才能成为一个相对完整的处理过程。

2.7.3 人工智能的实现方法及特征提取

1. 人工智能的实现方法

人工智能的实现方法较多，常见的有机器学习、深度学习和神经网络等。

人工智能研究的是计算机很难解决而人类通过直觉可以解决的问题，如自然语言理解、图像识别和语音识别等，人工智能的目的就是要解决这类问题。

1）机器学习是一种能够赋予机器学习的能力，并以此让它完成直接编程无法完成的任务。从实践的意义上来说，机器学习是一种通过利用数据训练出模型，然后使用模型进行预测的方法。

2）深度学习的核心是自动将简单的特征组合成更加复杂的特征，并用这些复杂特征解决问题。

3）神经网络最初是一个生物学的概念，一般是指大脑神经元、触点、细胞等组成的网络，用于产生意识，帮助生物思考和行动。后来人工智能受神经网络的启发，发展出了人工神经网络。

2. 人工智能的特征提取

不管是机器学习还是神经网络，都需要根据要实现的目标把对象的特征提取出来，才能对其进行学习及其他处理，具体包括以下几个方面：

（1）预测建模

以有监督的机器学习为例，给定许多与期望结果相关的训练示例（也称为数据点、样本、模式或观察值），机器学习过程包括仅使用训练示例来找到模式与结果之间的关系。这与人类学习有很多共同之处。在人类学习中，人类会获得关于正确与不正确的例子，并且推断出哪个规则是决定的基础。具体而言，请考虑以下示例：数据点或示例是患者的临床观察数据，结果是健康状况，即健康或不健康。目标是预测新测试示例的未知结果，如新患者的健康状况。测试数据的性能称为一般化。要执行此任务，必须建立一个预测模型或预测器，该模型通常具有可调参数的功能，称为学习机。训练示例用于选择最佳参数集。

（2）特征构建

数据由固定数量的特征表示，这些特征可以是二进制的、分类的或连续的。特征是输入变量或属性的同义词。良好的数据表示形式是与特定领域相关的，并且与可用的度量有关。将原始数据转换为一组有用功能的专业知识，可以通过自动功能构建方法来完成。

特征构建是数据分析过程中的关键步骤之一，很大程度上决定了后续统计或机器学习的成功与否。特别要注意的是，在特征构建阶段不要丢失信息。建议将原始特征添加到预处理的数据中，或者将使用至少两种表示形式获得的性能进行比较。过于包容而不是冒着风险将有用信息抛弃，这是更好的选择。添加所有这些功能似乎是合理的，但这是有代价的，即增加了图案的维数，从而将相关信息浸入可能不相关、嘈杂或多余的功能中。如何知道某个功能是相关的或有用的？这就是特征选择的含义。

（3）特征选择

尽管特征选择主要是为了选择相关的和有用的特征，但它可能具有其他动机，包括以下内容：

1）常规数据缩减，以降低存储需求并提高算法速度。

2）减少功能集，以节省下一轮数据收集或使用期间的资源。

3）提高性能，以提高预测的准确性。

4）理解数据，以获取有关生成数据过程的知识或简单地将数据可视化。

过滤器通常被识别为特征排序方法，此类方法使用相关性索引提供特征的完整顺序。用于计算排名指数的方法包括评估各个变量与结果（或目标）的依存程度的相关系数，也包括各种其他统计信息，还包括经典的测试统计信息（t 检验、F 检验、卡方检验等）。更一般地，在不优化预测器性能的情况下选择特征的方法称为过滤器。

这些方法将预测变量作为选择过程的一部分。包装器将学习机用作黑匣子，以根据特征的预测能力对特征子集进行评分。嵌入式方法在训练过程中执行特征选择，通常特定于给定的学习机。

（4）方法论

下面简单介绍特征提取的方法，包括以下四个方面：

1）特征构建。

2）特征子集生成（或搜索策略）。

3）评估标准定义（如相关性指标或预测能力）。

4）评估标准评估（或评估方法）。

2.7.4 大数据与人工智能（AI）技术发展历程

1. 人工智能的发展历程

人工智能的发展经历了很长时间的历史积淀，早在 1950 年，阿兰·图灵就提出了图灵测试机，大意是将人和机器放在一个小黑屋里与屋外的人对话，如果屋外的人分不清对话者是人类还是机器，那么可以认为这台机器就拥有像人一样的智能。随后，在 1956 年的达特茅斯会议上，人工智能的概念被首次提出。在之后的十余年内，人工智能迎来了发展史上的第一个小高峰，研究者们取得了一批瞩目的成就。1959 年，第一台工业机器人诞生。1964 年，首台聊天机器人诞生。1980 年，卡内基梅隆大学设计出了第一套专家系统——XCON。该专家系统具有强大的知识库和推理能力，可以模拟人类专家来解决特定领域问题。从那时起，机器学习开始兴起，各种专家系统开始被人们广泛应用。1997 年，IBM 公司的“深蓝”计算机战胜了国际象棋世界冠军卡斯帕罗夫，成为人工智能史上的一个重要里程碑。之后，人工智能开始了平稳向上的发展。2006 年，李飞飞教授意识到了专家学者在研究算法的过程中忽视了数据的重要性，于是开始带头构建大型图像数据集——ImageNet，图像识别大赛由此拉开帷幕。同年，由于人工神经网络的不断发展，深度学习的概念被提出，之后，深度神经网络和卷积神经网络开始不断进入人们的视野。深度学习的发展又一次掀起人工智能的研究狂潮，这一次狂潮至今仍在持续。

2013 年，ZFNet 又进一步解决了 Feature Map 可视化的问题，将深度神经网络的理解向前推进了一大步。2014 年，VGGNet 通过进一步增加网络的深度而获得了更高的准确率。2017 年 Google 推出了 AutoML——一个能自主设计深度神经网络的 AI 网络，紧接着在 2018 年 1 月发布第一个产品，并将它作为云服务开放出来，称为 Cloud AutoML。自此，人工智能又有了更进一步的发展，人们开始探索如何利用已有的机器学习知识和神经网络框架来让人工智能自主搭建适合业务场景的网络，人工智能的另一扇大门被打开。

2. 大数据的发展历程

20 世纪 90 年代到 21 世纪初，随着数据挖掘理论和数据库技术的逐步成熟，一批商业智能工具和知识管理技术开始被应用，如数据仓库、专家系统、知识管理系统等。

21 世纪初，Web2.0 应用迅猛发展，非结构化数据大量产生，传统处理方法难以应对，带动了大数据技术的快速突破，大数据解决方案逐渐走向成熟，形成了并行计算与分布式系统两大核心技术，谷歌的 GFS 和 MapReduce 等大数据技术受到追捧，Hadoop 平台开始大行其道。

2008 年 9 月 4 日，《自然》杂志刊登了一个名为“Big Data”的专辑。2011 年 5 月，美国著名咨询公司麦肯锡（McKinsey）发布《大数据：创新、竞争和生产力的下一个前沿》的报告，首次提出了大数据的概念，认为数据已经成为经济社会发展的重要推动力。大数据是指大小超出常规的数据库工具获取、存储、管理和分析能力的数据集。

2010 年以后，大数据应用渗透各行各业，数据驱动决策，信息社会智能化程度大幅提高。

2.7.5　大数据与人工智能（AI）技术应用

目前大数据与人工智能技术在建筑全生命周期中的应用已经取得了一定的进展，具体从以下三个方面介绍：

1. 设计阶段

建筑设计不再是传统的方式。只要知道建筑物所处的地理位置信息，就能结合智慧城市的数据，生成符合城市规划特色的个性化外观，能够智能适应所处区域的气候特征。只要获取未来建筑物中的主要生活对象的数据，就可以智能生成功能完善的建筑，并合理设置各类功能区。让住宅大厦更适合居住，办公大厦更适合工作，智能厂房更适合生产活动。人工智能技术设计的建筑，将配合人类生活工作的需要，集成各类智能传感设备，让每一个设计都围绕人本身展开。

2. 施工阶段

建造过程将不再是现在的场景。大量的作业工人、复杂的管理过程、随时可能发生的风险使得目前的施工现场环境非常杂乱。全面智能优化的建设方案，将依据项目特点、周边地貌、环境自动生成作业指导方案，自动感知和评估资源配置，进而在最优的进度规划下合理配置各类资源。在各种危险作业环境中，智能机器人将代替人类作业，管理者将实现对整个建造过程的远程管理。

3. 运维阶段

在运维阶段，我们不妨畅想巡检、安防、维修保障等全面保障建筑物安全运行的工作都将由智能机器人完成。各类系统的运行数据将被实时采集，数据经过分析做出相应决策后通过中央系统进行动态调配指令，建筑物将真正融入人们的生活。例如，上班高峰期的电梯运行不再是简单的程序控制，而是通过智能识别人员信息以后，根据人员所处工作楼层快速调配电梯运行。每一部电梯可以在人员需要时，随时进行路径规划，实现在人员离开办公位置或出家门时，就可以进行电梯呼叫，到达电梯口时，将有电梯负责运达目标楼层。

2.8 GIS 技术

2.8.1 GIS 技术概述

地理信息系统（Geographic Information System，GIS）也称为地理信息科学，是采集、存储、管理、显示和分析整个或部分地球表面与空间和地理分布有关的数据的计算机系统。

因为 GIS 包含地理和信息技术，所以它是一门交叉学科。作为传统科学与现代技术结合而成的一个跨科学、多层次的研究领域，GIS 涵盖多学科内容，主要包括遥感技术、计算机科学、地图学、地理学四类，其中，计算机科学还包括软件工程、数据库技术等。

GIS 基本功能包括数据采集与编辑、数据储存与管理、数据处理与变换、空间分析与统计、产品制作与显示。数据采集与编辑是 GIS 最基本的功能，主要用于获取地理数据信息，保证地理信息系统数据库中的数据在内容上的充实性、数值上的正确性、逻辑上的一致性、空间上的完整性等。GIS 的操作对象是地理数据，它具体描述地理实体的空间特征、属性特征和时间特征。GIS 的数据存储技术发展方向包括两方面：一是从单节点存储转向多节点的分布式存储；二是提供 NoSQL（非关系型的数据库）和 NewSQL（对各种新的可扩展/高性能数据库的简称）数据库。通过缩减关系型数据库中非必须的 ACID 部分特性，换取增强在其他方面的能力，来大幅度提升对于海量、多源、异构、实时等数据的存储能力。

2.8.2 GIS 技术的特点及分类

1. GIS 技术的特点

1）公共的地理定位基础。

2）具有采集、管理、分析和输出多种地理空间信息的能力。

3）系统以分析模型驱动，具有极强的空间综合分析和动态预测能力，并能产生高层次的地理信息。

4）以地理研究和地理决策为目的，是一个人机交互式的空间决策支持系统。

2. GIS 技术的分类

1）按功能分为专题地理信息系统（Thematic GIS）、区域地理信息系统（Regional GIS）、地理信息系统工具（GIS Tools）。

2）按内容分为城市信息系统、自然资源查询信息系统、规划与评估信息系统、土地管理信息系统等。

2.8.3 GIS 技术的实现方法

（1）信息来源

如果能将所在地区的降雨和上空的照片联系起来，就可以判断出哪块湿地在一年的某些时候会干涸。一个 GIS 就能够进行这样的分析，它能够将不同来源的信息以不同的形式加以应用。对于源数据的基本要求是确定变量的位置。位置可以由经度、纬度和海拔的 x，y，z 坐标来标注，或是由其他地理编码系统如 ZIP 码来表示，又或是用高速公路公里标志来表示。任何可以定位存放的变量都能被反馈到 GIS。一些政府机构和非政府组织正在研发能够直接访问 GIS 的计算机数据库，可以将地图中不同类型的数据格式输入 GIS。GIS 同时能将不是地图形式的数字信息转换为可识别利用的形式。例如，通过分析由遥感生成的数字卫星图像，可以生成一个与地图类似的有关植被覆盖的数字信息层。同样，人口调查或水文表格数据也可在 GIS 中被转换成作为主题信息层的地图形式。

（2）数据展现

GIS 数据以数字数据的形式表现现实世界客观对象（公路、土地利用、海拔）。现实世界客观对象可被划分为两个抽象概念：离散对象（如房屋）和连续的对象领域（如降水量或海拔）。这两种抽象体在 GIS 中存储数据主要使用的两种方法为栅格（网格）和矢量。

（3）数据采集

数据采集，即向 GIS 内输入数据，它占据了 GIS 用户的大部分时间。有多种方法向 GIS 中输入数据，在其中它以数字格式存储。测量数据可以从测量器械上的数字数据收集系统中被直接输入 GIS 中。除了收集和输入空间数据之外，属性数据也要输入 GIS 中，对于向量数据，这包括关于在系统中的对象的附加信息。输入数据到 GIS 中后，通常还要编辑来消除错误，或进一步处理。

（4）数据操作

GIS 可以执行数据重构来把数据转换成不同的格式。例如，GIS 可以通过在具有相同分类的所有单元周围生成线，同时决定单元的空间关系，如邻接和包含，来将卫星图像转换成向量结构。由于数字数据以不同的方法收集和存储，两种数据源可能会不完全兼容。因此 GIS 必须能够将地理数据从一种结构转换到另一种结构。

（5）系统转换

财产所有权地图与土壤分布图可能以不同的比例尺显示数据。GIS 中的地图数据必须能被操作以使其与从其他地图获得的数据对齐或相配合。

（6）空间分析

空间分析能力是 GIS 的主要功能，也是 GIS 与计算机制图软件相区别的主要特征。空间分析是从空间物体的空间位置、联系等方面去研究空间事物，以及对空间事物做出定量的描述。

2.8.4 GIS 技术发展历程

古往今来，几乎人类所有活动都发生在地球上，都与地球表面位置（即地理空间位置）息息相关，随着计算机技术的日益发展和普及，GIS 以及在此基础上发展起来的“数字地球”“数字城市”在人们的生产和生活中起着越来越重要的作用。

GIS 技术的发展历程大致可以分为以下几个阶段：

（1）起步阶段（20 世纪 50 年代末至 20 世纪 60 年代初）

这个时期，计算机开始被广泛应用于地理资源管理和土地利用等行业，用于空间数据的存储和管理。加拿大在 20 世纪 60 年代末建立了世界上第一个 GIS。

（2）巩固发展阶段（20 世纪 70 年代）

20 世纪 70 年代，GIS 开始真正迅速发展。这个时期，资源开发、利用及环境保护成为政府首要解决的问题，需要有效的空间信息分析、处理技术与方法。计算机技术的迅速发展和硬件价格的下降，使得政府部门、学校、科研机构、私营公司也能够配置计算机系统。

（3）全面试验阶段（20 世纪 80 年代）

20 世纪 80 年代，GIS 进入全面试验阶段，主要研究数据规范和标准、空间数据库建设、数据处理和分析算法及应用软件的开发等。这个时期，GIS 软件开始商业化，应用领域与范围不断扩大。

（4）全面发展阶段（20 世纪 90 年代）

20 世纪 90 年代，GIS 形成一个专门的产业，用户时代到来，已经渗透各行各业，得到了具体的应用，GIS 的市场也迅速增长。

（5）现代发展阶段（21 世纪至今）

进入 21 世纪，GIS 技术与物联网、智慧城市、云平台与数据中心、大数据与并行计算、机器学习与人工智能等相结合，形成了格网 GIS、虚拟现实 GIS 等标志性技术，进一步推动了 GIS 的发展和应用。

我国 GIS 技术的发展起步较晚，但发展势头迅猛，从 20 世纪 70 年代开始推广计算机在测量、制图和遥感领域的应用，到 20 世纪 80 年代的全面试验阶段，再到 20 世纪 90 年代的全面发展阶段，我国 GIS 技术的研究和应用取得了显著成就。

2.8.5 GIS 技术应用

1. BIM 技术与 GIS 技术的融合应用

BIM 和 GIS 本处在两个不同的行业领域，二者各取所需、互惠互利。在行业应用中，BIM 提供数据基础，GIS 则提供空间参考。

基于充分信息表达、建筑全生命周期、三维可视化技术、协同作业的特点，BIM 彻底改变了建设工程设计、建造和运维方式，经过几十年的发展，BIM 正在由以建模为主的

BIM1.0 向以多维度数据应用为主的 BIM2.0 时代跨越，BIM+GIS 作为 BIM 多维度应用的一个重要方向，GIS 提供的专业空间查询分析能力及宏观地理环境基础，深度挖掘了 BIM 价值。近几年，3D GIS 技术日渐成熟，基于二维、三维一体化技术体系，SuperMap 3D GIS 有机整合了实用 GIS 空间分析能力与绚丽三维可视化效果，为 BIM 提供丰富地理空间信息；基于云端一体化技术体系，SuperMap 为 BIM 提供“云+端”的成熟应用技术，可解决 BIM 轻量化运维情景下的技术及管理问题。在 3D GIS 技术支持下，BIM 与倾斜摄影模型、地形、三维管线等多元空间数据相融合，实现宏观与微观的相辅相成、室外到室内的一体化管理。

2. 城市信息模型

城市信息模型（City Information Modeling，CIM），是对城市各要素及其时空状态信息的数字化描述和表达，是以 BIM、GIS、物联网等技术为基础，整合城市地上地下、室内室外、历史现状等多维度、多尺度信息模型数据和城市感知数据为基础，构建起三维数字空间的城市信息综合体。

从范围上讲，CIM 是大场景的 GIS 数据+小场景的 BIM 数据+物联网的有机结合，如图 2-27 所示。与传统基于 GIS 的数字城市相比，CIM 将数据颗粒度细化到城市单体建筑物内部的一个机电配件、一扇门，将传统静态的数字城市升级为可感知、动态在线、虚实交互的数字孪生城市，为城市敏捷管理和精细化治理提供了数据基础。

图 2-27　模型在城市 CIM 平台中的展示

从 CIM 本身的特性来看，它是一种数字化描述方式，其描述对象主要是城市的物理和功能特征；从 CIM 作为资源的角度来看，它是一种可以共享的且需要多方协同维护的信息集，主要体现为在基于面向城市运行管理的 CIM 平台上进行整个城市的信息化运行管理；从面向城市运行管理的 CIM 整个工作周期来看，它是一个不断为完善城市服务和功能提供相关决策信息的周期循环过程。

思 考 题

1. 什么是数字化建模技术，数字化建模技术中常见的关键技术有哪些？
2. 什么是三维逆向建模技术？三维逆向建模通常包括哪几个步骤？
3. 常用的三维逆向建模算法有哪些？
4. 什么是数字孪生？数字孪生的技术架构及特点有哪些？
5. 简述物联网的概念及基本架构。
6. 常见的感知层技术有哪些？无线传输技术通常分为哪两类？分别包括哪些技术？
7. 5G+工业互联网的定义是什么？简述工业互联网的特点。
8. 简述5G网络架构。
9. 简述云计算系统组成及服务层次。
10. 云计算的关键技术有哪些？
11. 简述大数据内容框架及处理过程。
12. 简述人工智能的实现方法及特征提取。
13. 简述常见的绿色建造智能化技术以及在绿色智能建造中的应用。

参 考 文 献

[1] 李恒凯，李子阳，武镇邦. 三维数字化建模技术与应用［M］. 北京：冶金工业出版社，2021.
[2] 杜修力，刘占省，赵妍. 智能建造概论［M］. 北京：中国建筑工业出版社，2021.
[3] 郑东耀. 大数据与人工智能［M］. 北京：清华大学出版社，北京交通大学出版社，2022.
[4] 李骏，朱洪波，黄罡，等. 5G工业互联网体系：核心技术、平台架构与行业应用［M］. 武汉：华中科技大学出版社，2023.
[5] 齐阿齐斯，卡尔诺斯科斯，霍勒，等. 物联网：架构、技术及应用［M］. 王慧娟，邢艺兰，译. 北京：机械工业出版社，2021.
[6] 张学生，匡嘉智，李忠. 物联网+BIM：构建数字孪生的未来［M］. 北京：电子工业出版社，2021.
[7] 工业互联网产业联盟（AII），5G应用产业方阵（5G AIA）. 5G与工业互联网融合应用发展白皮书［R］. 2019.
[8] 中国信息通信研究院. 云计算白皮书［R］. 2024.
[9] 刘云浩. 物联网导论［M］. 4版. 北京：科学出版社，2022.
[10] 郭峰，徐浩. 新基建："互联网+智慧工地"［M］. 北京：科学出版社，2022.
[11] 王鑫，杨泽华. 智能建造工程技术［M］. 北京：中国建筑工业出版社，2021.

第3章 绿色智能建造软件

绿色智能建造已成为众多建筑企业高质量转型的必要条件之一，通过利用各项智能化软件，包括数字化建模软件、建筑性能分析软件、结构设计软件、数值模拟软件、工程造价软件及智慧工地管理平台软件，来实现数字化设计模拟及智能分析的工程建造方式，不但可以将复杂工况进行可视化展现，减少损失，规避风险，还能加快数值模拟分析，节约时间。

3.1 数字化建模软件

3.1.1 AutoCAD

AutoCAD（Auto Computer Aided Design）是全球范围内应用最为广泛的CAD软件之一，被广泛应用于建筑、土木工程、机械设计等领域。

AutoCAD软件具有以下功能：

（1）强大的绘图功能

AutoCAD具有丰富的绘图功能（图3-1），可以实现精确的二维绘图和三维建模。它提供了各种绘图工具和绘图命令，包括直线、圆弧、多边形、椭圆等，能够满足不同的绘图需求。

（2）灵活的编辑功能

AutoCAD提供了多种编辑命令，用户可以通过平移、旋转、缩放、镜像等操作对绘图对象进行快速、精确的编辑和修改，实现设计方案的快速修改。

（3）支持二维绘图和三维建模

除了传统的二维绘图外，AutoCAD还支持三维建模功能，可以创建复杂的三维实体模型。用户可以利用三维建模工具和命令创建立体图形、表面模型等，实现更加真实的设计效果。

（4）多格式兼容性

AutoCAD支持多种文件格式的导入和导出，包括DWG、DXF、DWF等，与其他CAD软件和设计软件具有良好的兼容性。这使得用户可以方便地与不同平台的设计人员进行文件交换和合作。

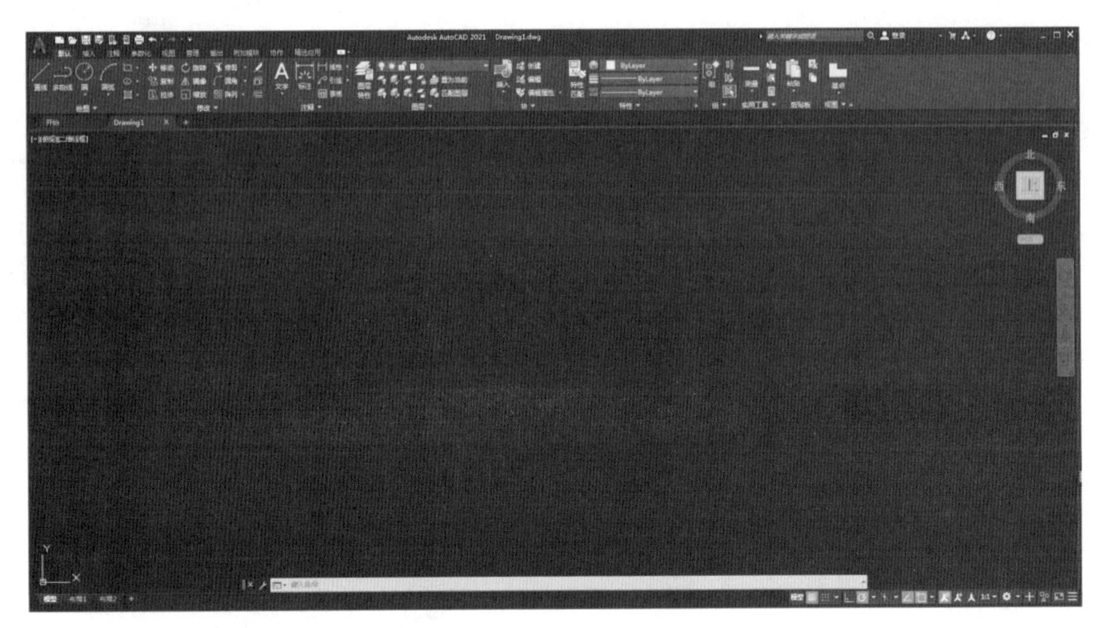

图 3-1　AutoCAD 设计界面

（5）自定义功能和扩展性

AutoCAD 具有丰富的自定义功能和扩展性，用户可以根据自己的需求定制界面、工具栏和命令，提高工作效率。此外，AutoCAD 还支持第三方插件和应用程序的安装和使用，为用户提供了更多的功能和工具。

3.1.2　SketchUp

SketchUp 以其直观的用户界面、灵活的建模工具及美观的建模效果而闻名（图 3-2），广泛应用于建筑设计、室内设计、景观设计以及工业设计等领域。

SketchUp 具有以下特点：

（1）直观的用户界面

SketchUp 的界面简洁清晰，易于上手。用户可以通过简单的工具栏和菜单快速找到所需的功能，不需要复杂的操作即可进行建模设计。

（2）灵活的建模工具

SketchUp 提供了丰富多样的建模工具，包括绘制线条、创建面板、推拉表面等。这些工具简单易用，可以帮助用户快速地创建各种形状和结构。

（3）实时预览和编辑

SketchUp 具有实时预览功能，用户在建模过程中可以随时查看设计效果，并进行实时编辑和调整。这种即时反馈能够帮助用户更加直观地理解设计方案，并快速做出修改。

（4）丰富的模型库

SketchUp 内置了大量的模型库，包括建筑元素、家具、植物等，用户可以直接在模型库中选择所需的元素，快速搭建场景和布置空间。

图3-2 SketchUp建模效果图

（5）与其他软件的兼容性

SketchUp支持多种文件格式的导入和导出，包括DWG、DXF3DS等，与其他CAD软件和建模软件具有良好的兼容性。这使得用户可以方便地与其他平台的设计人员进行文件交换和合作。

3.1.3 Revit

Revit是一款功能强大的建筑信息模型软件，具有丰富的建模工具和功能，可以帮助用户快速、准确地创建建筑模型。下面是Revit工具建模的基础操作。

（1）墙体建模

Revit提供了多种建墙工具，用户可以根据需要选择不同类型的墙体进行建模。在建模过程中，可以设置墙体的高度、厚度、材料等参数，并通过绘制线条或者拾取现有的线条来快速创建墙体。

（2）楼板建模

Revit支持多种楼板类型的建模，包括平面楼板、斜板楼板、楼梯板等。用户可以通过绘制边界线或者拾取现有的线条来创建楼板，然后根据需要调整楼板的厚度和高度等参数。

（3）窗户和门建模

用户可以直接在项目中选择并插入需要的窗户和门。在建模过程中，可以根据需求调整窗户和门的尺寸、样式和位置，以及设置开启方式和玻璃材料等参数。

（4）结构构件建模

Revit支持多种结构构件的建模，包括柱、梁、板、框架等。用户可以通过绘制线条或者拾取现有的线条来创建结构构件，然后根据需要调整构件的尺寸、材料和连接方式等参数。

(5) 家具和设备建模

Revit 内置了大量的家具和设备种类，用户可以直接在项目中选择并插入需要的家具和设备。在建模过程中，可以根据需求调整家具和设备的尺寸、样式和位置，以及设置材料和参数等。

(6) 编辑和调整

在建模过程中，用户可以随时对建模元素进行编辑和调整，包括移动、旋转、拉伸、复制等操作。同时，Revit 提供了各种编辑工具和命令，可以对建模元素进行精确的编辑和修改。

(7) 参数设置

在建模过程中，用户可以为建模元素设置各种参数和属性，包括尺寸、材料、族类型、标记等。这些参数可以帮助用户对建模元素进行管理和控制，实现建模数据的精确和规范。

3.1.4 数字化建模软件应用

数字化建模软件是一种用于创建、修改和解析数字模型的工具。它们被广泛应用于建筑设计、工程、制造和动画等领域。这些软件可以帮助用户根据具体需求设计和构建虚拟模型，并提供各种工具和功能来优化设计流程和生产效率。

数字化建模软件主要有以下几个方面的应用：

(1) 建筑设计和规划

数字化建模软件可以帮助建筑师和规划师创建、编辑和共享建筑设计方案。通过这些软件，用户可以轻松绘制建筑图、模拟结构、可视化建筑外观，以及进行建筑效能分析等。

(2) 产品设计和制造

数字化建模软件在产品设计和制造领域也占有重要地位。设计师可以利用这些软件进行三维建模、制作零件设计、装配和测试，以及生成设计文档和制造指导。

(3) 工程领域

数字化建模软件在工程领域广泛应用于土木工程、机械工程、电气工程等。工程师可以使用这些软件进行工程设计、分析结构、模拟工程流程，以及进行项目协作和文件管理。

(4) 电影和动画制作

数字化建模软件是电影和动画制作过程中不可或缺的工具。它们用于创建虚拟场景、角色建模、特效制作，以及动画渲染和后期合成。

(5) 三维打印和快速原型制作

数字化建模软件与三维打印技术相结合，可以直接将设计模型输出到三维打印机进行实体化制造，支持各种原型制作和产品定制。

3.2 建筑性能分析软件

3.2.1 常用建筑性能分析软件

当谈到建筑性能分析软件时，有几个常用的软件被广泛应用于建筑行业。这些软件能够帮助建筑师、设计师和工程师评估建筑的各种性能指标，包括能源效率、照明、热舒适度、空气质量等。以下是一些常见建筑性能分析软件的介绍。

1. EnergyPlus

EnergyPlus 是由美国能源部（DOE）开发的一种广泛使用的建筑能源计算引擎，它可以对建筑进行动态能源模拟，但软件本身并没有提供建模的功能。EnergyPlus 的运行是基于控制台进行的（图 3-3），也没有自己的程序界面，所以 EnergyPlus 是不太容易实现建模的。

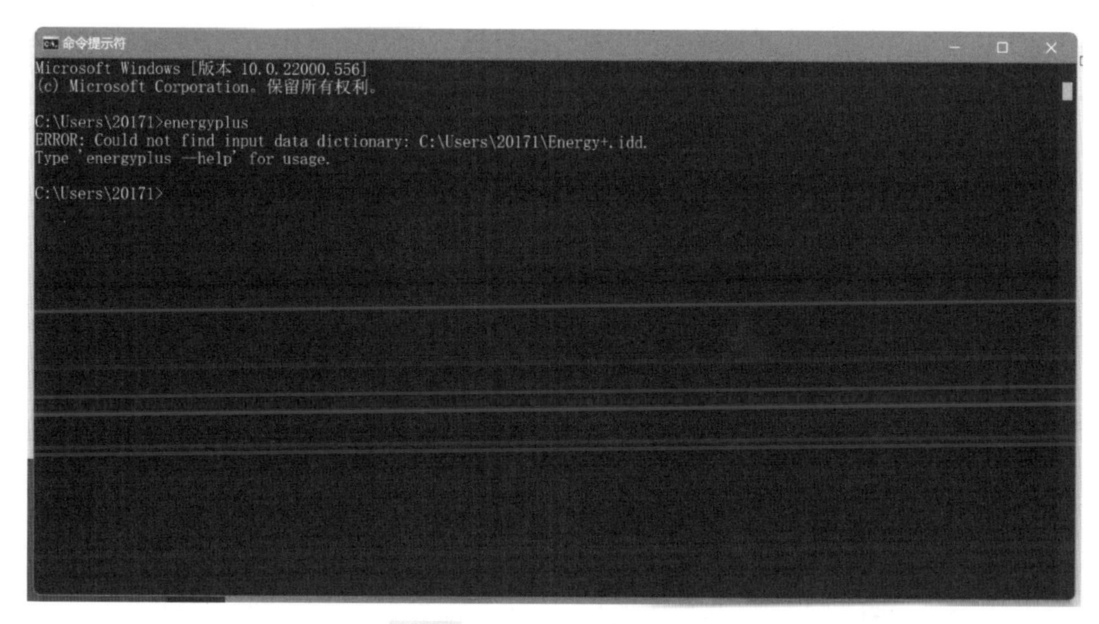

图 3-3　EnergyPlus 控制台界面

2. DesignBuilder

DesignBuilder 是一款直观易用的建筑性能模拟软件，可以进行动态能源模拟 CFD（计算流体动力学）分析、照明模拟等，帮助用户评估建筑的能耗、照明、热舒适度等方面。图 3-4 是某工程基于 DesignBuilder 的 EnergyPlus 性能分析图。

3. IES VE（Virtual Environment）

IES VE 是一套集成的建筑性能分析软件，可以进行能源模拟、照明模拟、太阳能分析、CFD 分析等，提供全面的建筑性能评估和优化解决方案。图 3-5 为 IES VE 对某住宅照明模拟示意图。

4. OpenStudio

OpenStudio 是由美国能源部（DOE）开发的建筑模拟平台，基于 EnergyPlus 引擎，提供了一系列工具和接口，支持建筑性能模拟、参数化设计和优化。

5. Autodesk Revit + Insight

Autodesk Revit 是一款 BIM 软件，而 Insight 是 Autodesk 公司开发的用于建筑性能分析的插件，可以在 Revit 中进行能源模拟、照明分析等，帮助设计师在设计过程中优化建筑性能。

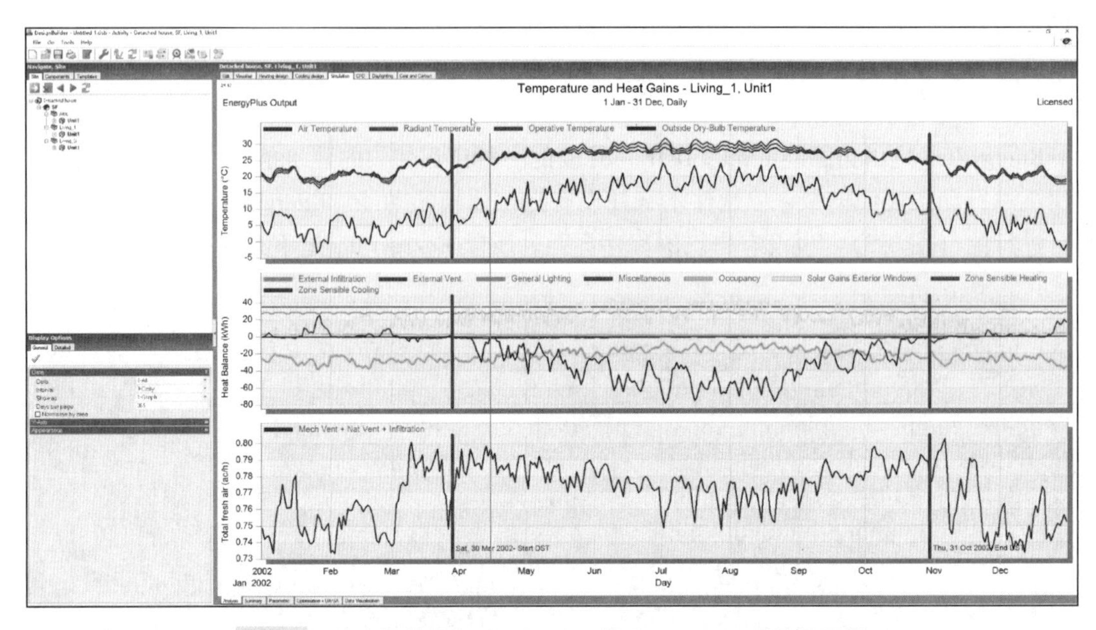

图 3-4　某工程基于 DesignBuilder 的 EnergyPlus 性能分析图

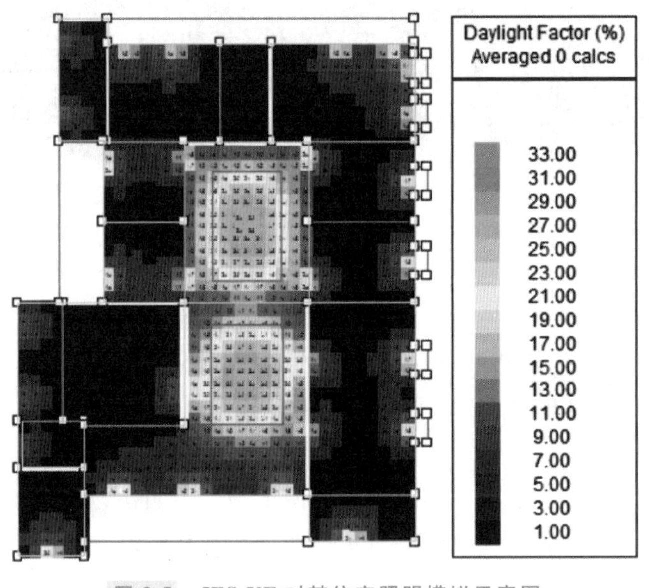

图 3-5　IES VE 对某住宅照明模拟示意图

图 3-5 彩图

3.2.2　常用建筑抗震性能分析软件

常用的建筑抗震性能分析软件主要有 ETABS、OpenSees、Perform-3D、SeismoStruct 等，以下主要介绍 ETABS 和 OpenSees。

1. ETABS

ETABS 是一种专业的结构分析和设计软件，广泛用于建筑结构的分析、设计和施工。

它可以进行静力和动力分析，包括地震响应谱分析等，其抗震分析过程如下：

（1）建模

首先，用户需要使用 ETABS 建立建筑结构的几何模型（图 3-6）。这包括定义建筑结构的基本几何形状、楼层布置、结构材料和截面属性等。在建模过程中，可以考虑建筑结构的各种细节，如柱、梁、墙、板等。

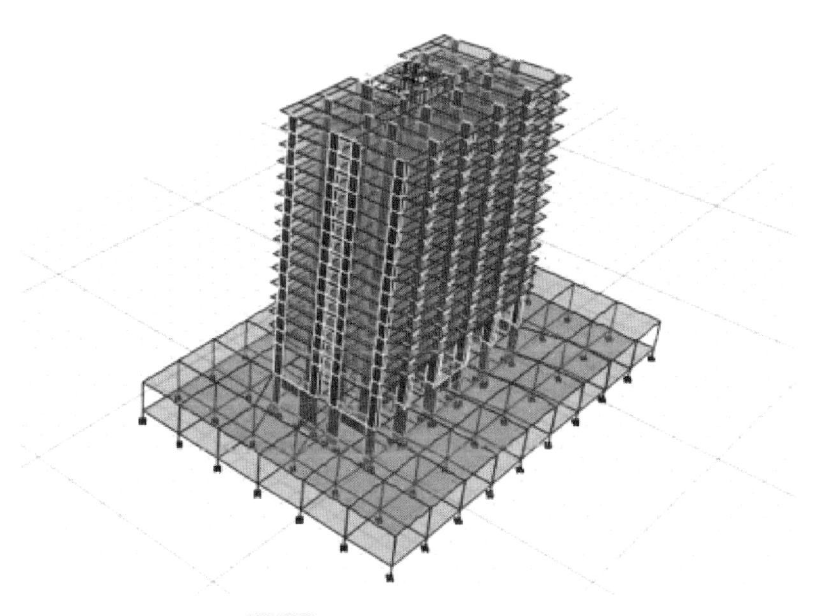

图 3-6　建筑结构 ETABS 模型

（2）加载

一旦建立了建筑结构模型，就可以添加加载条件。这些加载条件包括自重、活载（如人员、家具等）、风载、地震荷载等。在抗震分析中，地震荷载是特别重要的，因为它会在地震发生时对建筑结构产生影响。

（3）分析设置

在进行抗震分析之前，用户需要设置分析参数，包括分析类型（如静力分析、模态分析、动力时程分析等）、分析控制参数（如收敛标准、时间步长等）以及地震参数（如地震设计参数、地震谱等）。

（4）地震加载

在地震分析中，用户需要定义地震加载条件。ETABS 提供了多种地震加载方式，包括等效静力法、响应谱法、时程分析法等。用户可以根据需要选择合适的地震加载方法，并输入相应的地震设计参数和地震谱数据。

（5）分析执行

一旦完成模型建立、加载设置和地震加载，就可以执行抗震分析。ETABS 将根据用户设置的分析类型和参数对建筑结构进行分析，并计算结构在地震作用下的响应。

（6）结果评估

分析完成后，ETABS 将生成分析结果，包括结构的位移、应力、剪力、弯矩等参数。

用户可以通过可视化图形、图表和报告来评估结构的抗震性能，判断结构的安全性和稳定性。

（7）优化设计

根据分析结果，用户可以对建筑结构进行优化设计，以提高其抗震性能。这可能涉及修改结构的几何形状、材料性质、截面尺寸等，以满足地震设计要求和安全性能要求。

2. OpenSees

OpenSees 的全称是地震工程模拟开放系统（Open System for Earthquake Engineering Simulation），是由美国国家科学基金会（National Science Foundation，NSF）资助、太平洋地震工程研究中心主导、加州大学伯克利分校研发的用于岩土和结构地震反应模拟的开放系统，是土木工程学术界广泛使用的有限元分析软件和地震工程模拟平台。

OpenSees 具有两大特点：开放的源代码和面向对象的软件架构。

（1）开放的源代码

OpenSees 所有程序源代码都是公开的，用户根据自身需要在程序中添加或修改材料模型与分析方法，经过验证的更新程序可利用网络资源与其他用户共享。

（2）面向对象的软件架构

架构是软件系统集成的整体框架，用于定义软件系统中的各个组件（类或对象）及指导组件间的联系与通信。OpenSees 中各个组件被尽量设计成独立的模块，提高了编程效率及程序的扩展性。用户可根据需要添加新的模块，如对于新材料，仅需添加一个新的材料模块来描述其力学性能，而单元类型、分析求解、输出记录等过程仍采用已有的模块。

OpenSees 平台的总体架构包括四个模块：建模模块、模型模块、分析模块及记录模块，如图 3-7 所示。

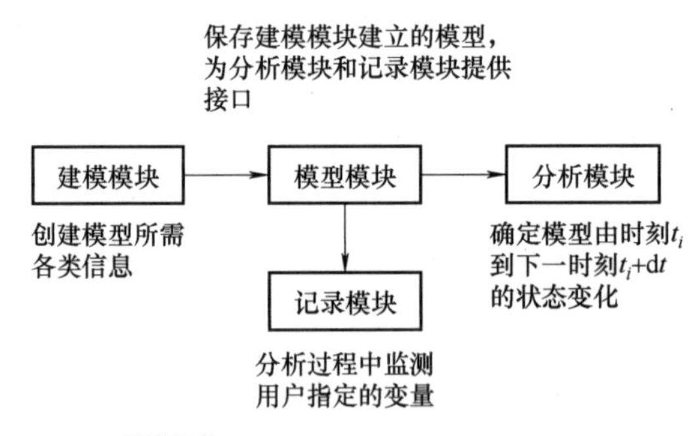

图 3-7　OpenSees 平台的总体架构

3.2.3　常用建筑能耗性能分析软件

1. EnergyPlus

EnergyPlus 是由美国能源部开发的一种建筑能源模拟软件，用于模拟建筑的热、光、太阳能、天然通风、空调、照明等方面的性能。它是一种广泛使用的免费软件，具有高度的灵活性和可定制性。EnergyPlus 的关键特点及功能见表 3-1。

表 3-1　EnergyPlus 的关键特点及功能

关键特点	功能
全面的模拟能力	EnergyPlus 可以对建筑的热、光、太阳能、天然通风、空调、照明等方面进行详细的模拟，能够精确地预测建筑的能源消耗和性能
支持多种建筑类型	EnergyPlus 可以模拟各种建筑类型，包括住宅建筑、商业建筑、办公建筑、教育建筑、医疗建筑等，以及不同类型的建筑系统和设备
灵活的模型构建	EnergyPlus 提供了多种建模工具和技术，包括基于几何模型的建筑模型、参数化模型、标准建筑模型等，使用户能够根据需要创建复杂的建筑模型
详细的输出和分析	EnergyPlus 生成的模拟结果包括建筑能源消耗、室内舒适度、系统效率等多方面的数据，用户可以通过可视化界面或数据导出进行分析和评估
可扩展性和定制性	EnergyPlus 是一个开源软件，用户可以通过编程接口（API）或自定义脚本对其进行扩展和定制，满足不同项目的需求
国际化支持	EnergyPlus 能够模拟全球范围内不同气候条件下的建筑能源使用情况，支持多种气候数据和标准

2. TRNSYS

TRNSYS（Transient System Simulation Program）最早是由美国威斯康星大学和 Solar Energy 实验室开发的。其开源程度高，容易与 MATLAB、Python、C++进行调用和编程，深受用户喜爱。主要进行建筑负荷模拟，相对于 DEST 来说较为复杂。可进行太阳能（光热、光电）、地源热泵、风电、氢能、三联供、综合能源、全生命周期经济性系统模拟分析。TRNSYS 的关键特点及功能见表 3-2。

表 3-2　TRNSYS 的关键特点及功能

关键特点	功能
建模灵活性	TRNSYS 提供了丰富的建模元件库，用户可以通过组合各种建模元件来构建复杂的能源系统模型，满足不同项目的需求
多种能源系统模拟	TRNSYS 能够模拟各种能源系统，包括太阳能热水系统、太阳能光伏系统、地源热泵系统、风能系统、生物质能系统等
气候数据支持	TRNSYS 支持多种气候数据格式，用户可以根据具体项目选择合适的气候数据进行模拟分析
多种分析功能	TRNSYS 可以进行静态分析、动态分析、优化分析等多种分析，帮助用户评估系统性能、优化设计方案
图形化界面	TRNSYS 提供了图形化用户界面，使用户能够直观地构建模型、设置参数、运行模拟，并可视化模拟结果
编程接口	TRNSYS 还提供了编程接口，如 TRNSYS Type Studio，允许用户使用编程语言对模型进行扩展和定制
应用广泛	TRNSYS 被广泛应用于建筑、工程、能源研究等领域，用于评估建筑能效、设计可再生能源系统、研究能源政策等

3. IES VE

IES VE 是一种综合的建筑性能分析软件，它能够对建筑进行能耗、照明、通风、太阳能、水资源利用等方面的模拟和优化。IES VE 的关键特点及功能见表 3-3。IES VE 建筑耗能整体示意图如图 3-8 所示。

表 3-3 IES VE 的关键特点及功能

关键特点	功能
多领域模拟	IES VE 能够模拟建筑的能源使用、照明、热舒适度、空气质量、太阳能利用等多个方面的性能，全面评估建筑的整体性能
综合建模	IES VE 提供了多种建模工具和技术，包括基于几何模型的建筑模型创建、参数化建模、模板库等，使用户能够快速构建复杂的建筑模型
灵活的分析工具	IES VE 提供了各种分析工具，如能耗模拟、照明模拟、CFD 模拟等，帮助用户分析建筑的能源消耗和性能
标准和认证支持	IES VE 支持多种建筑标准和认证体系，如 LEED、BREEAM 等，帮助用户设计符合可持续发展要求的建筑，并进行相关认证
优化工具	IES VE 集成了优化工具，能够帮助用户优化建筑设计和系统配置，以降低能源消耗并提高建筑性能
可视化分析结果	IES VE 提供了丰富的可视化工具和图表，能够直观地展示模拟结果，帮助用户理解建筑能效情况并做出优化决策
整合性平台	IES VE 提供了一个整合性的平台，用户可以在同一软件环境中进行建模、分析优化和报告生成，简化了工作流程

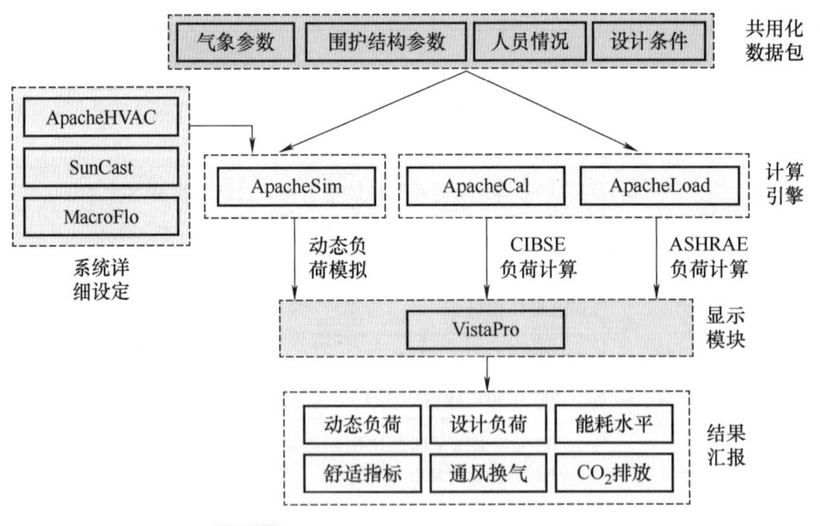

图 3-8 IES VE 建筑耗能整体示意图

4. OpenStudio

OpenStudio 是一个开源软件平台，基于 EnergyPlus 引擎，提供了一系列工具和库，用于建筑能耗模拟、优化和分析。

5. TRACE 700

TRACE 700 是由 Trane 公司开发的一种建筑能耗模拟软件，它能够模拟建筑的热、冷负荷以及空调系统的性能，是设计和评估大型商业建筑的常用工具之一。

3.2.4　常用建筑防火性能分析软件

1. PyroSim

PyroSim（Thunderhead Engineering PyroSim）是由美国国家标准与技术研究院（National Institute of Standards and Technology，NIST）研发的，是专门用于火灾动态仿真模拟的软件。

PyroSim 是在 FDS（Fire Dynamics Simulator）的基础上发展起来的，它为 FDS 提供了一个图形用户界面。PyroSim 被用来创建火灾模拟，准确地预测火灾烟气流动、火灾温度和有毒有害气体浓度分布。该软件可模拟的火灾范围很广，包括日常的炉火、房间火灾以及电气设备引发的多种火灾，某小区住宅楼消防模拟如图 3-9 所示。

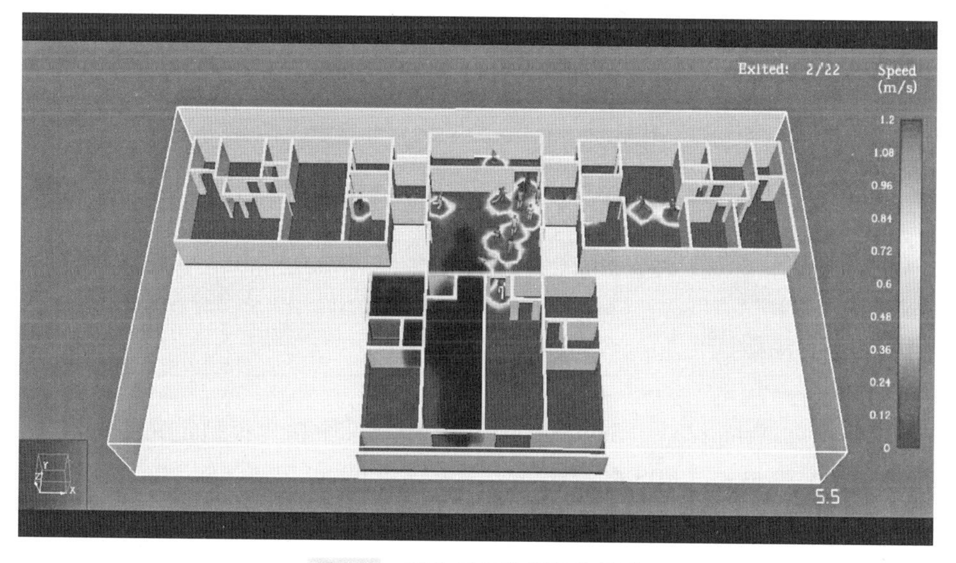

图 3-9　某小区住宅楼消防模拟

图 3-9 彩图

PyroSim 最大的特点是提供了三维图形化前处理功能，可视化编辑能实现在构建模型的同时，方便查看所建模型，使用户从以前使用 FDS 建模的枯燥复杂的命令行中解放出来。

以下是使用 PyroSim 的基本步骤：

（1）创建新项目

1）打开 PyroSim 软件。

2）在主界面上选择“File”菜单，然后选择“New Project”，或者使用快捷键<Ctrl+N>，创建一个新的项目。

（2）建立建筑模型

1）在新建的项目中，使用 PyroSim 提供的建模工具，在 3D 建模界面中创建建筑模型。

2）可以绘制建筑的墙壁、楼板、窗户等结构，并设置材料属性和建筑元素的尺寸。

（3）定义火灾场景

1）在建模界面上，选择“Fire”工具，然后在建筑模型中添加火灾源，定义火灾场景的位置、尺寸、强度等参数。

2）设置火灾场景的持续时间、燃烧速率等属性。

（4）设置模拟参数

1）在项目设置界面中，设置模拟的时间步长、仿真时间、输出文件格式等参数。

2）可以设置火灾模拟的计算精度和稳定性要求，以及烟气、温度等参数的输出选项。

（5）运行模拟

1）在主界面上选择“Run”菜单，然后选择“Run Simulation”，或者使用快捷键<F5>，开始运行火灾模拟。

2）PyroSim 将使用 FDS 引擎，模拟建筑内火灾的动态发展过程。

（6）分析模拟结果

1）模拟完成后，可以在结果界面上查看模拟结果，包括火灾发展过程、烟气扩散、温度分布等。

2）可以使用可视化工具和图表分析模拟结果，并评估建筑防火性能和疏散策略。

（7）导出结果和报告

在结果界面上，可以导出模拟结果数据和报告，用于后续的分析、展示和共享。

2. FDS

FDS 是一种广泛使用的火灾动态模拟软件，用于模拟建筑内火灾的发展过程、烟气扩散、温度分布等。

以下是使用 FDS 的基本步骤：

（1）创建模型文件

1）使用文本编辑器（如 Notepad++、SublimeText 等）创建一个包含模型定义的文本文件，通常使用 FDS 的输入文件格式（FDS 格式）。

2）在模型文件中定义建筑的几何形状、材料属性、火灾场景、烟气排放口等信息。

（2）定义建筑模型

1）在模型文件中使用适当的语法和命令定义建筑的几何形状，包括墙壁、楼板、窗户等建筑元素的位置、尺寸和材料属性。

2）可以使用简单的几何形状描述建筑，也可以导入 CAD 文件或其他格式的建筑模型。

（3）设置火灾场景

1）在模型文件中定义火灾场景，包括火源位置、燃烧速率、持续时间等参数。

2）可以根据实际情况设置火灾的类型（如池火、面火、点火等）和属性（如温度、烟气产生速率等）。

（4）设置模拟参数

1）在模型文件中设置模拟的时间步长、仿真时间、输出文件格式等参数。

2）可以设置FDS模拟的计算精度、稳定性要求，以及输出结果的详细程度和格式。

（5）运行模拟

1）使用FDS命令行界面或其他界面，调用FDS软件并指定模型文件进行模拟。

2）FDS将根据模型文件中定义的参数和场景进行火灾动态模拟，生成模拟结果数据。

（6）分析模拟结果

1）使用FDS提供的后处理工具或其他可视化软件，对模拟结果进行分析和可视化。

2）可以查看火灾发展过程、烟气扩散、温度分布等信息，并评估建筑的防火性能和疏散策略。

（7）导出结果和报告

1）将模拟结果数据导出为文件，用于后续的分析、展示和共享。

2）可以生成模拟结果的报告，包括火灾动态模拟的过程、结果分析和建议。

3.3 结构设计软件

3.3.1 常用结构设计软件

1. AutoCAD软件

AutoCAD除了具有丰富的数字化建模功能外，还可以进行二维制图和基本三维设计自动制图，广泛用于土木建筑、装饰装潢、工业制图、电子工业和服装加工等领域。

2. PKPM软件

PKPM系列软件由中国建筑科学研究院PKPMCAD工程部研发，是一套集建筑设计、结构设计、设备设计及概预算、施工软件等于一体的大型建筑工程综合CAD系统，普遍应用于工业民用建筑、发电机厂房及副厂房等结构计算中。

3. 盈建科

盈建科（YJK）与PKPM一脉相承，但在建模、施工图设计方面做了很大的改进，极大地方便了设计及制图。盈建科软件操作流程如图3-10所示。

4. 其他常用的建筑结构设计软件

（1）广厦建筑结构设计CAD

广厦建筑结构设计CAD是由深圳市广厦软件有限公司研发的一个面向工业和民用建筑（混凝土、砖、钢及其混合结构）的多高层结构CAD，支持框架、框剪、筒体、砖混、混合、底框砖混等结构形式，实现从结构建模、计算到结构施工图自动生成和基础设计等一体化过程。

（2）SAP2000

SAP2000程序是由Edwards Wilson创始的SAP（Structure Analysis Program）系列程序发展而来的。SAP2000三维图形环境中提供了多种建模、分析和设计选项，并且完全在一个集成的图形界面内实现。

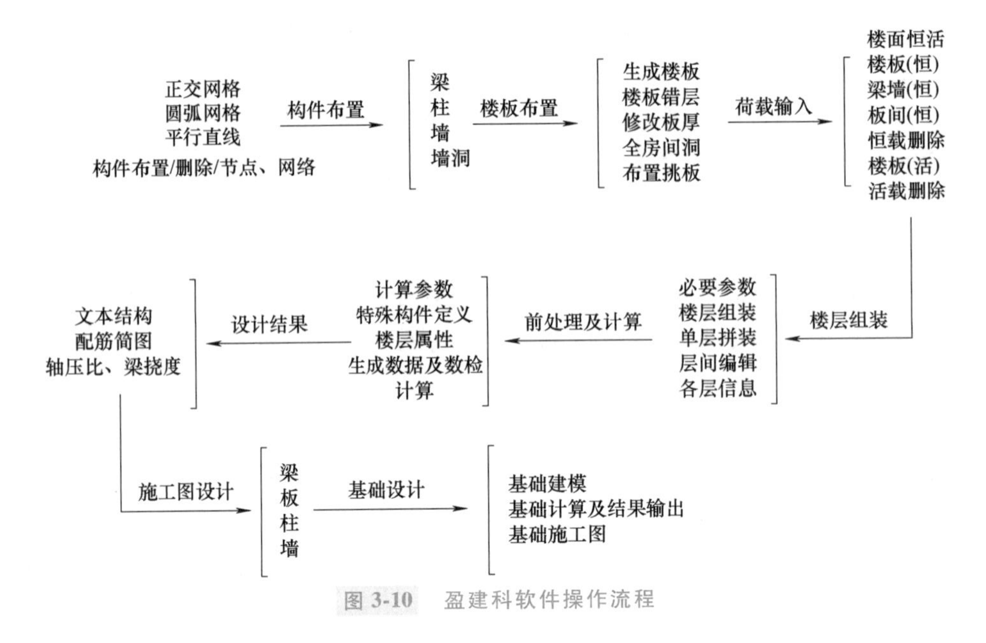

图 3-10 盈建科软件操作流程

SAP2000 是通用的结构分析设计软件，适用范围很广，主要适用于模型比较复杂的结构，如桥梁、体育场、大坝、海洋平台、工业建筑、发电站、输电塔、网架等结构形式。高层民用建筑也能很方便地用 SAP2000 进行建模、分析和设计。

(3) ANSYS

ANSYS 软件是由美国 ANSYS 开发的融结构、流体、电场、磁场、声场分析于一体的大型通用有限元分析软件。它能与多数 CAD 软件接口，实现数据的共享和交换，如 Creo、NASTRAN、I-DEAS、AutoCAD 等。

3.3.2 PKPM 软件中建筑模型的建立

PMCAD 是 PKPM 系列结构设计软件的核心，它建立的全楼结构模型是 PKPM 各二维、三维结构计算软件的前期部分，也是梁、柱、剪力墙、楼板等施工图设计软件和基础设计软件的必备接口软件。

1. 轴网输入

PMCAD 提供多种轴线输入方式，其中大部分建筑工程都选用正交轴网和圆弧轴网进行绘制，该方法最大的优势是快捷、效率高。

正交轴网通过定义开间和进深形成正交网格，与天正的轴网绘制类似。其中定义开间是输入横向的坐标，定义进深为输入竖向的坐标。

圆弧轴网通过定义圆弧开间角与进深形成圆弧网格。其中圆弧开间角由跨数×跨度表示，同时可以在旋转角填入轴网旋转角度设置工程中圆弧轴网布置方向，以逆时针为正。绘制完开间角后决定进深，设置对象是中心点起始的任意一条射线，注意此处跨度是指长度而非角度。

2. 构件输入

(1) 柱布置

柱布置用于对整个工程所采用的柱类型进行定义、修改、删除和布置。其中柱底标高是柱底相对于本层层底的高度，高于层底为正，低于层底为负。柱布置对话框如图 3-11 所示。

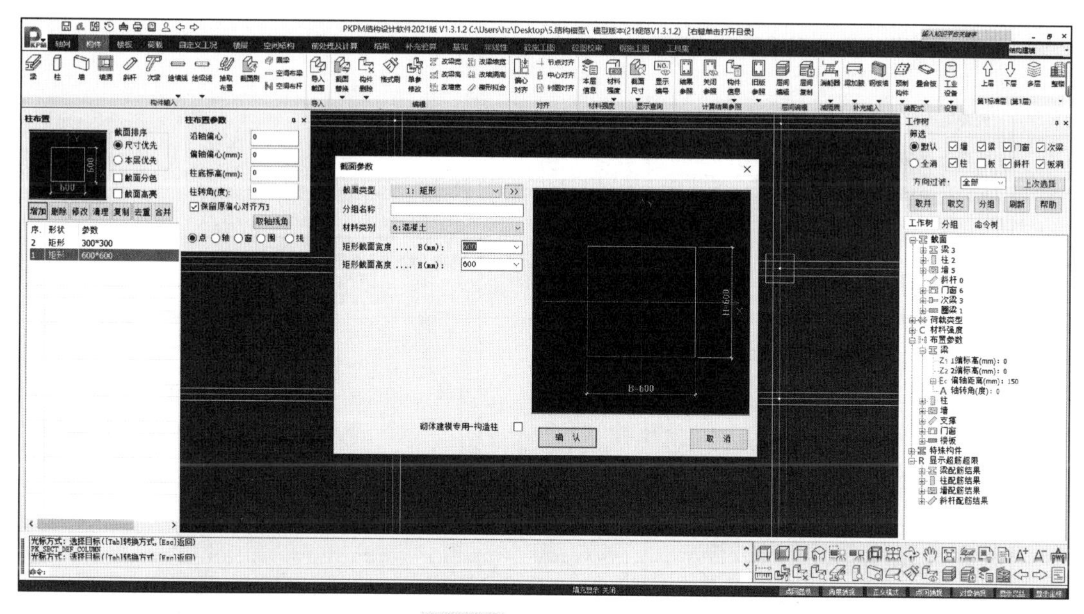

图 3-11　柱布置对话框

（2）梁布置

梁布置与柱布置类似，默认的梁长为两节点之间的距离，若梁两端标高设置为 0，则梁上沿与楼层同高。

（3）墙、洞口布置

墙必须布置在网格线上，并且一根网格线只能布置一道墙，默认墙的长度为两节点之间的距离，默认的墙高等于层高。

墙洞也需布置在网格线上，而且该网格线上应该已布置墙。墙洞一般包括门、窗及洞口。洞口布置中底高即底部标高，表示洞口下皮距本层地面的高度。

（4）楼板生成

首次生成楼板时，PKPM 会自动生成楼板，默认板厚设置在本层信息中。

（5）本层信息

本层信息包含构件材料的强度以及板厚等默认信息，用户根据不同工程需要对该项进行修改。本层信息菜单必须执行操作，否则程序会因缺少某工程信息在数据检查时出错。某工程标准层信息如图 3-12 所示。

3. 添加标准层

前面进行了第一个标准层的全部构件及参数设置，对于接下来的标准层，可以通过层间复制快速添加标准层。最终将所有标准层进行楼层组装，即可生成整楼模型。

添加新标准层，选择视图左上方“第 1 标准层”下拉菜单中的“添加新标准层”，弹出“选择/添加标准层”对话框，如图 3-13 所示。选中“全部复制”单选按钮，单击“确定”

按钮。发现左上方标准层框将自动切换至“第 2 标准层”。然后对本层的信息进行修改即可。

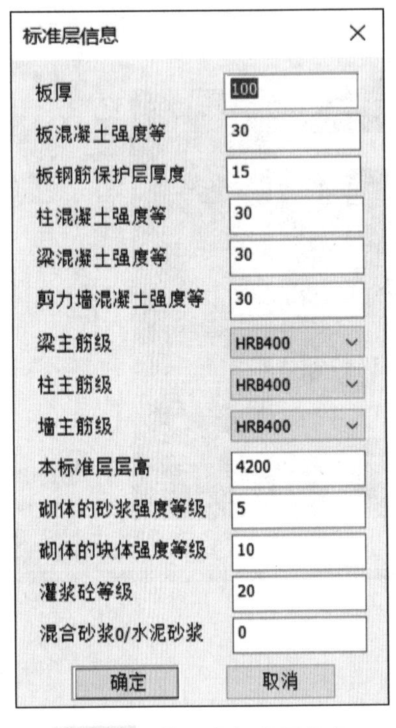

图 3-12 某工程标准层信息

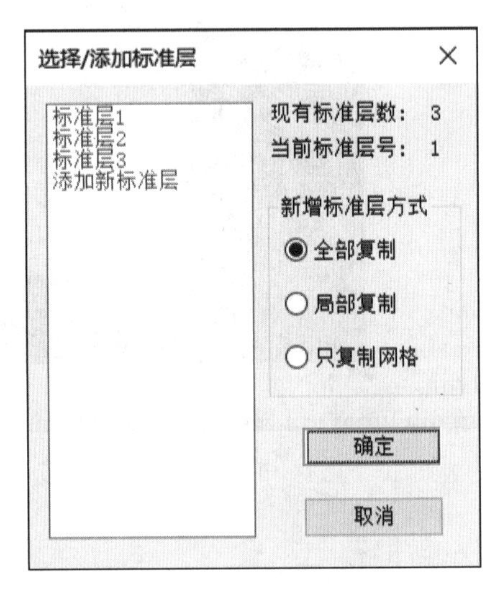

图 3-13 “选择/添加标准层”对话框

4. 楼层组装

所有标准层添加并修改完毕后，将进行楼层组装。单击“楼层组装”按钮，弹出图 3-14 所示的对话框，通过该对话框对楼层进行组装。

楼层组装的方法：先选择“标准层”，输入层高，再选择“复制层数”，单击“增加”按钮，则在右侧“组装结果”中将显示组装后的楼层。首层若需要考虑基础埋深等情况，可以不勾选“自动计算底标高”复选按钮，而是输入一个标高值。

最终得到的某建筑整楼模型如图 3-15 所示。

3.3.3 结构设计软件的应用案例

国家体育馆“鸟巢”首次采用 CATIA 软件解决了复杂建筑的空间建模问题，用 ANSYS 对三维空间结构进行分析，模拟了屋盖结构中全部柱结构、次结构和楼梯结构的构件，并用 SAP2000 进行了校核计算，考虑重力二阶效应的几何非线性影响进行了静、动力弹塑性分析。

国家游泳中心“水立方”采用 MIDAS/Gen 中的动力弹塑性分析方法对罕遇地震作用下结构的弹塑性变形进行了分析，用 SAP2000 建立了包含全部钢筋混凝土多筒剪力墙-框架和上部钢结构屋面、墙体的完整计算模型。

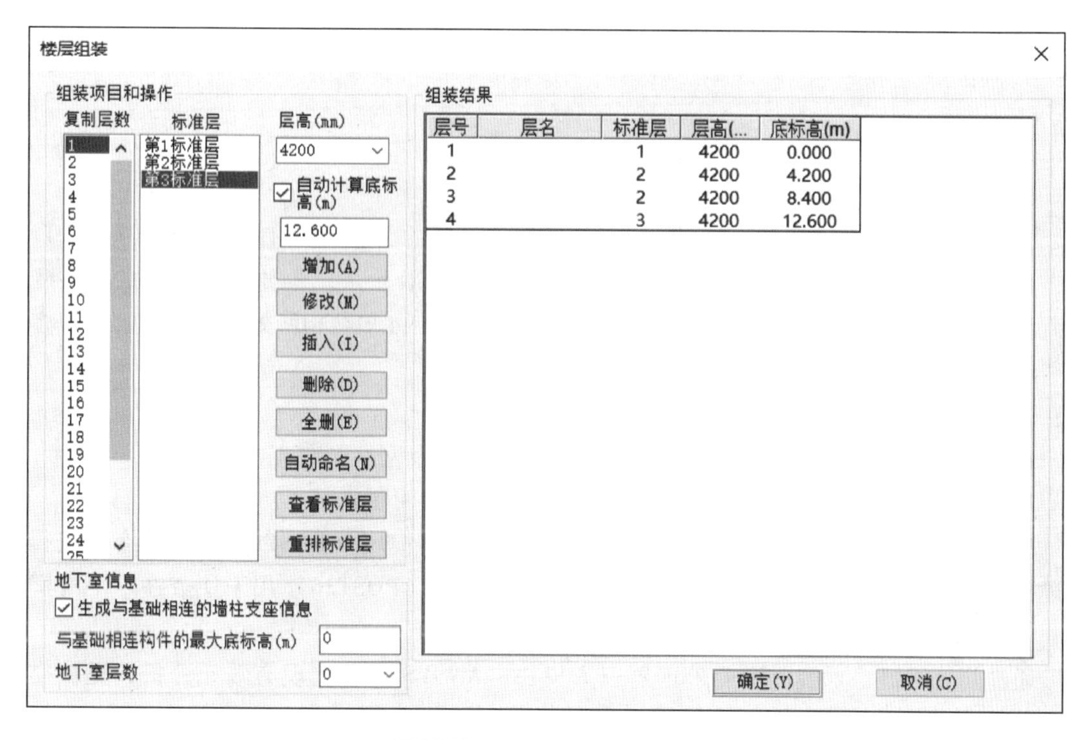

图 3-14　“楼层组装”对话框

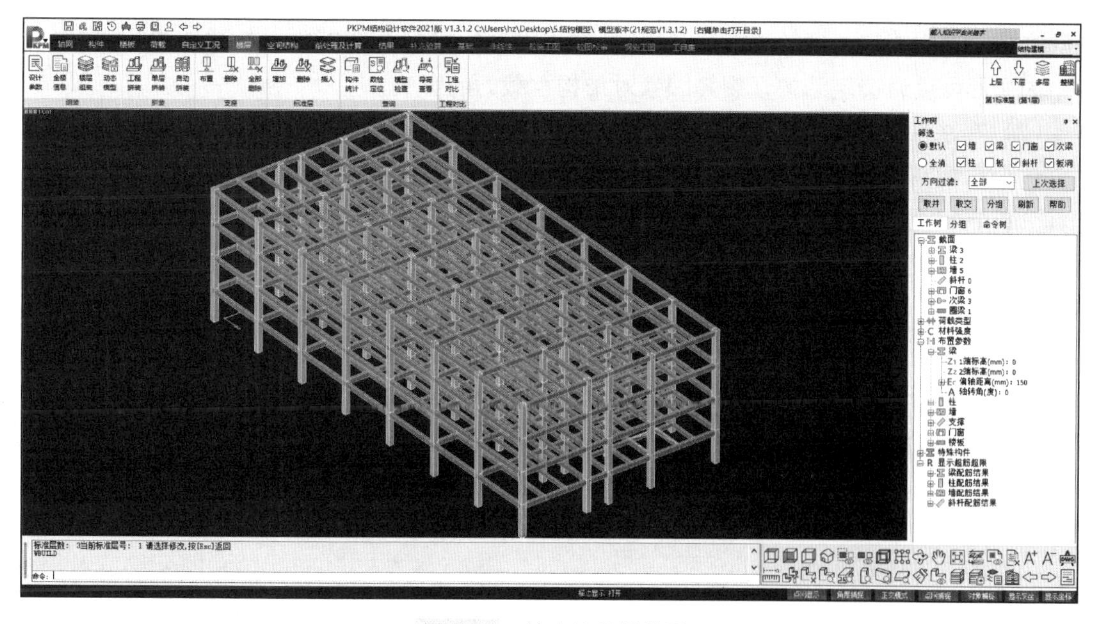

图 3-15　某建筑整楼模型

3.4 数值模拟软件

3.4.1 有限元分析软件 ANSYS

1. ANSYS 简述

ANSYS（Analysis System）是美国 ANSYS 公司研制的大型通用有限元分析（FEA）软件，也是计算机辅助工程（CAE）软件。ANSYS 基于有限元法，主要分析实际结构在受到外荷载作用后所出现的位移、应力、应变响应，根据响应可知结构所处的状态能够处理多个物理场之间的相互作用和耦合效应。

ANSYS 中最主要的三大模块如下：

1）前处理器模块（PERP7）：提供强大的实体建模及网格划分工具。

2）求解器模块（SOLUTION）：求解时有多种求解器可供选择。

3）后处理器模块（POST1/POST26）：通用后处理器模块（POST1）可以很容易获得求解过程的计算结果并对其进行显示；时间后处理器模块（POST26）用于检查在一个时间段或子步历程的结果。

通过前处理器、求解器和后处理器三大模块，ANSYS 能够实现有限元分析，提供交互式图形界面。

2. ANSYS 的应用

（1）在桥梁工程中的应用

在该类工程结构设计中，通过 ANSYS 加强结构模拟分析，以便确认结构在外力作用下能够产生的动态响应。通过 ANSYS 对各种作用力进行模拟，能够掌握桥梁在作用力方向上产生的变形程度，确定结构开裂等因素对结构承载力的影响。

（2）在水坝工程中的应用

包含水坝在内的水利工程多属于土木工程，都可以采用 ANSYS 对结构应力变化展开仿真分析。根据结构变形情况采取加固措施，确认不同水位深度大坝主体承受的水流作用，根据结构变形分析水流渗透系数，继而为水坝安全管理提供技术支撑，保证工程结构安全。

（3）在地下工程中的应用

采用 ANSYS 软件对周围荷载作用展开分析，能够为锚固方式选择提供数据依据。采用 ANSYS 软件对施工过程进行模拟，根据开挖期间围岩应力分布情况，能够确定最大和最小的应力值，判断采用的支护结构能否保证工程安全性。结合分析得到的工程安全系数，能够为施工方案科学制订提供保障。

（4）在建筑工程中的应用

利用 ANSYS 对钢筋混凝土结构应变进行模拟分析，以三维方式对外力作用下的结构形变进行展示，能够为结构设计参数调整提供依据，促使结构性能得到改进。

3.4.2　有限元分析软件 ABAQUS

1. ABAQUS 简述

ABAQUS 是一套功能强大的工程模拟有限元软件，拥有丰富的单元库和材料模型库，可以模拟包括钢筋混凝土结构、土壤、岩石、金属、橡胶、高分子材料以及复合材料等各种典型工程材料和结构，解决从线性分析到复杂的非线性分析问题。ABAQUS 除了能解决大量土木工程中的结构（应力/位移）问题，还可以模拟其他工程领域的许多问题，如岩土力学分析（流体渗透/应力耦合分析）、质量扩散、热电耦合分析、声学分析、热传导及压电介质分析等。

2. ABAQUS 的应用

（1）结构分析

ABAQUS 可以用来模拟各种结构的受力和变形情况，包括梁、柱、板、壳体等。通过施加荷载、约束和边界条件，可以分析结构的稳定性、强度和刚度等性能。

（2）地基和基础工程

在土木工程中，地基和基础的设计对于建筑物的稳定性至关重要。ABAQUS 可以用来模拟地基和基础的受力情况，包括承载力、沉降、地基随时间的变形等。

（3）土体力学

ABAQUS 可以模拟土体的力学行为，包括土体的弹性和塑性变形、孔隙水压力、土体与结构之间的相互作用等。这对于地下结构的设计和分析非常重要，如隧道、地下管道等。

（4）地震工程

地震是土木工程中一个重要的考虑因素。ABAQUS 可以用来模拟结构在地震作用下的响应，包括地震波的传播、结构的动态响应和地震引起的变形等。

（5）混凝土和钢结构分析

ABAQUS 可以模拟混凝土和钢结构的受力和破坏行为，包括混凝土的开裂、钢筋的屈曲和断裂等。这对于设计和评估建筑物的安全性和耐久性非常重要。

（6）优化设计

通过 ABAQUS 的参数化建模和优化分析功能，工程师可以对土木工程项目进行优化设计，以满足各种性能指标和约束条件。

3.4.3　有限差分软件 FLAC3D

有限差分方法（Finite Difference Method，FDM）是计算机数值模拟最早采用的方法，至今仍被广泛使用。该方法将微分问题变为代数问题，将求解域划分为差分网格，用有限个网格节点代替连续的求解域，以泰勒级数展开等方法，建立以网格节点上的值为未知数的代数方程组。下面主要介绍一款常用的有限差分数值模拟软件 FLAC3D。

1. FLAC3D 简述

FLAC3D 是美国 ITASCA 公司开发的三维有限差分软件，能够进行土质、岩石和其他材料的三维结构受力特性模拟和塑性流动分析，并且调整三维网格中的多面体单元可以拟合实际的结构。单元材料可采用线性或非线性本构模型，在外力作用下，当材料发生屈服流动后，网格能够相应发生变形和移动（大变形模式）。FLAC3D 还包含模拟区域地下水流动、孔隙水压力的扩散，以及多孔隙固体和在孔隙内黏性流动流体的相互耦合。

FLAC3D 采用的显式拉格朗日算法和混合-离散分区技术能够非常准确地模拟材料的塑性破坏和流动。由于无须形成刚度矩阵，因此基于较小内存空间就能够求解大范围的三维问题。FLAC3D 的输入可以用交互的方式，从键盘输入各种命令，也可以写成命令（集）文件，类似于批处理，由文件来驱动。采用 FLAC3D 软件进行计算，必须了解各种命令关键词的功能，按照计算顺序，将命令按先后依次排列，形成可以完成一定计算任务的命令文件。

2. ABAQUS、ANSYS、FLAC3D 的比较

（1）相同之处

ABAQUS、ANSYS、FLAC3D 都是 CAE 数值模拟分析软件，其中 ABAQUS 和 ANSYS 是大型通用有限元计算软件，应用于各个领域；而 FLAC3D 是快速拉格朗日有限差分计算软件，应用范围只限于土木工程。

（2）不同之处

1）前处理方面：ANSYS 可以为用户提供便于鼠标、键盘操作的窗口，用户可以用点—线—面—体的方法建立三维几何模型。ABAQUS 在这方面仅次于 ANSYS，需要把各个部分分别建立然后再进行组合。FLAC3D 需要用户自己编写模型程序，形式复杂并且容易出错。

2）数值计算分析应用方面：ABAQUS 和 ANSYS 应用范围广泛，但 ABAQUS 在接触问题方面要优于其他软件，而 ANSYS 在结构优化设计或拓扑优化设计方面，以及程序建模方面表现更好。就计算锚固问题而言，FLAC3D 比其他计算软件要好。

3）后处理方面：FLAC3D 操作简便，成图效果较好，文本编译也很方便。

3. FLAC3D 的应用

（1）在基坑工程中的应用

基于三维显式差分算法的 FLAC3D，在进行大规律弹塑性接触问题分析时，具有常规有限元方法无法比拟的优越性，但 FLAC3D 基于命令输入的建模方式难以被工程技术人员接受，也造成了工程人员在建立复杂计算模型时费时费力且不直观，从而影响了 FLAC3D 在基坑工程中的推广应用。

（2）在边坡工程中的应用

FLAC3D 不但能处理一般的大变形问题，而且能模拟岩体沿某一弱面产生的滑动变形，还能针对不同材料特性，使用相应的本构方程来比较真实地反映实际材料的动态行为。此外，该数值分析方法还可考虑锚杆、挡土墙等支护结构与围岩的相互作用，所以能很好地模拟边坡破坏及治理受力特性。

（3）在桩基工程中的应用

由于桩基现场试验要花费大量的人力物力，并且考虑的因素有限，所以现在大多都采用现场试验和数值分析相结合的分析研究方法，更全面地掌握各种桩型的受力特性。FLAC3D 是岩土工程专业软件，具有静力计算速度快、模型简单等优点，有不少国内外学者将它用于桩的受力分析。

（4）在采矿工程中的应用

现在常应用于岩土工程和采矿工程的数值模拟软件主要有 FLAC、UDEC、RFPA，而 FLAC3D 因为与图形软件 CAD 的无缝集成，并且具有自动建模功能、非线性求解能力和多场耦合功能而应用最为广泛。

3.4.4　离散元分析软件 PFC

1. 颗粒离散元的产生背景

Cundall 于 1971 年创立了离散元，用于分析岩石力学问题；Cundall 和 Strack 于 1979 年提出了适用于研究岩土力学的颗粒离散元方法，并推出了二维程序 Ball 和三维程序 Turbal；后来 Itasca Consulting Group（ICG）进一步发展为颗粒流商用程序 PFC2D 和 PFC3D。

2. PFC3D 简述

PFC3D 是 ITASCA 公司基于离散元方法（Discrete Element Method，DEM）开发的用来模拟圆形颗粒介质的运动及其相互作用的大型三维数值程序，既可解决静态问题，也可解决动态问题，既可用于参数预测，也可用于在原始资料详细的情况下的实际模拟，还可模拟颗粒间的相互作用问题、大变形问题、断裂问题等。

3. PFC 数值计算方法简介

PFC 使用离散元方法模拟刚性颗粒（二维为圆盘、三维为球）集合体的运动和相互作用。PFC 允许离散物体的有限位移和旋转（包括完全分离），并根据计算的结果进行自动识别。由于限制为刚性颗粒，PFC 也看作 DEM 的简化版本，而一般意义上的 DEM 可以处理可变形的多边形颗粒/块体。

4. 颗粒离散元 PFC 的基本力学理论

颗粒流程序 PFC 采用离散元方法来模拟颗粒集合体的运动及相互作用规律，其计算原理主要基于力-位移定律和牛顿第二运动定律，采用显式有限差分方法进行循环迭代求解。PFC 模型可模拟大量颗粒的物理相互作用。PFC5.0 模型中的每个颗粒都被表示为一个实体，以阐明它不是点质量的事实；物体是离散的刚体，具有有限的范围和定义好的表面。

颗粒集合体的整体物理力学特性在很大程度上取决于每个颗粒之间的接触属性，接触模型便是体现接触属性的根本因素。

5. PFC 的应用

PFC 是基于离散介质理论建立的数值计算方法，也是目前岩土工程问题分析的有力工具。PFC 通过离散单元模拟介质的变形、运动及其与流体的耦合作用，单元变形的累积、叠加引起宏观介质物理状态发生相应改变。其基本思想是将岩土体划分成许多个圆形颗粒，通过牛顿第二运动定律和力-位移定律进行迭代计算，实现工程问题的数值求解。

PFC 中的岩土材料被抽象的刚性单元代替，单元允许发生重叠以模拟颗粒间的接触力。颗粒位置、速度根据牛顿第二运动定律计算确定，颗粒间接触力则由力-位移定律计算确定，PFC 交替使用牛顿第二运动定律和力-位移定律，进行颗粒运动规律和颗粒变形特性的分析。第四纪地层中常含有角砾、碎石等不规则岩土介质，为准确模拟隧道开挖、路堤填筑中的不规则复杂岩土成分，PFC 允许采用 Clump 方法构建颗粒簇，创立与实际地质条件高度相符的数值模型。

3.4.5 数值分析计算软件 MATLAB

1. MATLAB 简述

MATLAB 应用程序是美国 Math Works 公司出品的商业数学软件，用于算法开发、数据可视化、数据分析和数值计算的高级技术计算语言与交互式环境。MATLAB 的特点是可以进行矩阵运算、绘制函数和数据、实现算法、创建用户界面、连接其他编程语言的程序等，主要应用于工程计算、控制设计、信号处理与通信、图像处理、信号检测、金融建模设计与分析等领域。MATLAB 界面如图 3-16 所示。

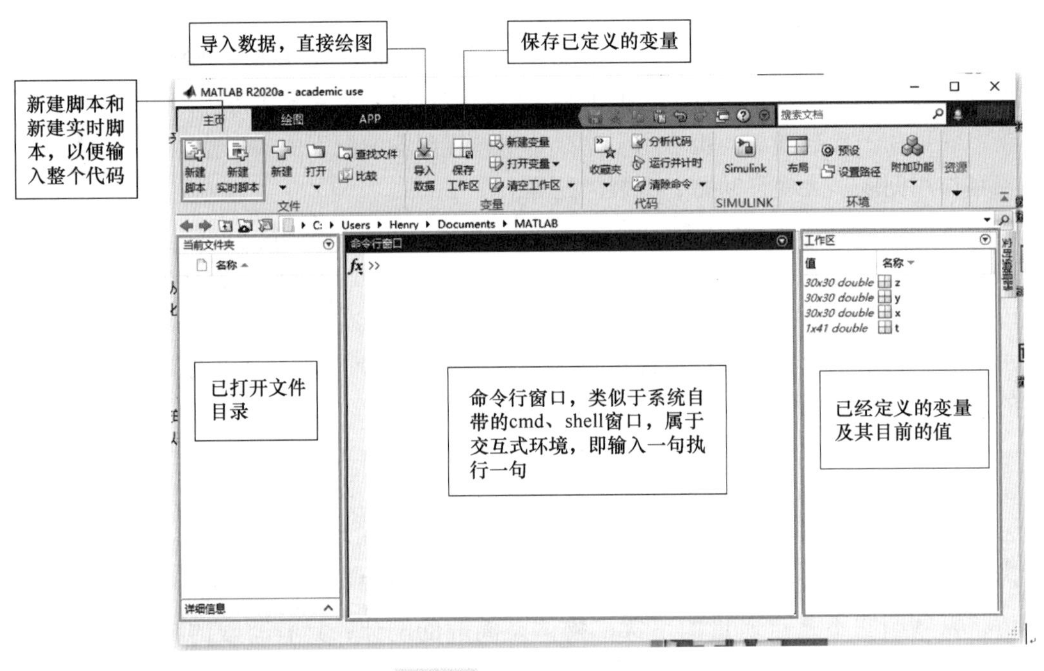

图 3-16 MATLAB 界面

2. MATLAB 软件中的 Simulink 基础

Simulink 是 MATLAB 最重要的组件之一，也是一种可视化仿真工具。它提供一个动态系统建模、仿真和综合分析的集成环境，是基于 MATLAB 的框图设计环境，实现动态系统建模、仿真和分析的一个软件包，被广泛应用于线性系统、非线性系统、数字控制及数字信号处理的建模和仿真中。

一个典型的 Simulink 仿真模型由以下三种类型的模块组成：

（1）信号源模块

信号源为系统的输入，包括常数信号源、函数信号发生器和用户自定义的各种信号。

（2）被模拟的系统模块

系统模块作为仿真的中心模块，是 Simulink 仿真建模所要解决的主要问题。

（3）输出显示模块

系统的输出由显示模块接收，输出显示的形式包括图形显示、示波器显示和输出到文件或 MATLAB 工作空间显示三种，输出模块主要在 Sinks 模块库中。

Simulink 具有以下三个特性：

1）和实际示波器输出相似的图形化显示结果。

2）层次性：分为顶层系统和子系统。

3）Simulink 为用户提供了一种封装子系统的功能，用户自定义系统的图标和设置参数对话框。

3. MATLAB 的应用

（1）在工程力学计算中的应用

力学中涉及许多复杂的计算问题，另外弯曲变形及应力分析中涉及许多作图。MATLAB 语言应用在工程力学中，可以解决复杂的力学计算和作图问题，提高了计算和作图效率。

（2）在结构动力学中的应用

运用 MATLAB 程序语言可以求解结构动力学中结构的自振频域、振型以及结构动力响应。MATLAB 编程简单，大大提高了结构动力学中振动问题的求解效率，并且计算结果可用图像清楚直观地表达，效果良好。

（3）在有限元分析中的应用

运用 MATLAB 编写弹性力学问题中平面应力问题的三节点三角形单元的程序，可以通过输入问题的单元划分、材料、荷载和边界条件等信息，形成总刚度和总荷载矩阵，最后求解出单元应力。

MATLAB 语言以矩阵为基本数据单元，在数据处理过程中避免了对变量、矩阵的预先定义，同时自带函数本身具有绘图功能，会自动选取坐标刻度，可以使用户大大节约设计时间，提高设计质量。

（4）在结构优化设计中的应用

MATLAB 优化工具箱是专门面向最优化问题求解的专用工具箱，为优化设计提供了很好的途径，其中已编写好的 fmincon 函数可以求解非线性优化问题，其内容涵盖线性规划、二次规划、最小二乘问题、非线性方程求解、非线性规划、多目标优化、最小最大问题及半无限问题等优化问题。其函数表达式简单明了，可以任意选择多种优化算法，自由设置各种算法参数。

3.5　工程造价软件

工程造价是指建设工程的投资费用或建造费用，划分为土建、安装、市政、绿化等类别。土建造价的核心处理思路分为算量和计价两大部分。

工程造价软件是建筑业信息化的产物，其应用意义在于，不仅将造价人员从手工劳动中解脱出来，提高了工作效率，还推动了建筑业信息化的进程，并带来了巨大的社会和经济效益。工程造价软件实现了工程造价管理与软件技术的整合，既提高了数据处理速度，又实现了数据和资源的共享。此外，工程造价软件不仅可以编制工程概预算，还可以对概预算定额、单位估价表和材料价格进行即时、动态的管理，提高了工程造价的管理水平。

3.5.1 常用的工程造价软件

常用的工程造价软件见表3-4。

表3-4 常用的工程造价软件

软件名称	研发公司	特点
广联达BIM土建算量平台	北京广联达股份有限公司	广联达BIM土建算量平台采用了公司自主研发的GDB几何数据库、三维建模及扣减算法，基于OpenGL的三维显示引擎，使用多线程充分挖掘多核芯片的机器性能，能支持大规模的复杂建筑模型场景的构造、显示及运算
广联达云计价平台		云计价是广联达软件股份有限公司推出的平台性产品，主要为计价用户群提供概算、预算、结算阶段的数据编制、审核、积累、分析和挖掘再利用等
斯维尔BIM三维算量软件	深圳斯维尔科技股份有限公司	这是一款实现土建预算与钢筋抽样同步出量的主流算量软件，在同一软件内实现了基础土方算量、结构算量、建筑算量、装饰算量、钢筋算量、审核对量等功能
斯维尔计价软件		斯维尔计价软件包括清单计价标准版、清单计价专业版、云计价软件、城市轨道计价软件、行业计价软件
雪飞翔计价软件	云南雪飞翔软件信息科技有限公司	雪飞翔计价软件是在云南省使用较为广泛的工程造价管理软件，它由本地的软件公司研发，进行了本地化的开发，符合了本地的计价规范和要求，并且挂接上当地现行的定额库和价格库，并按当地建设行政主管部门规定的计价规则进行运算

3.5.2 广联达BIM土建算量平台基础

广联达BIM土建算量平台GTJ是二合一算量平台，整合了土建算量GCL和钢筋算量GGJ的全部功能，主要用于计算建筑工程中所有分部分项工程（含钢筋）的工程量。下面主要介绍广联达BIM土建算量平台GTJ最新版本GTJ2025软件。

广联达BIM土建算量平台GTJ2025的工作界面如图3-17所示。

广联达BIM土建算量平台GTJ2025的整体操作流程包括10个步骤：启动软件→新建工程→工程设置→建立轴网→建立构件→绘制构件→汇总计算→打印报表→保存工程→退出软件。

一方面，GTJ2025内置全国各地清单及定额计算规则，并将计算规则开放给用户，使用户可以根据需要对选定的规则进行调整；另一方面，GTJ2025采用实时计算的全新计算框架，无须汇总计算即可出量，工程量更加准确，计算速度更快。GTJ2025与GTJ2021的功能对比如图3-18所示。

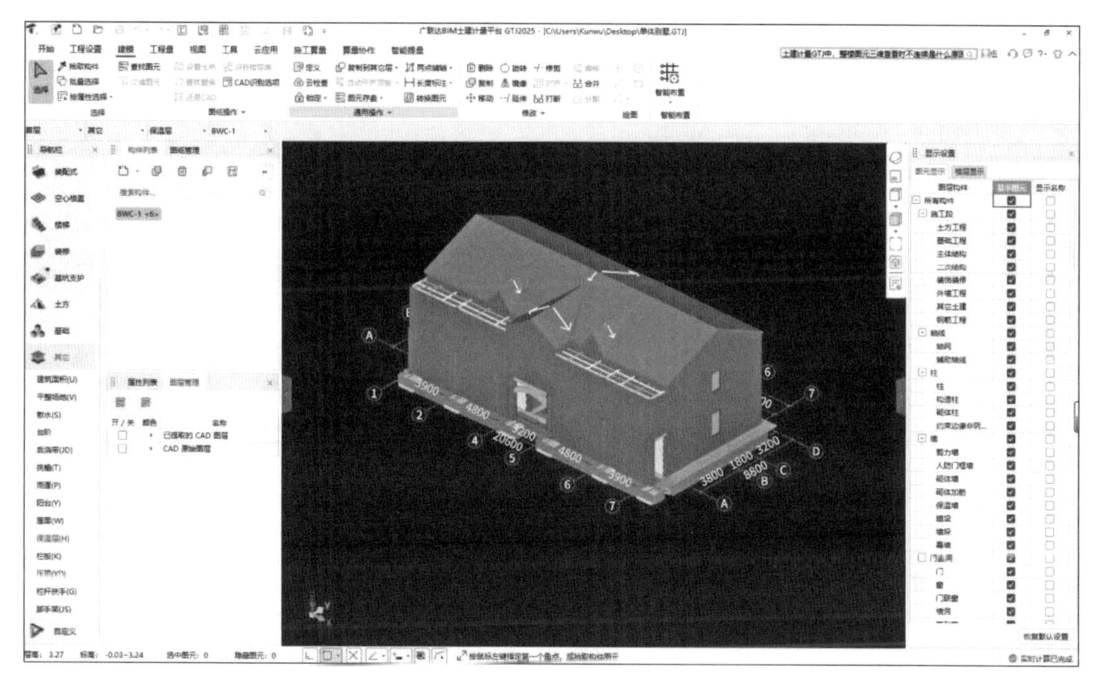

图 3-17　广联达 BIM 土建算量平台 GTJ2025 的工作界面

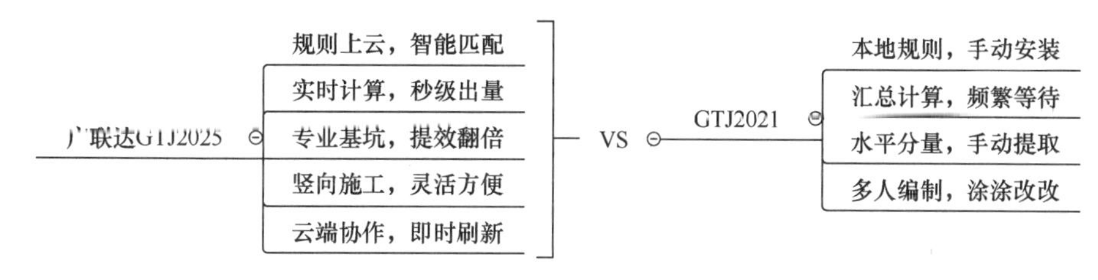

图 3-18　GTJ2025 与 GTJ2021 的功能对比

3.5.3　广联达云计价平台基础

广联达云计价平台 GCCP6.0（图 3-19）是一款专为建设工程造价领域全价值链用户提供数字化转型解决方案的产品，利用云+大数据+人工智能技术，进一步提升计价软件的使用体验，满足国标清单及市场清单两种业务模式，覆盖了民建工程造价全专业、全岗位、全过程的计价业务场景。

GCCP6.0 新增云定额功能数据库，优化智能组价功能，新增量价一体功能，优化结算审核功能，优化整体界面，优化易用性功能。

3.5.4　工程算量软件的应用

现阶段，鲁班、广联达、品茗等 BIM 算量软件广泛应用于建筑工程造价领域。这些 BIM 算量软件在建立模型的过程中可以导入识别 CAD 图，将平面图形转化成三维构件，并依据工程量清单计算规范（或地区计算规则）形成三维空间扣减关系，实现自动扣减。同时，BIM 算量软件与计价软件对接，可以套取清单编码和定额编码，实现自动计价。软件的优势是使算量人员更好地理解构件的空间关系，特别是重叠构件，减少算量错误，而且计量后可自动计价，大大减轻了算量人员的工作量。

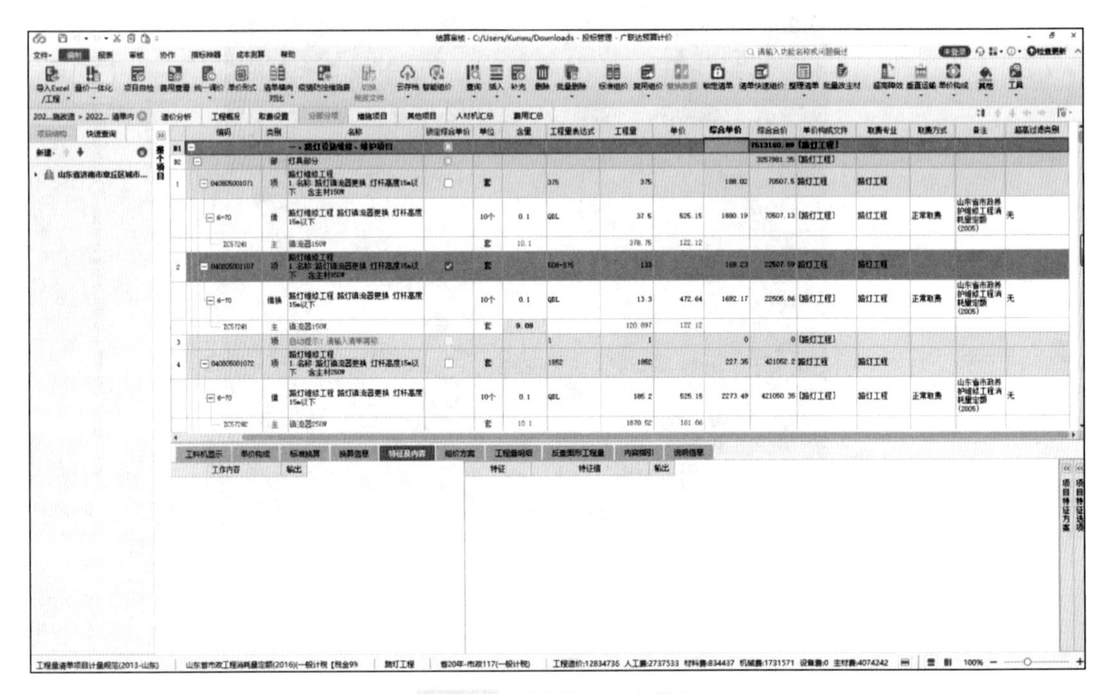

图 3-19 GCCP6.0 主界面

目前，BIM 算量软件主要在建筑工程及一般的装修和安装工程中应用，包括土石方工程、钢筋混凝土工程，以及简单的楼地面、墙柱面和顶棚等装饰工程，同时也可以精准提取安装工程中水电管线长度、开关插座等电器数量的工程量。

3.5.5 工程计价软件的运用

1. 计价软件在工程造价中的优势

1）报表格式更加规范，存档查询有序方便。

2）编制概预算定额，自动完成排版。

3）进一步简化计算，具有较高准确率和较快的计算速度。

2. 计价软件在工程计价中的应用现状

1）通过使用工程预（决）算软件，可以快速得出不同模式下实际的工程造价。

2）通过使用图形价量软件，进一步精简工程量的实际计算过程。

3）通过钢筋抽样软件，完成钢筋的抽样工作。

3. 计价软件的分类

虽然目前工程计价软件的表现形式各不相同，但是大概可以分为两大类：

（1）表格类

在计算机中将初始数据按照各种表格以及表达式的要求进行输入，然后根据自定义公式自动完成工程量的计算工作。

（2）图形类

在 CAD 平台上全部输入建筑或者结构施工图上相应的几何信息，根据预先设置完成的计算规则自动完成工程量的计算工作。

在市场上应用比较多的是后一类，不过需要根据手工计算的思路将以往的手工计算过程有机地转变为现在的绘制图形过程，但是在对工程图进行识别时还要应用到人工。

3.6　智慧工地管理平台软件

3.6.1　智慧工地管理系统平台构架

1. 智慧工地的内涵

随着 ICT（Information and Communications Technology，信息与通信技术）在建设工程领域的广泛应用，建筑业已进入大数据、信息化、智能化时代。智慧工地是将如云计算、大数据、物联网、移动互联网、人工智能、BIM 等先进信息技术与建造技术融合，充分集成项目全生命周期信息，服务于施工建造，实现建造过程各利益相关方信息共享与协同的新型信息管理方式。与传统技术相比，智慧工地能够充分实现信息的有效利用与决策支持，提升项目绩效，具有广阔的发展前景。智慧工地涉及的系统如图 3-20 所示。

图 3-20 彩图

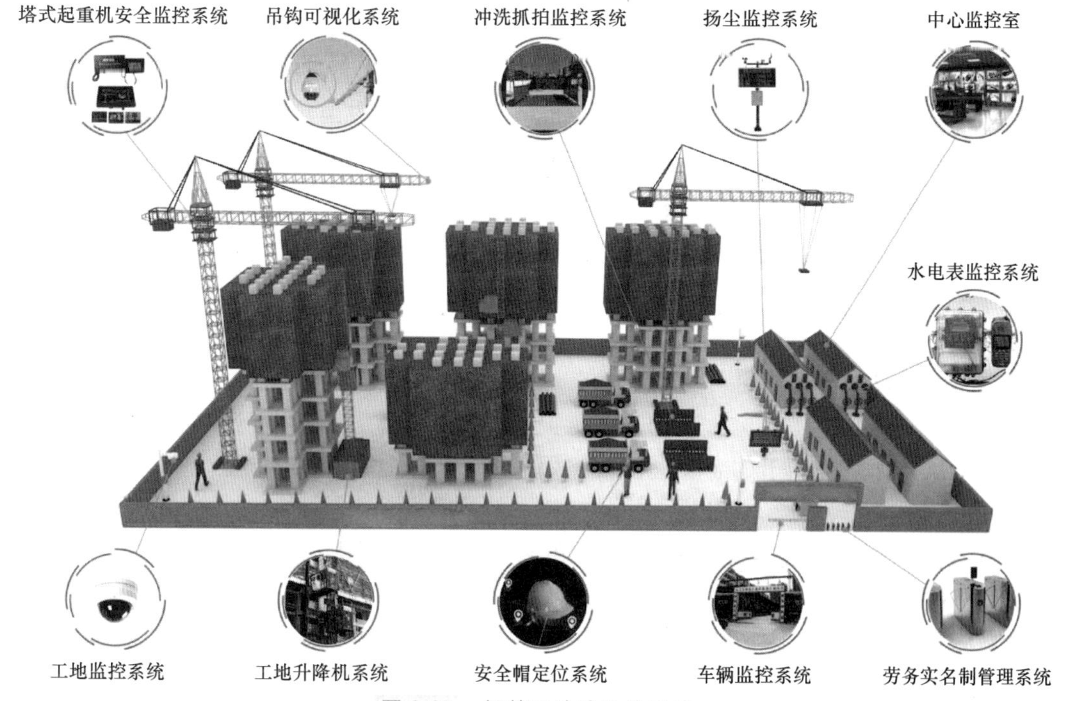

图 3-20　智慧工地涉及的系统

智慧工地理论为如何分析多源异构数据对建设工程项目的潜在影响，对表征建设工程技术、组织、资源、环境等异质要素的数据进行有效集成，并提取出有价值的信息，为建设过程的决策与管理提供了思路。

智慧工地的特征见表 3-5。

表 3-5　智慧工地的特征

特征	内涵
专业高效化	以施工现场一线生产活动为立足点，实现信息化技术与生产专业过程深度融合，集成工程项目各类信息，结合前沿工程技术，提供专业化决策与管理支持，真正解决现场的业务问题，提升一线业务工作效能
数字平台化	通过施工现场全过程、全要素数字化，建立起一个数字虚拟空间，并与实体之间形成映射关系，积累大数据，通过数据分析解决工程实际的技术与管理问题。同时构建信息集成处理平台，保证数据实时获取和共享，提高现场基于数据的协同工作能力
在线智能化	实现虚拟与实体的互联互通，实时采集现场数据，为人工智能奠定基础，从而强化数据分析与预测支持。综合运用各种智能分析手段，通过数据挖掘与大数据分析等手段辅助领导进行科学决策和智慧预测
应用集成化	完成各类软硬件信息技术的集成应用，实现资源的最优配置和应用，满足施工现场变化多端的需求和环境，保证信息化系统的有效性和可行性

2. 智慧工地应用框架

智慧工地在施工现场收集人员、安全、环境、材料等关键业务数据，深入发现原来忽视或不好管理的细节，并依托物联网、互联网、超级计算机，建立云端大数据管理平台，形成“端+云+大数据”的业务体系和新的管理模式，建立智慧工地综合管理平台，打通从一线操作到远程监管的数据链条。

智慧工地的主要建设内容包括智慧施工策划、智慧进度管理、智慧人员管理、智慧施工机械管理、智慧物料管理、智慧成本管理、智慧质量安全管理、智慧绿色施工管理、智慧项目协同管理、智慧工地集成管理和智慧工地行业监管等内容。某智慧工地建设内容指标体系如图 3-21 所示。

3.6.2　工地活动范围信息感知平台建设

建立工地活动范围信息感知平台，旨在通过工地现场的互联网、微波传输技术和先进的计算机技术，加强建筑工地施工现场安全防护管理，实时监测施工现场安全生产措施的落实情况，对施工操作工作面上的各安全要素，如塔式起重机、井字架、施工电梯、中小型施工机械、安全网、外脚手架、临时用电线路架设、基坑防护、边坡支护以及施工人员安全帽佩戴（识别率达 90%以上）等实施有效监控，可以直接在监控中心显示屏上看到各施工地点的现场情景图像，也可以通过监控中心的监控计算机向前端摄像机、高速球发出控制指令，调整摄像机镜头焦距或控制云台进行局部细节观察，对施工现场进行远程实时抽检监控。在监督施工现场是否规范施工的同时，及时消除施工安全隐患，保证建筑材料及设备的安全。工地活动范围信息感知模块的内容应包括视频数据采集、视频数据查看、视频监测控制、视频数据存储、视频报警检索联动、多监控中心，见表 3-6。

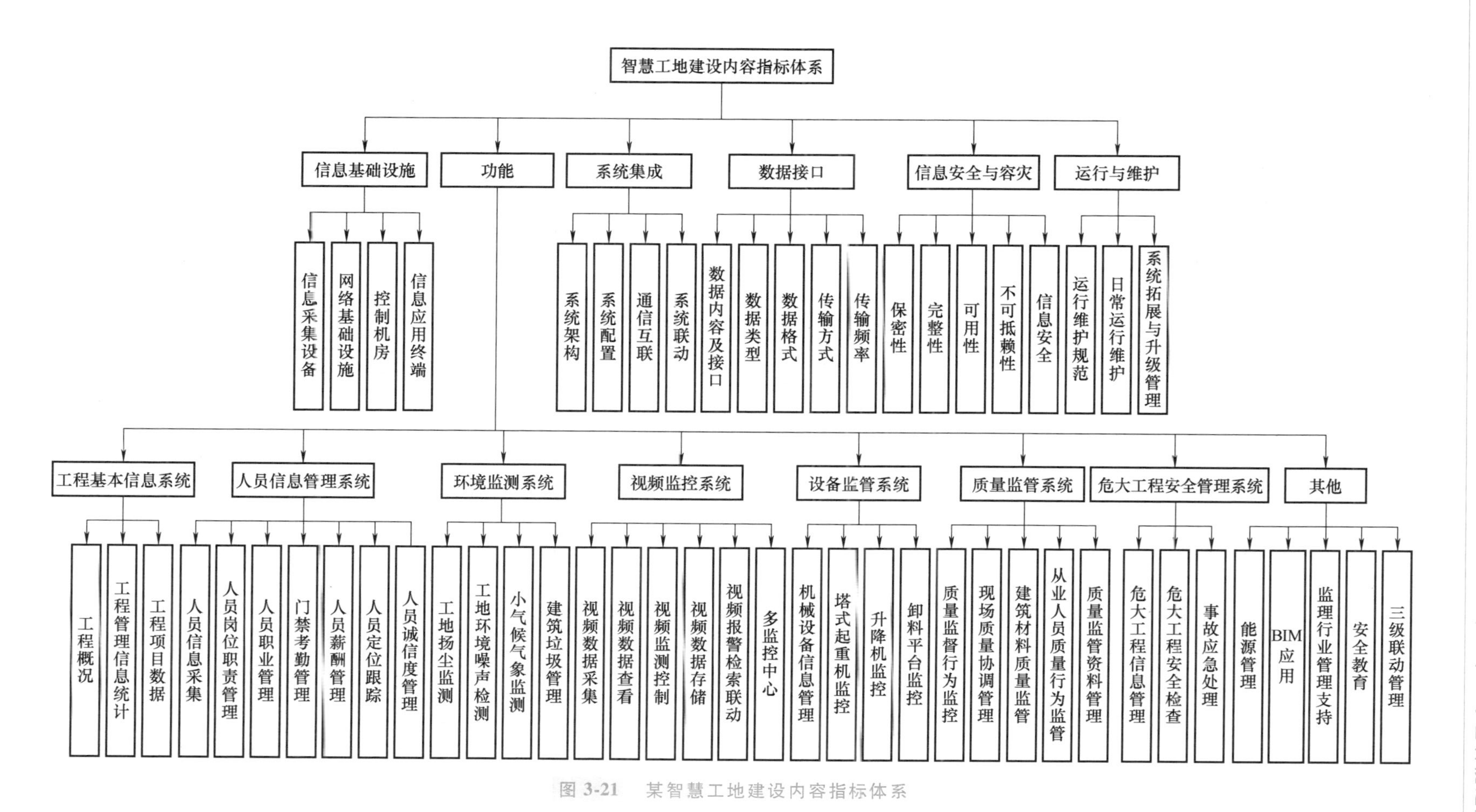

图3-21 某智慧工地建设内容指标体系

表 3-6 工地活动范围信息感知模块内容

序号	项目	建设内容
1	视频数据采集	视频监控位置应覆盖工地出入口、重点作业面、危险区域、禁入区域等
		视频监控数据具备在线传输功能
		建筑施工现场重点区域具有音频监控能力，提供视频音频同步切换和摄像头音频捕捉功能
2	视频数据查看	具备施工现场视频数据实时查看功能
		具备视频回放功能，能通过 IP、时间、报警类型等方式进行录像检索，支持多路同步回放、全屏回放、视频摘要等功能
		具备摄像头设备分组布局、多画面同时预览功能
		具备视频轮巡功能，通过设置轮巡时间间隔、多个摄像头显示顺序等参数，实现多个摄像头画面按顺序轮回播放
		能通过互联网远程查看现场实时视频
		视频存储的回放图像分辨率不小于 480 像素
3	视频监测控制	可调节摄像头的旋转角度、镜头景深远近等参数
4	视频数据存储	能对所有摄像机摄取的图像进行 24h 全天候记录，存储时间不少于 30d
		具备视频备份功能，支持本地或异地录像备份和日志备份
5	视频报警检索联动	当发生紧急事件时，自动切换并显示报警区域的视频图像
		具备斗殴、盗窃等异常事件识别功能，并具备异常事件的标识、提醒、历史报警信息检索、回放报警录像等功能
		具备异常事件现场声光报警提示功能
		具备视频报警联动功能，能与施工现场工地出入口联动等
6	多监控中心	具备施工现场工地出入口门卫室分控中心监控功能
		具备移动终端监控功能，在操作者权限范围内支持使用移动终端查看视频监控

3.6.3 智慧工地管理系统平台构架建设

智慧工地管理系统应用框架包括现场应用、集成监管、决策分析、数据中心和行业监管五个部分，如图 3-22 所示。

智慧工地现场应用层从结构上又分为感知层、网络层和应用层。感知层包括智慧工地现场信息采集、显示等各类信息设备，对工地现场各类信息进行传感、采集、识别、控制。感知层信息设备包括各类感知节点、传输网络、自动识别装置、监控终端等，如环境监测传感器、视频采集子系统、自动识别考勤装置、升降机监控子系统等类似设备或系统。网络层实现不同系统之间的信息传输交换，负责传递和处理感知层获取的信息。通过网络层，工程项目管理者可以获取工程项目各阶段的数据信息，进而对这些数据进行采集、整理、分析等。应用层为各方责任主体及相关人员提供应用服务，包括工程基本信息应用、人员信息管理应用、环境监测应用、视频监控应用、设备监管应用、质量监管应用和安全监管应用等。

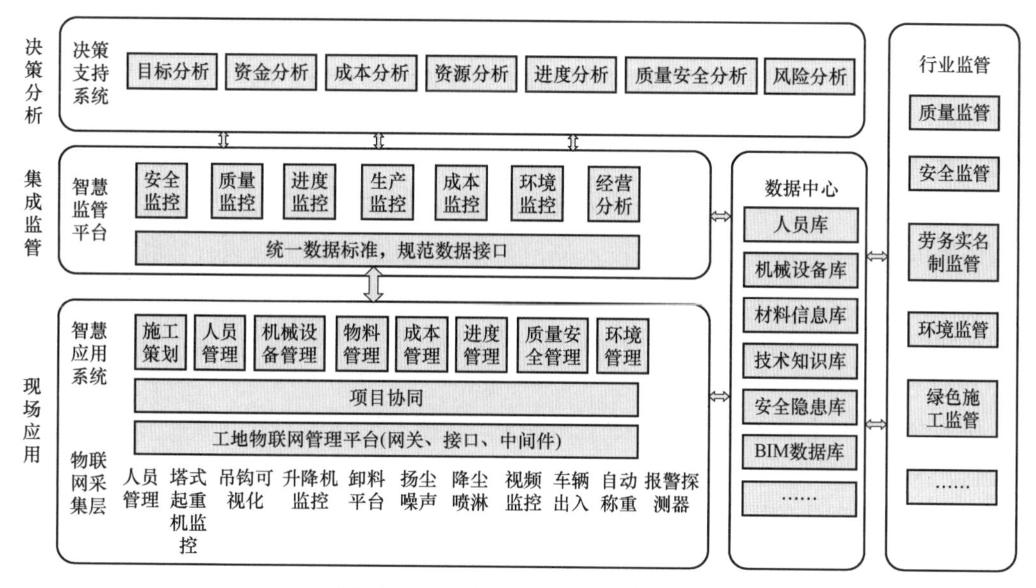

图 3-22　智慧工地管理系统应用框架

集成监管层通过数据标准和接口的规范，将现场应用的子系统集成到监管平台，创建协同工作环境，搭建立体式管控体系，提高监管效率。它包括平台数据标准层和集成监管平台两部分内容。集成监管平台需要与各项目业务子系统进行数据对接。

决策分析层基于实时采集并集成的一线生产数据建立决策分析系统，通过大数据分析技术对监管数据进行科学分析、决策和预测，实现智慧型的辅助决策功能，提升企业和项目的科学决策与分析能力。决策分析层一般需建立领导决策分析系统。

数据中心层通过建立项目知识库，将移动应用等手段植入一线工作中，使得知识库发挥真正的价值。

行业监管层通过系统和数据的对接，可将智慧工地的建设延伸至行业监管。

智慧工地具有一定的复杂性，其建设不可一蹴而就，需要遵循一定的规律。智慧工地的建设思路可以总结为以下几点：

1）以满足现场工作为基础，同时满足监管的需要。

2）以企业为主体，总体规划，分步实施。首先进行顶层规划、相关技术标准设计；然后推进和出台相应管理制度；最后按照技术标准、管理制度实施。在整体规划的基础上，智慧工地一般采用自下而上的方式实施。正如架构中所展示，紧紧围绕现场核心业务，采用碎片化的众多子系统，以满足一线管理岗位对现场作业过程的管理为第一要务，有针对性地降低工作量，提高工作效率，减少管理漏洞。

3）采用自建和购买服务相结合的方式建立系统。

4）建立配套的岗位流程制度以提供制度上的支撑。

3.6.4　智慧工地管理系统平台构架建设应用

（1）施工工地视频监控系统

视频监控系统对于建筑施工企业管理者至关重要，它能实时监督项目进度，确保人员财产安全，并提高事故的可追溯性。监控系统在防止盗窃、追溯安全事故等方面效果显著。摄像头应安装在制高点，覆盖作业区域，重点关注关键部位和设备。同时应注意加强监控设备的日常维护。

(2) 塔式起重机安全监控系统

塔式起重机安全监控系统通过融合传感器技术、嵌入式技术、数据采集技术、数据融合处理、无线传感网络与远程数据通信技术等，实现了塔式起重机单机运行、群塔作业的实时监控与声光预警功能，有效防范了人为原因导致的塔式起重机事故的发生。通过结合移动互联网和移动终端，可实现随时随地远程监控、报警和告知等功能。

(3) 劳务实名制系统

传统实名制管理存在诸多问题，如工作量大、数据不准确等。劳务实名制管理系统整合人员信息，采用人脸识别技术，实现考勤和身份识别。劳务实名制管理系统提供考勤信息统计分析，为项目管理决策提供依据，同时还可作为工资发放和纠纷处理的依据。

(4) 可视化调度平台

平台通过定位技术实现对管理人员的监控，具备电子地图、轨迹回放等功能，增强了对施工现场管理人员的管控作用。

智慧工地的建设显著增强了公司总部与项目部对施工现场活动的监控能力，推动了项目的精细化管理。该平台通过高效整合并分析碎片化信息，使得管理层能够实时掌握项目现场的施工进度、人员配置、安全状况以及物料使用情况。这不仅有助于迅速识别现场问题，还为决策提供了及时准确的依据。通过智慧工地平台，公司能够更好地调配生产资源，优化成本控制，减少资源浪费，从而提升整体的项目管理效率。

思考题

1. 数字化建模软件具有哪些特点？可以应用于哪些方面？
2. 建筑性能分析软件一般对建筑哪几个方面进行分析？为什么要对建筑的多方面性能进行分析？
3. PKPM 轴网输入时选用“正交轴网”与“圆弧轴网”有什么不同？梁、柱布置的基本原则是什么？其布置方法有哪几种？
4. 从分析方法及应用领域方面分析各数值模拟软件有何不同。
5. 工程量计算的一般原则是什么？从工程造价应用方面分析工程造价软件的意义。
6. 结合实际案例，分析智慧工地在提高施工效率方面、安全性方面的应用。

参考文献

[1] 刘霞，冯均州，沈瑜兰. BIM 建模应用 [M]. 北京：机械工业出版社，2023.
[2] 卜伟，苟胜荣. BIM 建模应用基础 [M]. 北京：北京理工大学出版社，2023.
[3] 王蓓，廖亮，廖莎. AutoCAD 实用教程 [M]. 北京：北京工业大学出版社，2022.
[4] 杨明宇，廖汉超，王春. BIM 技术及 Revit 建模 [M]. 北京：北京理工大学出版社，2021.
[5] 陈学伟，林哲. 结构弹塑性分析程序 OpenSEES 原理与实例 [M]. 2 版. 北京：中国建筑工业出版社，2020.
[6] 北京金土木软件技术有限公司，中国建筑标准设计研究院. ETABS 中文版使用指南 [M]. 北京：

中国建筑工业出版社，2004.
[7] 杨维菊. 绿色建筑设计与技术 [M]. 南京：东南大学出版社，2011.
[8] 霍然，袁宏永. 性能化建筑防火分析与设计 [M]. 合肥：安徽科学技术出版社，2003.
[9] 刘方，廖曙江. 建筑防火性能化设计 [M]. 重庆：重庆大学出版社，2007.
[10] 王言磊，李芦钰，侯吉林，等. 土木工程常用软件与应用：PKPM、ABAQUS 和 MATLAB [M]. 北京：中国建筑工业出版社，2017.
[11] 刘建文，鲁钟富，庄伟. 盈建科 YJK 混凝土结构设计与实例解析 [M]. 北京：中国建筑工业出版社，2020.
[12] 陈超核，赵菲，肖天崟，等. 建筑结构 CAD：PKPM 应用与设计实例 [M]. 北京：化学工业出版社，2012.
[13] 陈占锋，向娟. 结构设计软件应用：PKPM [M]. 3 版. 武汉：武汉大学出版社，2023.
[14] 王佳慧，李莎，李德慧. 建筑结构设计有限元软件发展现状与应用 [J]. 广东土木与建筑，2021，28 (2)：16-18.
[15] 王伟. ANSYS 14. 0 土木工程有限元分析从入门到精通 [M]. 北京：清华大学出版社，2013.
[16] 陈洪月. Pro/ENGINEER、ANSYS、MATLAB 软件及应用 [M]. 沈阳：东北大学出版社，2017.
[17] 孙书伟，林杭，任连伟. FLAC3D 在岩土工程中的应用 [M]. 北京：中国水利水电出版社，2011.
[18] 张学亮，张会军，徐刚. PFC3D 数值试验及其应用 [J]. 煤炭技术，2010 (5)：61-63.
[19] 王涛，韩彦辉，朱永生，等. PFC2D/3D 颗粒离散元计算方法及应用 [M]. 北京：中国建筑工业出版社，2020.
[20] 李苗苗，温秀红，张红. 工程造价软件应用 [M]. 北京：北京理工大学出版社，2019.
[21] 沈巍. 计价软件在工程造价中的应用分析 [J]. 城市建筑，2019 (29)：189-190.
[22] 焦营营，张运楚，邵新. 智慧工地与绿色施工技术 [M]. 徐州：中国矿业大学出版社，2019.
[23] 王要武，陶斌辉. 智慧工地理论与应用 [M]. 北京：中国建筑工业出版社，2019.

第4章 绿色智能建造装备

4.1 3D打印及其装备

3D打印，也称为增材制造（Additive Manufacturing，AM）是一种以数字模型为基础，运用非金属或金属材料，通过逐层打印的方式来构造物体空间形态的快速成型技术。由于其在制造工艺方面的创新，被认为是第三次工业革命的重要生产工具。3D打印技术一般应用于模具制造、工业设计等领域，目前已经应用到许多学科领域，各种创新应用正不断进入大众的视野。

3D打印技术是目前建筑工程智能建造的研究热点。世界各地相当数量的科研机构及企业均积极参与其研究与应用。现阶段，建筑工程3D打印技术种类较多，按照成型材料可分为水泥基材料的3D打印（3D打印混凝土）和金属材料的3D打印（3D打印金属）。

4.1.1 3D打印混凝土

传统混凝土结构施工存在人工成本高、施工周期长、资源消耗多以及对周边环境影响大等问题，尤其在进行个性化、复杂造型的结构工程施工时，复杂造型模板制作和混凝土浇筑都存在困难，同时模板无法二次利用，既增加了成本，又导致了资源浪费，不利于建筑产业的绿色、可持续发展。

3D打印混凝土技术作为一项新兴的高度自动化制造技术，能够很好地克服目前传统混凝土结构施工面临的这些问题。3D打印混凝土技术是一种基于数字模型与计算机控制，将具有三维结构的立体模型拆解为多层二维平面，然后通过喷射或挤出等方式将混凝土按照预设路径逐层堆积，最后形成三维结构的建造技术。3D打印过程由产品设计、打印路径设计、材料调控、材料泵送运输以及打印系统进行打印等多方面协同运作完成。目前，主流的3D打印混凝土技术主要基于挤出成型工艺（下文所提到的3D打印混凝土技术均默认基于此工艺）。打印过程中，首先在搅拌容器中混合拌制混凝土，然后泵送至打印机料斗内。在挤出压力作用下，料斗内的混凝土经由打印头喷嘴挤出形成条带，与此同时，打印头按照预设打印路径移动，完成打印条带的挤出-沉积过程，并最终通过层层堆叠形成立体几何结构。

20世纪90年代，美国纽约伦斯勒理工学院Pegna首次将水泥基材料用于3D打印，通过选择性地交替沉积砂与波特兰水泥薄层，逐层累积砂浆并利用快速蒸汽养护的方式，打印出混凝土（砂浆）结构，该工艺充分利用了材料的性能特点，并且材料可以循环使用。虽然这项工作证明了 3D 打印技术应用于建筑领域的可行性及前景并引起强烈反响，但受限于当时的水泥混凝土技术及自动化控制技术水平等，并未能在实际工程应用中得以应用。经过近 30 年的发展，3D 打印混凝土技术已能够实现混凝土构件和结构的打印，包括低层房屋、办公室、桥梁、避难所等。

已有研究表明，建筑工程 3D 打印施工可以减少 30%~60%的建筑垃圾，降低 50%~80%的人工成本，缩短 50%~70%的生产时间。因此，研究和应用 3D 打印技术在土木工程领域具有重要意义。当前建筑工程 3D 打印技术已经步入高速发展时期，相关技术的研究及应用呈指数形式发展。建筑工程 3D 打印技术在建筑行业中规模不断壮大，随着新材料、新技术、新型工程应用的不断出现，建筑工程 3D 打印技术的潜力与价值不断被发掘，为建筑行业的智能建造开创出一片广阔的新天地。

1. 3D 打印混凝土设备

混凝土的打印设备及施工工艺与打印的最终产品质量密切相关。这里对 3D 打印混凝土设备及施工工艺进行介绍。

目前，3D 打印混凝土设备主要分为四大类：

第一类为塔式起重机式打印系统，也叫作旋转臂式打印系统。以塔式起重机式打印系统为中心，通过转动同时配合机械臂的伸缩实现圆弧形结构的打印。

第二类为龙门架式打印系统，也叫作框架式打印系统。将打印喷头定位在空间直角坐标中，通过在建筑物所对应的不同坐标点之间来回移动进行打印，一般具有三个自由度，打印尺寸受到龙门架框架结构的限制。

第三类为机械臂式打印系统。其会受到机械臂长度作用范围的限制，但是该系统在打印过程中可保持连续的曲率变化率，在打印层之间可进行更平滑的过渡，外观更加美观。

第四类为可移动式机器人打印系统。可分为独立机器人和多机位组合机器人打印系统，通过对机器人行走路径和打印路径的合理规划，以实现更为灵活和高效的打印，具备六个完整的自由度。

3D 打印混凝土的施工工艺主要分为现场打印和装配式打印。现场打印采用连续打印逐层叠加的方式，在基础上直接将建筑主体打印成型，需提前预留设备孔洞和构造柱的位置，再进行节点连接和二次浇筑混凝土，最终形成一体化的结构。装配式打印则是在工厂预先打印好构件和配件，运输到建筑施工现场，现场进行装配安装。

2. 用于 3D 打印的混凝土材料

3D 打印混凝土的打印过程主要涉及混凝土的挤出与逐层堆叠，打印混凝土的质量控制与打印参数的选择是实现 3D 打印结构的关键环节。3D 打印技术对混凝土的质量要求较高，在打印头挤出处，混凝土就像 3D 打印机的墨水，要求混凝土能够匀质流畅地通过管道泵喷嘴系统挤出，并且表面质量良好无缺陷，即确保混凝土具备一定的工作性能。混凝土挤出后，在层层堆叠的过程中，打印头产生的挤出压力与上层混凝土的重力不会导致下层混凝土产生较大变形，打印结构不出现屈曲失稳倒塌等情况，即确保混凝土具备一定的可建造性。

同时，打印层厚、打印速率、喷嘴直径等打印参数是影响打印过程质量的关键因素。混凝土的新拌性能与打印参数均会影响3D打印混凝土结构的打印质量，打印过程中混凝土层是否会出现断料、实际打印宽度与设计宽度是否出现较大差异，挤出后是否存在较大变形等问题均需要同步协调关注，明确3D打印混凝土新拌性能与打印参数之间的协调关系，是实现混凝土高质量打印的前提与保证。

满足3D打印工艺的水泥基复合材料的制备和性能优化是发展3D打印的重点与核心。3D打印混凝土成型方式不同于普通混凝土，通常需要经历管道泵送，打头挤压成型、逐层堆叠及后期养护等流程。为保证3D打印建筑的可靠性，配制的3D打印混凝土材料需要满足打印建造及使用过程中各环节的性能要求，如流动性、可挤出性、可建造性、凝结时间、力学性能及耐久性等。

1）流动性是评估打印混合物可打印性能的重要参数。流动性控制得当能够确保浆料顺利通过输送系统进行泵送并最终进行打印沉积。水胶比是影响流动性的最主要因素。水胶比过小，会导致拌合物干硬，无法顺利通过输送管道进行输送；水胶比过大，则会导致打印试件产生大量有害孔隙，影响后期强度。在这种情况下，一些研究人员往往通过添加高性能减水剂来改善水泥浆的流动性。除上述用水量及减水剂之外，粒度级配也可在一定程度上影响新鲜状态下拌合物的流动性。通常来说，粒度级配越连续，越有助于拌合物形成致密堆积状态从而产生更好的流动性。由于矿物掺合料较水泥有更小的粒径，所以不少研究人员通过掺入矿物掺合料优化粒度级配，改善流动性。

2）用于3D打印的混凝土材料需要具有良好的可挤出性，即材料通过输送管道连续输送的能力以及顺利通过打印头喷嘴进行沉积的能力。一般来说，圆形骨料具有比角状骨料更好的挤出性。此外，骨料粒径与挤出喷嘴直径大小的比值也是一个重要因素。

3）可建造性是评估混凝土材料可打印性能的另一个关键参数，即材料在自重和上层压力作用下保持其挤出形状的能力以及沉积的新鲜材料在负载下抗变形能力。从目前的研究中发现，除了提高骨料用量之外，矿物掺合料和外加剂的掺入也会对建造性做出积极的贡献。

4）关于凝结时间方面，打印材料一方面需要较长的凝结时间以获得良好的流动性和挤出性，同时，还需要较短的凝结时间以获得足够的早期强度，因此，凝结时间也是3D打印材料性能指标研究中的重要参数之一。在对拌合物凝结时间调整中，添加外加剂依旧是主要方法之一。

5）3D打印混凝土不仅需要有较强的早期强度，还需要达到较高的后期强度以满足其使用性能。原材料品质、配合比、养护方式等均会对混凝土的力学性能产生影响。

3D打印混凝土的性能测试应依据现有建筑工程3D打印规范。关于3D打印混凝土的基本力学性能试验方法，可根据中国建筑材料联合会及中国混凝土与水泥制品协会制定的标准T/CCPA 33—2022《3D打印混凝土基本力学性能试验方法》，进行立方体抗压强度试验、轴心抗压强度试验、静力受压弹性模量试验、抗折强度试验、劈裂抗拉强度和抗剪强度试验。3D打印混凝土拌合物的凝结时间按GB/T 50080—2016《普通混凝土拌合物性能试验方法标准》规定的凝结时间试验测定，3D打印砂浆拌合物的凝结时间按JGJ/T 70—2009《建筑砂浆基本性能试验方法标准》规定的凝结时间试验测定。

3. 存在的问题

虽然建筑工程 3D 打印技术的发展已取得较大进步，但目前仍不完善与成熟，探索 3D 打印技术与建筑工程的融合并非一朝一夕之事，需要直面并克服在材料发展、工艺瓶颈、技术标准、质监管控、打印质量和综合造价等多方面存在的困难和问题。3D 打印技术是多个学科跨界融合的技术体系，包括建筑模型的数字化、结构设计、混凝土材料，适用于建筑大体量特点的智能打印系统、混凝土体内或体外钢筋增强、整体打印或打印构件部品装配式建造技术等，研究与制造的难度及复杂性高。现阶段打印材料、打印设备、打印方法、打印结构体系、施工工艺和标准体系等一系列关键问题亟待解决，下面列举建筑工程部分 3D 打印的技术局限。

（1）3D 打印结构可行性问题

3D 打印建筑是水泥基材料的逐层叠加，打印构件表面粗糙程度不均，降低建筑美观效果，而且建筑构件尺寸要求不一，对相应的打印机要求也不一样，基于打印机的构造及工作原理会限制其应用范围。另外，3D 打印建筑物具有不可逆性，对打印机的打印过程具有严格要求，这增加了打印建筑精度的技术操作难度。同时，对于常见的高层建筑来说，一次性 3D 打印是无法做到的，只能先打印预制件再拼装，类似于装配式建筑，这就丧失了快速成型的优势。

（2）3D 打印材料问题

3D 打印水泥基材料在建筑工程打印中既要满足力学性能的要求，又要兼备良好的工作性能，同时还需要满足打印结构可建造性要求。下层材料需达到足够的强度和承载力，防止结构因为上层材料堆积导致变形，确保打印结构的精度，此外，打印结构的配筋或打印材料与特种纤维的黏结也是工程应用中的一大难题。由于混凝土是脆性材料，为了克服其脆性破坏，需要对混凝土结构进行配筋或纤维增强。目前打印建筑结构中钢筋的放置多采用手动放置，背离了机械化、自动化的初衷，同时也降低了建筑工程的施工效率。而在纤维增强方面，由于挤出的 3D 打印混凝土存在明显的各向异性，导致打印结构存在层间薄弱环节，目前纤维增强仍无法解决这一方面难题，解决方法仍有待研究。

4. 发展方向

虽然建筑工程 3D 打印技术目前在实体建造的相关基础性研究和工程应用中略显不足，但其发展潜力巨大，建筑工程的 3D 打印技术虽然是一项新兴技术，但是其与传统混凝土结构制造工艺也存在相通之处，有待明确打印材料发展方向，厘清打印结构发展思路，制定打印工程发展战略。依据国内外建筑行业发展现状，3D 打印技术有潜力在建筑领域逐步应用、逐渐替代当下传统建筑技术，即便不能完全替代传统建筑方式，也将是新技术与传统工艺更深层次融合的补充。

将来可能通过科技进步，进一步实现材料粉末甚至分子层级重组的技术突破，最终实现建筑工程 3D 打印在本质上颠覆整个传统建筑领域，实现真正意义的自动化、机械化、智能化的增材制造。对于国内建筑行业，我们需要专注于升级为集成式、精细化、技术密集型的新生产方式，着力发展具有自主知识产权的建筑工程 3D 打印技术，以数字建造技术构建我国建筑行业的信息化时代，为全面推进绿色智能建造贡献中国力量。

4.1.2 3D打印金属

1. 3D打印金属材料及工程应用

金属增材制造发展至今，所涉及的材料种类众多，可以分为五个体系，主要有钛合金体系、铝合金体系、镁合金体系、铁基合金体系、高温合金体系。

铝合金（AlSi10Mg）是首批经鉴定并优化用于3D打印的金属增材制造材料之一，广泛用于生产汽车和航空航天零件。

钛合金被广泛应用于航空航天、生物医学、化工等领域，其中Ti-6Al-4V（TC4）是最早也是最广泛应用于金属增材制造技术的合金。西北工业大学与中国商用飞机有限公司合作，采用激光立体成形技术，为国产大飞机C919制造了最大尺寸为3070mm且最大变形量小于0.8mm的中央翼缘条，并且力学性能通过了飞机厂商的测试。

在增材制造技术发展史上，钢也是被广泛用于成形研究的重要材料，可分为不锈钢、高强钢和模具钢。304和316L奥氏体不锈钢粉末是最先研发用于激光成形的不锈钢材料，现已成为增材制造市场上典型的加工材料。

镍合金是发展最快、应用最广的高温合金之一，广泛应用于航空航天、石油化工、船舶等领域。常用来制造飞机发动机部件，如关键的旋转部件、机翼、支撑结构和压力容器。

各材料体系的主要材料及材料特点见表4-1。

表4-1 各材料体系的主要材料及材料特点

材料体系	主要材料	材料特点
钛合金	TC4、TC11、TC21、Ti5553、Ti-8Al-1Er、Ti6Al7Nb	比强度高、耐腐蚀、耐高温、兼容性好
铝合金	AlSi12、AlSi7Mg、AlSi10Mg、Al7Si0.6Mg、Al-Si9Cu3	密度低、强度高、耐高温、耐腐蚀、塑性好
镁合金	Mg-9%Al、AZ91D、AZ31	密度小、比强度高
铁基合金	316L、304L、M2高速钢、H3模具钢	耐腐蚀、耐高温、力学性能良好
高温合金	Inconel 625、Inconel 718、Waspaloy、Inconel 939、Ni-Ti形状记忆合金	耐高温、耐腐蚀、抗氧化、塑性好

2. 3D打印金属技术工艺及设备

3D打印金属技术起源于20世纪80年代后期的美国，在20世纪90年代传入我国。经过多年的发展，我国取得了突破性发展。3D打印金属技术主要分为粉末床熔合（Power Bed Fusion，PBF）技术和定向能量沉积（Directed Energy Deposition，DED）技术两大类，如图4-1所示。下面主要介绍选择性激光烧结技术、选择性激光熔化技术、电子束熔化技术和电弧增材制造技术四种。

选择性激光烧结（Selective Laser Sintering，SLS）技术于1989年由美国得克萨斯大学Dechard提出，1992年美国DTM公司将SLS技术引入市场，随后德国EOS公司也将SLS技术应用于市场。

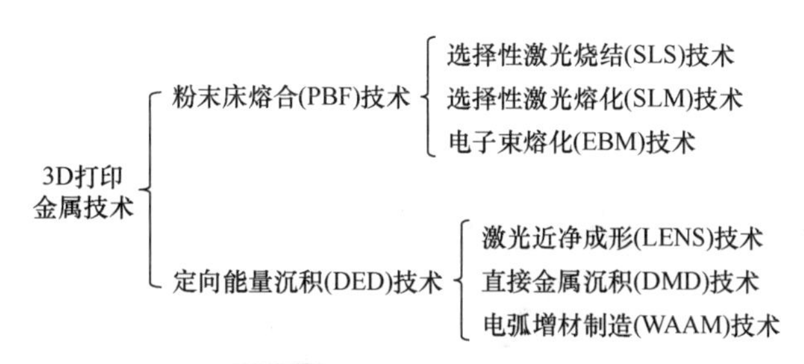

图 4-1　3D 打印金属技术

选择性激光熔化（Selective Laser Melting，SLM）技术最早在 1995 年由德国 Fraunhofer 研究所提出，2003 年英国 MCP 公司研制出世界上第一台 SLM 打印机，在国内，华中科技大学、华南理工大学和南京航空航天大学的设备硬件部分已达到国际先进水平。

电子束熔化（Electron Beam Melting，EBM）技术与 SLS、SLM 技术相似，EBM 技术将热源由激光换成了电子束。2003 年，瑞典的 ARCAM 公司推出了全球第一台 EBM 打印设备 EBM-S12。该项技术的核心一直被外国人掌握，像 ARCAM 公司可通过该技术为病人量身定做可植入人体的关节等。在国内，清华大学林峰教授团队申请了我国最早的 EBM 成形设备专利，并开发了我国第一台实验室用 EBM 成形设备。

电弧增材制造（Wire and Arc Additive Manufacturing，WAAM）技术起源于 1925 年美国西屋电器 Baker 申请的一项专利。1988 年英国诺丁汉大学 Spencer 等人提出了熔化极气体保护焊（GMAW）三维焊接成形方法。1992 年 Ouyang 等人采用变极性 TIG 焊接堆积成形 5356 铝合金构件。英国 Cranfield 大学采用 WAAM 技术制作了一个长 6m、重 300kg 的双面翼梁，提出 WAAM 技术可比传统制造技术节省费用达 70%，并且可大大缩短大、中型结构制品的交货时间。荷兰 MX3D 公司采用 WAAM 技术制造了世界上第一座 3D 打印钢桥。

4.2　建筑机器人

4.2.1　定义及主要类型

建筑机器人是一种服务于建筑、土木工程领域的机器人，不仅可以替代人类执行简单重复的劳动力，而且施工质量十分稳定、高效，在严酷和极端危险的环境下可长期工作，避免了人工作业的安全隐患，适应性极强，操作空间大。它既可以协助人类工作，又可以运行预先编排的程序，还可以根据人工智能技术自主行动，进而取代人类在建筑施工中工作。不同施工工序使用的建筑机器人不同。

1. 混凝土、钢筋施工工序

（1）应用场景

应用于高精度地面的施工作业及地库混凝土施工作业（图 4-2）。

（2）建筑机器人类型

智能随动式布料机、地面整平机器人、地面抹平机器人、地库抹光机器人、拆/布模机器人、钢筋绑扎机器人、焊接机器人。

图 4-2 用于混凝土施工的机器人

（3）机器人施工优势

1）工期优势：免去二次找平层施工，混凝土施工一次成型，缩短工期。

2）质量优势：平整度、水平度达到施工要求；减少开裂空鼓，降低复工率。

3）成本优势：采用“机器人+人”施工方式，减少现场施工人员数量，有效降低施工成本。

2. 混凝土修整工序

（1）应用场景

应用于主体结构阶段混凝土修整，主要包括混凝土打磨及螺杆洞封堵等施工工序（图 4-3）。

图 4-3 用于混凝土修整的机器人

（2）建筑机器人类型

混凝土内墙打磨机器人、混凝土顶棚打磨机器人、螺杆洞封堵机器人。

（3）机器人施工优势

1）效率优势：打磨机器人对比传统人工工效提升超 2 倍。

2）质量优势：联合测量机器人使用，精准定位施工区域，成型面质量观感好、平整度好。

3. 室内精装修施工工序

（1）应用场景

应用于精装修阶段，主要包括内墙面腻子油漆工程、墙纸铺贴工程、墙地砖或木地板铺贴工程等施工工序（图 4-4）。

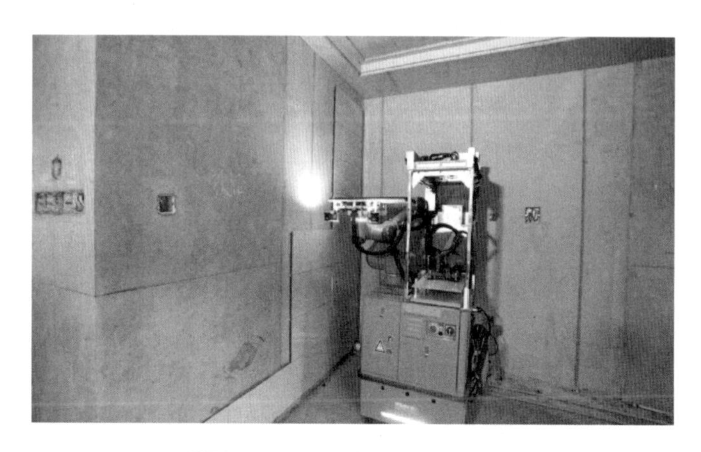

图 4-4　用于室内精装修的机器人

（2）建筑机器人类型

腻子涂敷机器人、打磨机器人、室内喷涂机器人、室内辊涂机器人、墙纸铺贴机器人、墙砖铺贴机器人、地砖铺贴机器人、地板安装机器人。

（3）机器人施工优势

1）效率优势：装修类机器人施工工效为传统人工的 2~7 倍。

2）质量优势：墙面油漆工程漆面均匀，观感良好；墙地砖铺贴平整度好，空鼓率低。

3）健康优势：减少粉尘及有害物质吸入，降低施工人员患职业病风险。

4.2.2　发展现状

美国、欧洲、日本及新加坡等国家和地区机器人研发起步较早，然而受建筑产品的非标准化、建筑场景的动态性强、建筑机器人技术复杂等因素的影响，目前大部分建筑机器人产品处于研发阶段，近年来部分产品开始陆续走出实验室，已投入或即将投入商用阶段。

国内主要建筑机器人企业大多在 2018 年后才成立，目前国内入局建筑机器人的企业主要包括五大类：①建筑施工单位；②建材销售企业；③建筑机械企业；④科技转型的地产公司；⑤有工业/协作/移动机器人背景的初创企业。

1. 建筑机器人的优点

（1）出错率低

在建筑中使用机器人最重要的优点之一是最大限度地减少错误。机器人可以保证准确，并且在这方面可以将人为错误锁定在施工过程之外。更少的错误会减少工期的延误时间和维修活动。所有这些因素都可对整个项目的预算带来积极影响。

(2) 节约施工过程的成本

机器人可以在节约施工过程的成本方面发挥重要作用。项目延迟的最小化以及完成任务效率的最大化都可以节约成本。

(3) 保护劳动力

在施工过程中加入机器人可以为建筑工人带来两个重要的好处。首先，机器人可以负责繁重的工作，节约了劳动力。此外，机器人可以更准确地完成一些最危险的任务，工作场所的安全性也将得到改善。

2. 建筑机器人的缺点

(1) 维护保养复杂

建筑机器人对操控、维护保养人员有一定的要求，要求相关人员有一定的操控及维护保养知识基础。

(2) 造价高昂

由于建筑机器人研制时间较长，研制经费较高，并且生产数量不多，因此价格普遍昂贵，施工单位难以大量配备。

4.3 空中造楼机

空中造楼机是一种位于建筑物外围、可自动升降的大型钢结构框架，高度集成了具备各种起重、运输、安装功能的机械部件及多道施工作业平台，通过格构式钢管升降柱与多道桁架式水平附墙稳定支撑，组合成为一台模拟“移动式造楼工厂”的大型特种机械装备。其依靠设置在地下室的液压顶升和机械丝杆双保险传动机组强大的液压驱动力，以及沿建筑主体结构剪力墙敷设的型钢轨道，强制造楼机升降柱标准节自主升降，构建自动化升降现浇标准作业工序，运用人工智能和5G工业互联网技术，实现远程控制下的自动化绿色建造。

空中造楼机的优点如下：

1）高空、高危、重体力人工作业工序基本上被机械作业取代，运行安全、工程质量、建造周期、建安成本依靠人为控制的方式被自动化程序控制方式取代，彻底转变了高层建筑的建造方式。

2）与传统建造方式定额用工相比较，用工量减少80%以上，由需要大量人力转换为只需少量产业技术工人。

3）无须配套建设占用大量耕地的大型预制构件厂，建造过程配套产业链均为标准化、轻量化桁架钢筋网，物流环节相对高效与节能。

4）建筑垃圾、粉尘排放量大大减少，装备运行环境噪声小于45dB。

由中建三局自主研发的具有承载力高、适应性强、集成度高、智能综合监控四大特点的空中造楼机——超高层建筑智能化施工装备集成平台在北京中信大厦项目中投入使用。该平台长43m、宽43m、高38m。工作时，分布在大楼核心筒外侧墙体的12个液压油缸合力将平台顶推上升，平台顶推力达4800t，可顶起3200辆小型汽车，同时可抵御14级大风。它集成了大型塔式起重机、施工电梯、布料机、模板、堆场等设备设施，随主体结构一同攀升。整个平台四周全封闭，如同移动制造工厂，工人置身其中如履平地，可同时进行四层核心筒立体施工，显著提升了超高层建筑建造过程的工业化及绿色施工水平，主体结构施工速度最快 3d 一层楼，可节约工期 56d。

中建八局自主研发了“天蝉”住宅施工系统，如图 4-5 所示。该系统集轻量化、模块化、装配化、平台化、智能化、绿色化特点于一体，具有施工高效、安全可靠、经济实用、质量可控等优点，用工数量减少一半，工期可缩短约 1/3。

图 4-5 “天蝉”住宅施工系统

4.4 无人机

4.4.1 无人机遥感测绘技术的基本原理

传统的测绘方式是用全站仪、水准仪在地面上人工测绘，然后根据测量的数据，绘制出地形地貌图，这种方法耗时长、劳动量大。相较传统的测绘方法，无人机遥感测绘方法劳动量小，仅需一人操控无人机，处理拍摄到的影像，使之形成完整的地形地貌图，具有获取速度快且精确、成本低、技术含量高等特点。用于测绘的无人机航摄系统由遥感设备、数据传输系统、飞行导航与控制系统、飞行平台、地面监控系统组成。可以使无人机在数千米高度范围内获得施工现场及周边环境的高分辨影像，利用数据传输系统将航摄影像传输至影像处理系统或软件，获得高质量的测绘图。

建筑施工现场无人机应用依托无人机平台、实时监测系统、信息系统。根据现场管理需求，设置实时监测，获取监测视频、音频信息，将信息存储到数据服务器，然后进行判断运算，为现场管理人员提供管理决策建议，可通过移动终端申请访问数据库，调取历史施工现场信息。连接报警装置，针对性发出警报。

4.4.2 无人机遥感测绘技术的优缺点

无人机遥感测绘技术的发展非常迅速，其准确性和安全性都在不断提升，在我国的发展已经日趋成熟，并且达到了相关的标准。无人机遥感测绘技术在工程测绘、地质勘探方面发挥着举足轻重的作用，通过与计算机技术的有效融合，让图像处理和采集工作变得更加顺畅，保证测绘工程的效率和质量。无人机的优势不仅是投入较少、成本较低，而且在测绘过程当中，可以大幅度提升航拍的速度；同时，无人机自身的适应能力和调整能力也相对较强，图像采集功能逐渐完善。无人机遥感测绘技术相比于传统的测绘技术来说，其能够对采集到的数据进行快速的处理，同时回传图像的分辨率也能够满足相关行业的需求，当前无人机遥感测绘所得图像的分辨率已经能够达到各类载客飞机所需要的标准。

无人机遥感测绘技术也存在一些缺点。首先，无人机航空具有不稳定性，机体轻巧灵敏是优势，但同时也容易在高空飞行时受到上空风力作用的影响而使飞行变得不稳定；其次，传感器控制不够完美，受技术限制，普通无人机不能用在高精度的传感器中，即不能获得用于监视动作的高精度信息图像，无法满足大规模映射的要求；最后，无人机对通信系统的依赖较大，受通信系统的限制和影响。

4.4.3 无人机遥感测绘技术应用

1. 应用环境

在一些特殊的复杂条件下，如云层覆盖率低、着陆条件不理想、高山或者低空飞行时，人工测绘无法取得理想的结果，这时可应用无人机遥感测绘技术，将复杂地形的测绘工作变得简单，同时保证测绘的质量和测绘人员的安全。在具体应用时，应将无人机遥感测绘技术和航空摄影设备结合起来，航空摄影设备的作用是拍摄复杂地形的图像资料，这些资料可以为救援工作提供信息基础。此外，可利用无人机遥感测绘技术合理、有效地进行大型城市规划项目和新农村的建设、各资源开发利用项目和土地资源利用等工作。

2. 精准度分析

无人机遥感测绘技术主要通过数字摄影的模式来对样本进行拍摄和信息收集，对摄影设备的要求较高，为保证平面拍摄的清晰度，其搭载的摄影设备一般较为先进，因此其采集到的样本可用于精准度分析。数据分析的精准度与拍摄质量息息相关，对于工程测绘结果有着重要的影响。

3. 测绘数据处理

利用无人机遥感测绘技术可实现对数据的收集与整理，利用自动或手动的机制实现系统化设计和处理。利用该技术最大的优势是实现对信息的优化审核，去除不合格的参数和数据，提高测绘数据的有效性和准确性，确保维护设备和技术管理效果的有效性，通过系统的处理机制的建设和应用来促进管控效果与处理水平的升级优化。此外，通过对无人机遥感测绘技术的应用来对项目航线进行准确、有效的整合处理，保证操作流程和控制的完整，满足测绘数据成功获取的需要。

思考题

1. 什么是 3D 打印？
2. 3D 打印混凝土对材料性能的要求包括哪些？
3. 3D 打印金属技术包含哪些类别？
4. 常见的建筑机器人包括哪些？举例说明。
5. 空中造楼机的优点包括哪些？
6. 无人机遥感测绘技术的优点和缺点分别是什么？

参考文献

[1] 杜修力，刘占省，赵研. 智能建造概论［M］. 北京：中国建筑工业出版社，2021.

[2] 龙武剑. 智能建造概论［M］. 北京：清华大学出版社，2023.

[3] 刘文锋，廖维张，胡昌斌. 智能建造概论［M］. 北京：北京大学出版社，2021.

[4] 夏锴伦，陈宇宁，刘超，等. 混凝土 3D 打印建造的低碳性研究进展［J］. 建筑结构学报，2024，45（3）：15-33.

[5] 常西栋，李维红，王乾. 3D 打印混凝土材料及性能测试研究进展［J］. 硅酸盐通报，2019，38（8）：2435-2441.

[6] 黄雅楠，杨璐，李笑林. 3D 打印金属结构研究进展与展望［C］//中国钢结构协会结构稳定与疲劳分会第 17 届（ISSF-2021）学术交流会暨教学研讨会论文集. 西安，2021：162-166.

[7] 刘理想. 电弧增材制造堆积形貌研究及堆积过程数字孪生模拟［D］. 湖南：南华大学，2020.

[8] 龚剑，房霆宸. 数字化施工［M］. 北京：中国建筑工业出版社，2019.

第5章 绿色建筑设计

关于绿色建筑，大卫和鲁希尔·帕卡德基金会曾经给出过一个直白的定义：任何一座建筑，如果其对周围环境所产生的负面影响要小于传统的建筑，那么它就可以被称之为绿色建筑。这一概念昭示我们传统的现代建筑对于人类所生存的环境已经造成过多的负担。以欧洲为例，欧盟各国一半的能源消费都与建筑有关，同时还造成农业用地损失、污染及温室气体排放等相关问题，因而需要通过设计与建造方式的改变，应对 21 世纪的环境问题。2020 年 9 月，习近平总书记在第 75 届联合国大会一般性辩论上宣布："中国将提高国家自主贡献力度，采取更加有力的政策和措施，二氧化碳排放力争于 2030 年前达到峰值，努力争取 2060 年前实现碳中和。"实现碳达峰、碳中和是中国向世界做出的庄严承诺，是以习近平同志为核心的党中央推动生态文明建设的重大战略决策。

我国的 GB/T 50378—2019《绿色建筑评价标准（2024 年版）》对绿色建筑的定义是"在全寿命期内，节约资源、保护环境、减少污染，为人们提供健康、适用和高效的使用空间，最大限度地实现人与自然和谐共生的高质量建筑"。绿色建筑是将可持续发展理念引入建筑领域的结果；是转变建筑业增长方式的迫切需求；是实现环境友好型、建设节约型社会的必然选择；是探索解决建筑行业高投入、高消耗、高污染、低碳排等问题的根本途径。

5.1 绿色建筑场地规划设计

5.1.1 绿色建筑的规划选址

绿色建筑的规划设计就是分析构成气候的决定因素、辐射因素、大气环流因素和地理因素的有利及不利影响，通过建筑的场地选址、规划布局，对上述因素进行充分的利用、改造，形成有利于节能低碳的微气候环境。

1. 保护场地生态环境

绿色建筑场地选择与规划要坚持可持续发展的思想。绿色建筑场地选择与规划应从两方面考虑：一是考虑自然环境如地形地貌、风速、日照等对建筑节能的积极作用，避免场地周围环境对绿色建筑本身可能产生的不良影响；二是减少建设用地给周边环境造成负面影响。具体如下：

1）应充分利用场地周边的自然条件，尽量保留和利用现有适宜的地形、地貌、植被和自然水系；在建筑的选址、朝向、布局、形态等方面，充分考虑当地气候特征和生态环境；优先选用已开发且具备城市改造潜力的用地，场地环境安全可靠，远离污染源，并对自然灾害有充分的抵御能力；保护自然生态环境，尽可能减少对自然环境的负面影响，注重建筑与自然生态环境的协调。

2）合理利用土地资源，保护耕地、林地及生态湿地。禁止非法占用耕地、林地及生态湿地，禁止占用自然保护区和濒危动物栖息地，对荒地、废地进行改良、使用。

3）应避免靠近城市水源保护区，以减少对水源地的污染和破坏。区域原有水体形状、水量、水质不因建设而被破坏；自然植被与地貌生态价值不因建设而降低，减少废水、废气、废物的排放，减少热岛效应，减少光污染和噪声污染，保护生物多样性，维持土壤、水生态系统的平衡等。

2. 保证场地安全健康

风暴、洪水、泥石流等自然灾害对建筑场地会造成毁灭性的破坏。绿色建筑场地选址与规划必须保证场地环境安全可靠，确保对自然灾害有充分的抵御能力。设计人员需掌握所选场地的地质与水文状况、气象条件等资料，并从防灾减灾角度对其做出分析评价。场址用地应位于 200 年一遇洪水水位之上或有可靠的城市防洪设施，使防汛能力达到要求；避开可能产生泥石流、滑坡等自然灾害的地段；避开对建筑抗震不利的地段，如地质断裂带、易液化土、人工填土等地段；冬季寒冷地区和多沙暴地区应避开容易产生风切变的地段等。

场地内的氡、电磁波等对人的健康也会产生危害。能制造电磁辐射污染的污染源很多，如电视广播发射塔、雷达站、通信发射台、变电站、高压电线等。此外，如油库、煤气站、有毒物质车间等均有发生火灾、爆炸和毒气泄漏的可能。为此，绿色建筑选址必须符合国家相关的安全规定。

建设项目场地周围不应该存在污染物排放超标的污染源，包括油烟未达标排放的厨房、车库、超标排放的燃煤锅炉房、垃圾站、垃圾处理场及其他工业项目等。这里的污染源主要是指易产生噪声的学校和运动场地，易产生烟、气、尘、声的饮食店，修理铺，锅炉房和垃圾转运站等。在规划设计时应采取有效措施避免超标，同时还应根据项目性质合理布局或利用绿化进行隔离。

3. 充分利用当地自然资源条件

建筑选址是决定建筑其他设计的基础。必须避免因地形、周围环境等条件造成的空气滞留或风速过大。应尽量选择对区域生态环境影响最小的地区，同时充分利用区域内的道路、绿化、湖水等空间将风引入，并使其与夏季主导风向一致。综合不同资料作为设计的前期准备工作，应考虑充分利用建筑所在环境的自然资源条件，遵循气候设计方法和建筑技术措施，尽可能减少对常规化石能源的依赖。

（1）顺应气候条件特征

室外气候因素包括温度、湿度、风和太阳辐射等，直接影响室内热环境。对于绿色建筑来说，太阳辐射是最重要的气候因素。在寒冷地区太阳能可以帮助供暖，而在炎热地区，主要的问题是避免太阳辐射引起的室内过热。在规划设计中应十分重视研究太阳辐射对建筑的影响。被动式太阳能建筑主要是利用太阳辐射的直射能量。太阳辐射会影响到建筑朝向、建筑间距的选择以及街道和开放区域的太阳入射情况。

传统建筑中建筑适应地区气候而建造的案例很多，这里以北京四合院、中东民居、北欧住宅为例说明建筑形式与地区气候和建筑节能的关系。

图 5-1 所示北京传统建筑四合院很好地适应了我国北方冬季寒冷、风沙大，需要避风建造，而夏季干热需要满足遮阴、乘凉的需要。

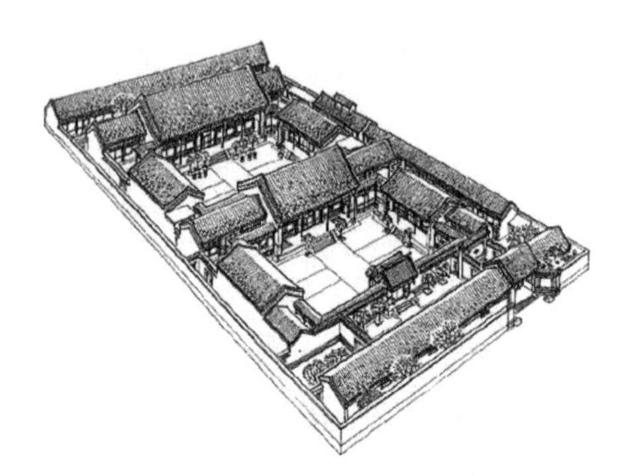

图 5-1　北京典型住宅——四合院

从图 5-2 所示中东民居形式可以看出，其单体建筑外墙厚重、开窗较小，便于防热、防风沙，建筑群体布局较为密集，利于建筑之间相互遮阴防热。这种大建筑、小窗户和浅颜色在炎热干燥的气候中是典型的。在这样的气候区，平屋顶和建筑物挤在一起以相互遮蔽是很常见的。

图 5-3 所示的北欧传统住宅建筑利用当地丰富的森林资源以木材作为建筑的外围护结构，利用木材较小的导热系数起到良好的保温作用，开窗采用双层窗或者多层窗增加保温性能，减少冷风渗透，提高室内的热舒适度。

图 5-2　中东民居

图 5-3　北欧传统住宅建筑

（2）利用地形条件特征

建筑所处位置的地形地貌，如是否位于平地或坡地、山谷或山顶、江河或湖泊水系，将直接影响建筑室内外热工环境和建筑耗热的大小。选址时建筑不宜布置在山谷、洼地、沟底等凹形地域。这主要是考虑冬季冷气流在凹地里会对建筑物产生霜洞效应，位于凹地的底层或半地下室层面的建筑若保持所需的室内温度，所耗的能量将会增加。图 5-4 显示了这种现象。但是，对于夏季炎热的地区而言，建筑布置在上述地区却是相对有利的，因为这些地方往往容易实现自然通风，尤其是到晚上，高处的凉爽气流会流向凹地，把室内热量带走，在节约能耗的基础上改善了室内热环境。

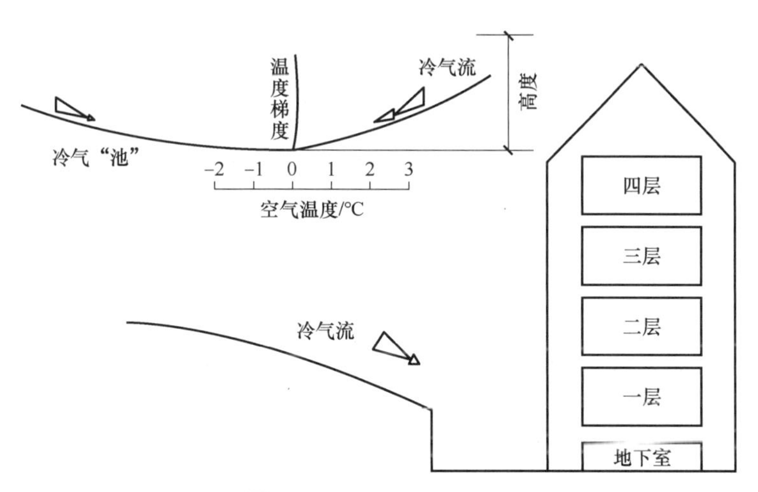

图 5-4　凹地对建筑物的霜洞效应

江河湖泊丰富的地区，因地表水陆分布、地势起伏、表面覆盖植被等不同，在白天太阳辐射作用和地表长波辐射的影响下，产生水陆风而形成气流运动。在进行建筑设计时充分利用水陆风以取得穿堂风的效果，对于改善夏季热环境、节约空调能耗是非常有利的。

（3）选择适宜的建筑朝向与布局

人们日常生活、工作中离不开阳光，在规划设计中要注意合理利用太阳辐射，例如针对寒冷地区冬季，住宅规划设计应在满足冬至日规定最低日照小时数的基础上尽可能争取更长的日照时间，因此要在基地选择、朝向选择和日照间距上仔细考虑。在居住建筑设计中应从以下几个方面争取最佳日照：

1）基地应选择在向阳、避风的地段上。冷空气对建筑物围护体系的风压和冷风渗透均对建筑物冬季防寒保温带来不利影响，尤其是严寒地区和寒冷地区。居住建筑应选择避风基地建造，应以建筑物围护体系不同部位的风压分析作为设计依据，进行围护体系的建筑保温与建筑节能，以及开设各类门窗洞口和通风口的设计。

2）选择建筑的最佳朝向。对严寒和寒冷地区，居住建筑朝向应以南北向为主，这样可使每户均有主要房间朝南。而在夏季炎热的地区，则应适应当地的盛行风向，尽可能利用自然通风。对于绝大多数地区而言，由于冬夏两季盛行风向的不同，住宅小区的选址和规划布局可以通过协调与权衡来解决防风和通风问题，以实现节能目标。

3）利用住宅建筑楼群合理布局。住宅组团中各住宅的形状、布局、走向都会产生不同的风影区，随着纬度的增加，建筑风影区的范围也增大。所以在规划布局时，注意从各种布局处理中争取最好的日照。

5.1.2 绿色建筑布局

1. 建筑组团布局

合理设计建筑布局，可以形成优化微气候的良好界面，建立气候缓冲区，对建筑节能有利。影响建筑规划设计组团布局的主要气候因素有日照、风向、气温、雨雪等。在我国严寒及寒冷地区进行规划设计时，可利用建筑的布局，形成优化微气候的良好界面，建立气候防护单元，对节能很有利。设计组织气候防护单元，要充分根据规划地域的自然环境因素、气候特征、建筑物的功能、人员行为活动特点等形成完整的庭院空间。充分利用和争取日照，避免季风的干扰，组织内部气流，利用建筑的外界面，形成对冬季恶劣气候条件的有效防护，改善建筑的日照和风环境，做到节能。

2. 建筑形体与朝向

建筑的形体对建筑能耗有较大的影响。从节能的角度出发，如总平面布置允许自由考虑建筑物的形体，则应首先选择长方形体形。

建筑的朝向对建筑的采光与节能有很大的影响。在规划设计中影响建筑朝向的因素很多，如地理纬度、地段环境、局部气候特征及建筑用地条件等。设计中应通过多方面因素分析，优化建筑的规划设计，采用本地区建筑最佳朝向或适宜的朝向，我国大部分地区可采用南北朝向。朝向选择的原则是冬季能获得足够的日照并避开主导风向，夏季能利用自然通风并防止太阳辐射。具体需要考虑的因素有以下几个方面：

1）冬季有适量并具有一定质量的阳光射入室内。

2）炎热季节尽量减少太阳直射室内和居室外墙面。

3）夏季有良好的通风，冬季避免冷风吹袭。

4）充分利用地形并注意节约用地。

5）满足居住建筑组合的需要。

3. 建筑间距

绿色建筑设计时，还要特别注意建筑物之间应具有较合理的间距，以保证建筑能够获得充足的日照。应结合建筑日照标准、建筑节能、节地原则，综合考虑各种因素来确定建筑间距。居住建筑的日照标准一般由日照时间和日照质量来衡量。

5.2 绿色建筑物理环境设计

5.2.1 绿色建筑的风环境设计

建筑风环境是指室外自然风在建筑群、建筑单体、建筑周边绿化等影响下形成的风场。建筑环境风的两种基本模式为：①层流，空气各质点很有规律地等速平行移动，风速和风的流动路径可预知；②紊流（湍流），空气各质点不规则运动，测定紊流的速度和压力必须取各时间间隔的数值进行平均，但对紊流各质点的瞬间速度则很难准确测定。

1. 注意形体和空间设计

对于风压通风而言，一字形平面（尤其是单廊式的平面）效果最好，但往往节地效果不理想；内廊式建筑、普通住宅的进深不宜太大，一般以小于 14m 为宜，否则不利于自然通风；在形体处理上，可以采用组织内院、局部挖空、架空等处理方法，引入自然通风（图 5-5）。

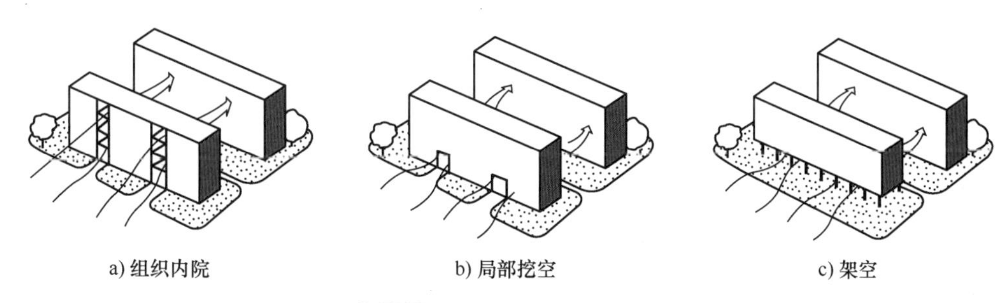

图 5-5　引入自然通风的方式

对于热压通风而言，通风效果取决于出风口与进风口之间的高差和温差，影响热压通风效果的因素及采取的措施见表 5-1。图 5-6 显示了如何利用高大空间、楼梯间、通风烟囱等组织热压通风，以及如何利用太阳能集热促进热压通风。

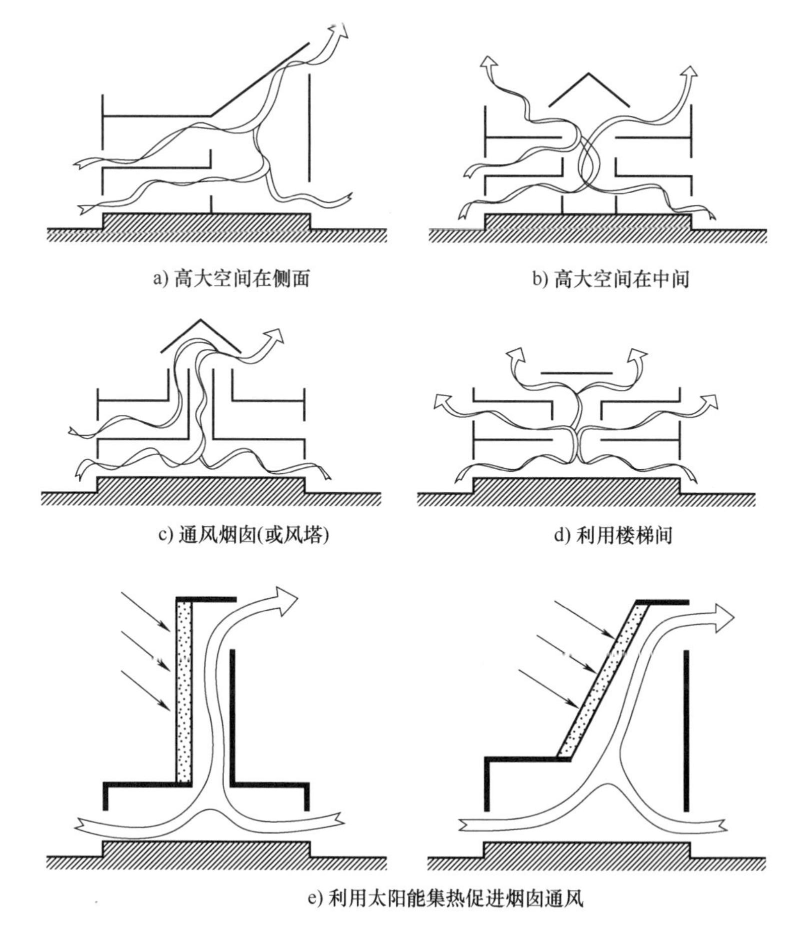

图 5-6　组织及促进热压通风的方法

表 5-1　影响热压通风效果的因素及采取的措施

影响因素	可能采取的设计措施
出风口与进风口之间的高差	进风口可以设置在底层的顶棚附近；出风口可以设置在顶楼的顶棚附近
出风口与进风口之间的温差	可以通过水体降低进风口空气的温度，通过加热设施加热出风口的空气

2. 注意开窗面积和方式

建筑物的开窗面积和方式涉及日照、天然采光、自然通风、建筑立面效果和节能效果等诸多因素，需要综合考虑。

（1）外窗的可开启面积

从节能的角度出发，可以通过窗墙面积比控制开窗面积；从采光的角度出发，可以通过窗地面积比确保开窗面积；从通风的角度出发，可以通过设定外窗的可开启面积或开口面积确保通风效果。

对于公共建筑，其外窗的可开启面积不应小于窗面积的 30%，透明幕墙应具有可开启部分或设有通风换气装置。

对于住宅，每套住宅的自然通风开口面积不应小于地面面积的 5%。采用自然通风的房间，其直接或间接自然通风开口面积应符合表 5-2 的规定。

表 5-2　采用自然通风的房间的自然通风开口面积规定

房间名称	自然通风开口面积
卧室、起居室、明卫生间	直接自然通风开口面积不应小于该房间地板面积的 1/20
	当采用自然通风的房间外设置阳台时，阳台的自然通风开口面积不应小于采用自然通风的房间和阳台地板面积总和的 1/20
厨房	直接自然通风开口面积不应小于该房间地板面积的 1/10，并不得小于 0.60m^2
	当厨房外设置阳台时，阳台的自然通风开口面积不应小于厨房和阳台地板面积总和的 1/10，并不得小于 0.60m^2

（2）外窗的开启原则

某种程度上，建筑立面设计就是研究如何开窗。外窗设置涉及不少因素，表 5-3 总结了一些开窗的基本原则。

表 5-3　建筑开窗的一些基本原则

项目	不同类型	基本原则
开口与风向	相对两面墙上开窗时	窗户与主导风向形成夹角较为有利
	相邻两面墙上开窗时	窗户与主导风向垂直较好
	仅在建筑一侧开窗时	窗户与主导风向形成夹角较为有利
开口尺寸	无法形成穿堂风时	窗户尺寸变化的影响不明显
	形成穿堂风时	进风口、出风口面积相等或接近时，自然通风的效果较好
		进风口、出风口面积不等时，室内平均风速取决于较小的开口

（续）

项目	不同类型	基本原则
开口位置	平面位置	进风口、出风口在相对墙面时，宜相对错开设置
		进风口、出风口在单面或相邻墙面时，宜加大二者之间的距离
	剖面位置	受到层高的限制，剖面方向的影响不大。建议可以适当降低窗台的高度（0.3~0.9m），有助于形成较好的室内通风效果
开启方式	平开窗	开启面积大，可以有导风作用
	旋转窗	开启面积大，可以有导风作用
	推拉窗	开启面积小，导风效果不明显
	悬窗	上悬窗有助于将风导向顶部，下悬窗有助于将风导向下部

3. 注意细部设计

自然通风对建筑细部设计也有一定的要求。表 5-4 显示了窗户导风构件的细部设计，导风构件的不同位置起到不同的自然通风效果。

表 5-4　窗户导风构件的细部设计

	好	较好	较差	差
单侧墙开窗	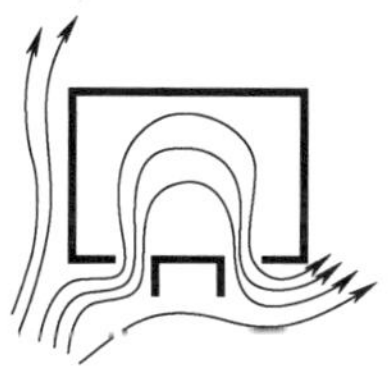	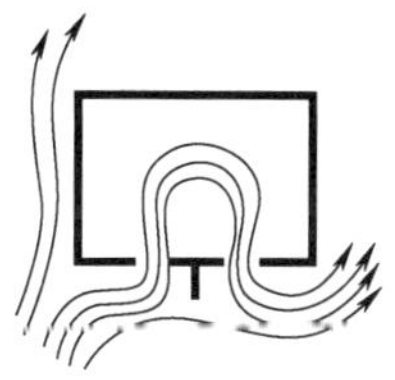		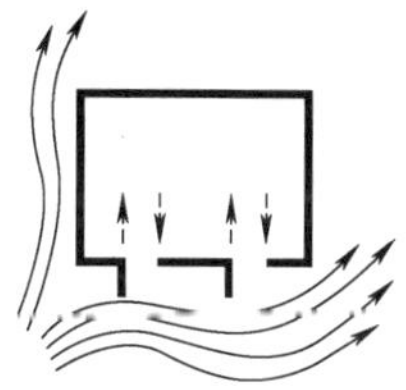
相邻两侧墙开窗			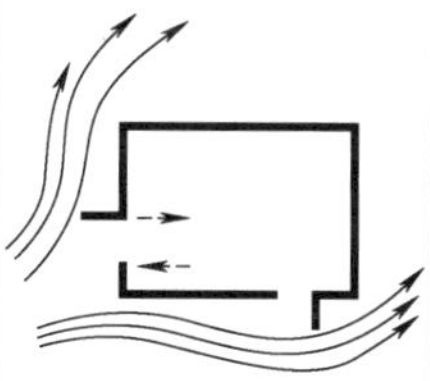	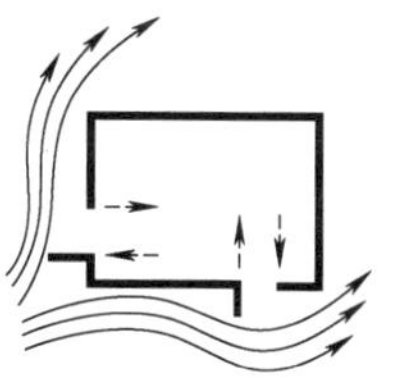
			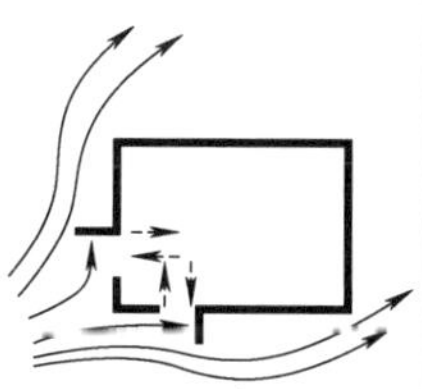	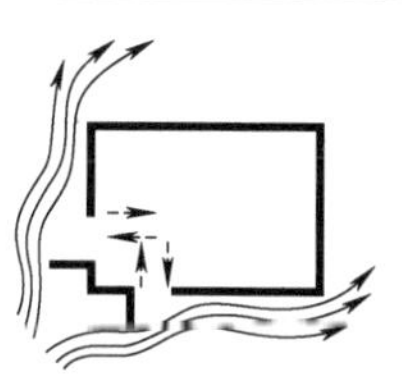

用于自然通风的构件如果经过巧妙的设计，完全可能成为建筑外观的有机组成部分，甚至成为建筑物的立面特征。通风构件可以设计成与建筑整体风格相协调的形态，如使用曲线、折线或几何图案，以融入或突出建筑的设计风格；可以添加特别的纹理或细节设计，如雕刻、镂空或特殊图案，以增加立面的层次感和艺术感；可以与绿色植物相结合，如在通风口周围设置植物墙或绿篱，既提供了自然通风，又增加了生态美感，如图 5-7 所示。

图 5-7 增加绿植

5.2.2 绿色建筑的光环境设计

1. 建筑光环境

建筑光环境是指由光（照度水平和分布、照明的形式）与颜色（色调、色饱和度、室内颜色分布、颜色显现）在室内建立的同房间形状有关的生理和心理环境。从设计的角度来说，室内光环境包括天然采光和人工照明两方面内容。

1）天然采光是通过不同形式的窗户以及建筑构件利用天然光线，使室内形成一个合理舒适的光环境。窗户大小、玻璃颜色、反射和折射镜等不同构件的组合可产生丰富多彩的室内光环镜。天然光线（太阳光线）具有固定丰富光谱。

2）人工照明是利用各种人造光源，通过灯具造型和布置设计，形成合理的人工光环境。人工照明不只局限于满足照度的需要，而要向环境照明、艺术照明发展，以满足人对不同光环境的心理需要。

2. 建筑光环境设计

（1）建筑形式与采光设计

直线形结构的建筑体量可以用长宽比来进行描述，当面宽窄到一定程度时，就可以通过侧面采光来获得自然光照。朝向也是个很重要的因素，因为建筑物的一个面往往比另一个面要长一些。南北向长轴朝向的建筑通常在早晨和下午时分的日照最强。建筑物的东西面在夏天接收到的日照多于冬天。建筑物东西面开窗不太适合用于照明，尤其是采用侧面窗照明。然而这个朝向可以用顶部采光提供全天恒定的天然采光。东西向长轴的建筑物通常获得最多的是来自南向的日照，这是一般首选的建筑朝向。在北半球的冬季，南立面能接收到最多的太阳辐射，而在南半球则恰恰相反。夏天高悬的太阳对于屋顶及各水平表面的影响最大。建筑物北面和南面最容易进行遮挡，只需提供一个简单的水平遮阳装置即可。

集中式的建筑形式拥有一个中心核，其他空间都围绕着中心核来组织。虽然内向和外向的景观并存，但总体而言，这种形式具有一种内向性。一种高密度的建筑体量很可能就是采用集中式的建筑形式，这种形式的长宽比常常相等。插入门廊、采光井或者庭院来减小集中式的建筑形式的进深是一种常用的方法。这些插入空间会成为建筑物空间的中心。

与集中式的建筑形式相比，成组团式的建筑形式更容易获得良好的日照。因为成组团式的建筑形式是由尺度较小的各种结构的空间体量所构成的，大面积的建筑表面有利于设计顶部采光或侧面采光。各个建筑体量和建筑侧翼之间的消极空间也可以用于向邻近空间收集和导入光线。

（2）建筑围护结构采光设计

1）屋顶的采光设计。自上方采光主要来自顶部采光与侧面采光，平天窗和高侧窗作为采光口是常见的形式。顶部采光与侧面采光相比，不易引起眩光，尤其是在低太阳角时。屋顶采光的空间形式、表面反射比是非常重要的因素。增加顶棚的高度可以改善光分布，所以可以减少所需的窗口数量，间接采光效果最佳。就顶部采光而言，竖向因素如墙壁，是最佳的受光面。利用顶部采光易于照亮墙面，艺术品照明经常使用顶部采光。需要照明的墙面和表面应具有高反射比，并且应当被置于视觉作业可见的范围内。

2）窗的采光设计。

① 窗的位置。侧墙采光应合理安排窗口位置，因为窗口位置会影响光分布及由此给人带来的感觉。在一面墙上，窗户可处于以下三个位置：上部、中部、下部。

a. 上部：从上部窗口可以看到全阴天空较明亮的天顶，因而在阴天也具有最佳的光分布（图 5-8）；在阳光灿烂的天气情况下，位于上部的窗口不能提供最佳的光分布。一个未经遮挡的上部窗口，有极大的可能会引入明亮的光线，使人产生眩光。高位置的窗口常常位于视线水平之上，如果进行适当的遮挡，则高位置的窗口能引入非常明亮的光线，同时又不会引起眩光。

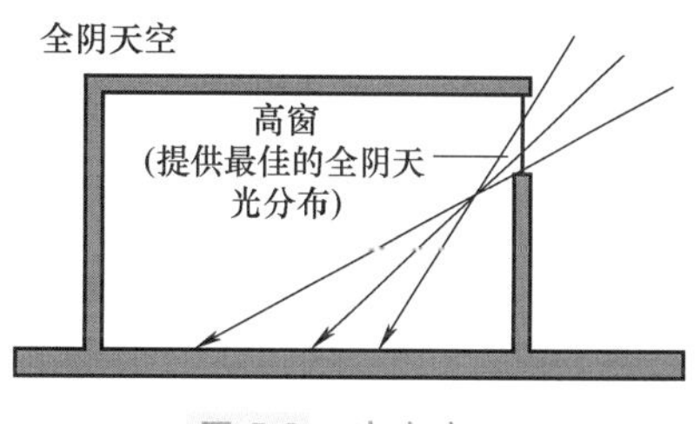

图 5-8　高窗窗口

b. 中部：位于中部的窗口在阳光灿烂的日子或者全阴天情况下的光分布不是最理想的，然而，由于它的位置能提供景观，因而它成为最常用的位置（图 5-9）。应当避免因明亮窗台产生的眩光和在视频显示终端屏幕上来自中部窗户的反射。

c. 下部：位于下部的窗口具有反射日光的最理想光分布（图 5-10）。因为这个位置的窗户使得光源和顶棚之间的距离达到最大，从而提供了最大的均匀度。在 2.5~3m 高的墙上开下部窗口，似乎不能令人愉悦，但在 6m 高的墙上这样做，就可能是非常受人欢迎的。

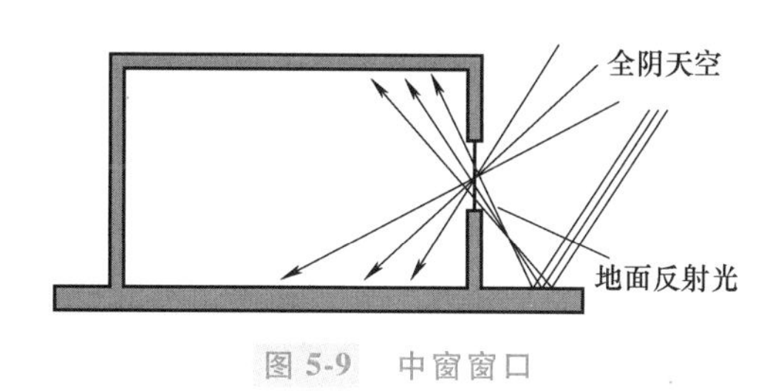

图 5-9　中窗窗口

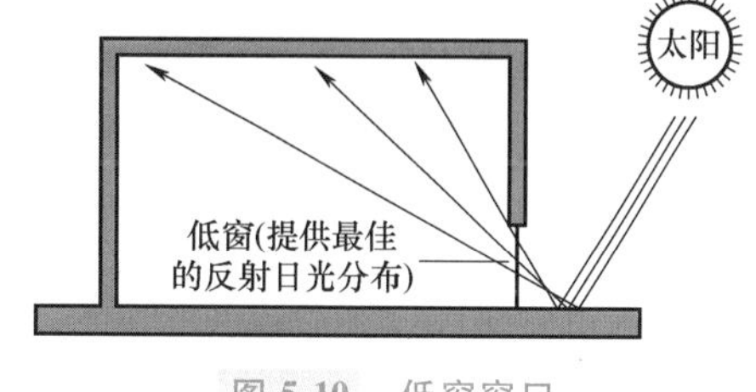

图 5-10　低窗窗口

实际上，上部、中部、下部的窗户往往会结合起来用。重要的是，应当意识到在阳光普照的情况下，将窗口的位置安排得尽可能低，可以形成最均匀的光分布。

② 窗的形式。将较低的窗台向外凸出，形成大面积的玻璃区域，使之类似于一个温室（图 5-11）。这种构造将使来自像全阴天空这样的面光源的照明达到最大，可以用在不需要加以遮挡的建筑朝向上。与之相反的是内倾斜的构造，这种构造的窗帽伸出低窗台之外。就像挑檐那样，这种构造对于地面反射日光而言是最好的，同时能够遮挡直射日光和天空光。

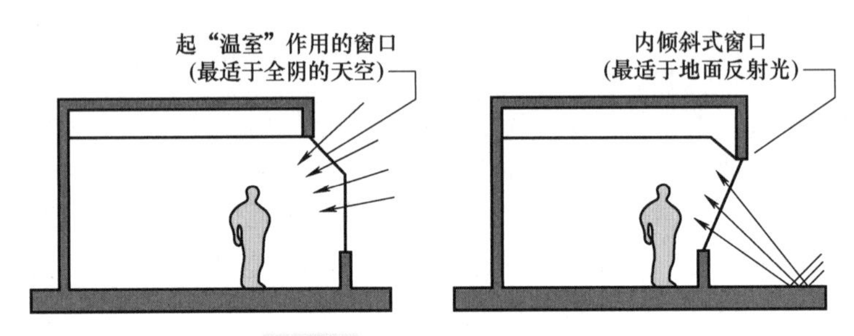

图 5-11　窗口的形式与采光

3）遮阳设施。若利用日光作为环境照明的光源，则必须对窗口进行遮挡，以控制眩光和得热。遮阳设施可分为水平型、垂直型，或者是两者组合的混合型。这些遮阳设施既起到了遮阳作用，又起到了装饰建筑立面的效果。

① 水平型。水平的遮阳设施能提供基于太阳高度角的遮挡（图 5-12）。最常见的挑檐形式对于北向和南向建筑立面特别有效。水平遮阳设施让低角度的阳光进入，而阻挡高角度的阳光。由于太阳高度角会随着季节而变化，它们的效能随着季节变更而变化。这对于那些在冬季（低角度）受益于得热的建筑很有好处。应当注意的是，在夏季不要阻隔掉太多的光线。

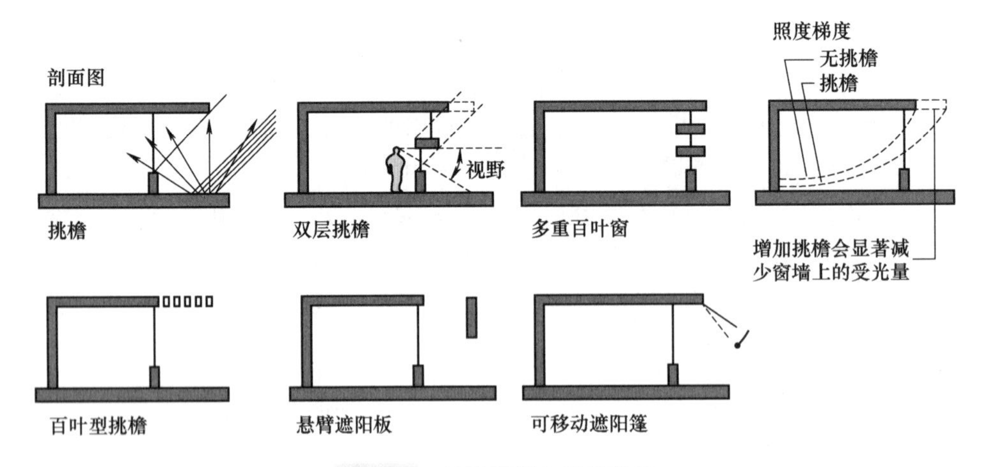

图 5-12　遮阳设施与建筑光线

② 垂直型。垂直的遮阳设施能提供基于太阳方位角的遮挡。垂直的遮阳设施能够阻挡小角度的阳光，因此它们常常用在面向东、西方向的窗口上。阻隔低角度阳光的同时也会阻

挡住视景，而且由于太阳方位角每小时会改变约 15°，因而可能会阻挡大量视景。可调节的垂直遮阳设施能够根据太阳方位角的变化而进行相应调节。

5.2.3　绿色建筑的声环境设计

1. 建筑声环境

（1）声环境的概念

建筑声环境是指在建筑内部和外部空间的声学环境，涉及声音的传播、衰减、反射、折射等现象。建筑声环境设计的主要目的是确保室内空间的听闻质量，降低噪声对人们生活的影响，提高人们的舒适度和生活品质。

（2）区域噪声的来源与危害

1）区域噪声来自于交通噪声、工厂噪声、施工噪声、社会生活噪声和自然噪声。其中，交通噪声的影响最大、范围最广。

2）区域噪声的危害。噪声即不需要的声音。一个人是否愿意听一种声音，不仅取决于该声音的响度，还取决于它的频率、连续性、发出的时间和信息内容，同时还涉及发出声音的主观意愿以及听到声音的人的心理状态。

① 损害听力。当人进入较强烈的噪声环境时，会觉得刺耳难受，经过一段时间会产生耳鸣现象，要在安静的地方停留一段时间，听力才会恢复，这种现象称为听觉疲劳。如果长时间处在这种强烈的噪声环境中，听觉疲劳就很难消除，以至于形成职业病——噪声性耳聋。长期在 90dB（A）以上的噪声环境中工作，就可能发生噪声性耳聋。

② 引起多种疾病。噪声作用于人的中枢神经时，使人大脑皮质的兴奋与抑制平衡失调。较强噪声作用于人体引起的早期生理异常一般都可以恢复正常，但久而久之，会影响植物性神经系统，产生头痛、昏晕、失眠、心跳加速和全身无力等多种症状。

③ 降低劳动生产率。在嘈杂的环境中人心情烦躁，工作容易疲劳，反应迟钝。噪声对于从事精密加工或脑力劳动的人影响更为明显。

2. 建筑声环境设计

（1）优化总体规划设计

在居住区规划及设计中采用缓和交通噪声的设计和技术方法，从声源入手控制车流量是减少交通噪声的关键。主要措施如下：

1）可在居住组团的入口处或在居住区范围内统一考虑和设置机动车停车场，限制机动车深入居住组团。保持较小的车流量和较低车速，避免行车噪声、汽车报警声和摩托车噪声的影响。

2）组团采用尽端式道路，或减少组团的出、入口数量，阻止车辆横穿居住组团。公共汽车首、末站不能设在居住区内部。

3）加强对居住区的交通管理，在居住组团的出、入口处或在居住区的出、入口处设置门卫、居委会或交通管理机构。

（2）临街布置对噪声不敏感的建筑

住宅退离红线总有一定的限度，绿化带宽度有限时，隔声效果就不显著。替代的方法是临街配置对噪声不敏感的建筑作为屏障，降低噪声对其后居住区的影响。对噪声不敏感的建筑是指本身无防噪要求的建筑物（如商业建筑），以及虽有防噪要求但外围护结构有较好的防噪能力的建筑物（如有空调设备的宾馆）。

利用噪声的传播特点，在居住区设计时，将对噪声限制要求不高的公共建筑布置在临街靠近噪声源的一侧，对居住区内的住宅能起到较好的隔声效果。对于受交通噪声影响的临街住宅，由于条件限制而不能把室外的交通噪声降低到理想水平，一般多采用“牺牲一线，保护一片”的总平面布局。沿街住宅受干扰较大，但可在住宅个体设计中采取措施，而小区其他住宅和庭院则受益较大。

(3) 在住宅平面设计与构造设计中提高防噪能力

由于基地技术因素或其他限制，在缓和噪声措施未能达到政府所规定的噪声标准的情况下，用住宅围护阻隔的方法来减弱噪声。在进行建筑设计前，应对建筑物防噪间距、朝向选择及平面布置等进行综合考虑。在防噪的平面设计中优先保证卧室安宁，即沿街单元式住宅，力求将主要卧室布置在背向街道一侧，住宅靠街的那一面布置住宅中的辅助用房，如楼梯间、储藏室、厨房、浴室等。当上述条件难以满足时，可利用临街的公共走廊或阳台，采取隔声减噪处理措施。

在外墙隔声中，门窗隔声性能应作为衡量门窗质量的重要指标。制作工艺精密、密封性好的铝合金窗、塑钢窗，其隔声效果明显好于一般的空腹钢窗。厚 4mm 单玻璃铝合金窗隔声量更是有显著的提高。改良后的双玻空腹钢窗隔声量也可达 30dB 左右。关窗，再加上窗的隔声性能好（或采用双层窗），噪声就可以降下来。但在炎热的夏季完全将窗密封是不可能的，可以采用自然通风采光隔声组合窗。目前，通风降噪窗隔声量可达 25dB 以上。这种窗用无色透明塑料板构成微穿孔共振吸声复合结构，除能透光、透视外，其间隙还可进行自然通风，同时又能有效降噪。

(4) 建筑内部的隔声

建筑内部的噪声大多是通过墙体和楼板传播的，主要是靠提高建筑物内部构件（墙体和楼板）的隔声能力来解决。当前，众多的高层住宅出于减轻自重方面的考虑广泛采用轻质隔墙或减小分户墙的厚度，导致其空气声隔声性能不能满足使用要求。当使用轻质隔墙时，应选用隔声性能满足国家标准要求的构造。

5.2.4 绿色建筑的热湿环境设计

1. 建筑热湿环境

室内热湿环境是指影响人体冷热感觉的室内环境因素，主要包括室内空气温度和湿度、室内空气流动速度以及室内屋顶墙壁表面的平均辐射温度等。一般来说，空气温度和湿度以及流动速度最容易被人体所感知，因此对人体热舒适感产生的影响也最为显著。但室内屋顶、墙壁等内表面温度会对人体形成环境辐射，对人体的热舒适感也会产生影响。

热舒适是指人体对热湿环境诸因素的主观综合反应。人体对冷和热是非常敏感的，当人长时间处于过冷或过热湿环境中，很容易引起疾病，影响健康。创造一个满足人体热舒适要求的室内环境，有助于人的身心健康，提高学习和工作效率。

绿色建筑的室内热湿环境除了保证人体的总体热平衡外，身体个别部位所处的条件对人体健康和舒适感往往有着非常重要的影响。例如，对热感觉有着特别重要影响的是处于热条件下的头部和足部，头部对辐射过热是最敏感的；在冬季，地板温度不应比室内空气温度低2℃以上。

建筑物内部空间环境质量的优劣与稳定总是受内外两种干扰源的综合影响：内扰主要包括室内设备、照明、人员等室内热湿源；外扰主要包括室外气候参数，如室外空气温度、空气湿度、太阳辐射、风速和风向的变化，以及邻室的空气温度、空气湿度的变化。这些均可通过围护结构的传热、传湿、空气渗透使热量和湿量进入室内，对室内热湿环境产生影响。建筑热湿环境设计方法可分为被动式方法和主动式方法。

2. 建筑热湿环境设计的被动式方法

所谓被动式方法，就是利用被动式措施控制室内热湿环境，主要是做好太阳辐射控制和自然通风这两项工作。基本思路是使日光、热空气在有利时进入建筑，其目的是对这些能量、质量适时、有效地加以利用，以及合理地储存和分配热空气和冷空气，以满足环境调控的需要。

（1）控制太阳辐射

太阳辐射是一把双刃剑，适量的阳光可以节约照明能耗、调节心情、杀灭有害细菌等；但夏季强烈的阳光透过窗户玻璃照到室内会引起居住者的不舒适感，同时还会大幅增大空调负荷。可以采用选用节能玻璃窗、设置遮阳板等措施，有效地解决这些问题。

1）选用节能玻璃窗。例如，在以采暖为主的地区，可选用双层中充惰性气体、内层为低辐射 Low-E 镀膜的玻璃窗，能有效地透过可见光和遮挡室内长波辐射，发挥温室效应；在供冷为主的地区，则可选用外层为 Low-E 镀膜玻璃窗或单层镀膜玻璃窗。这种窗能有效地透过可见光和遮挡直射日射及室外长波辐射。

2）采用能将可见光引进建筑物内部，而同时又能遮挡对周边区直射日射的遮檐。

3）采用通风窗技术，将空调回风引入双层窗夹层空间，带走由日射引起的中间层百叶温度升高的对流热量。中间层百叶在光电控制下自动改变角度，遮挡直射阳光，透过散射可见光。

4）利用建筑物中庭，将昼光引入建筑物内部。

5）利用光导纤维将光能引入室内，而将热能摒弃在室外。

6）最简单易行而又有效的方法是设置建筑外遮阳板，也可将外遮阳板与太阳能电池（即光伏电池）相结合，不但能降低空调负荷，还能为室内照明提供补充能源。

（2）有组织的自然通风

自然通风的优点很多，是广泛采用的一项技术措施，在绿色建筑技术中占有重要地位。

房间能否获得良好的自然通风，与开口之间的相对位置以及相对开口之间是否有障碍物等因素密切相关。显然，开在同一面外墙上的两个窗的自然通风效果不如开在相对的两面外墙上的同样大小的窗好。相对开着的窗之间如果没有隔墙或其他遮挡，很容易出现穿堂风。

建筑的平面布置灵活多变，很少有规律可循，对自然通风的影响也非常复杂。

公共建筑同样需要自然通风，但是与居住建筑相比，公共建筑的自然通风更难组织，而且不能规定通风开口面积与地板最小面积之比。在设计和建造公共建筑时，应根据公共建筑的具体情况，尽量考虑加强自然通风的各种可行措施，例如，许多高档办公建筑，玻璃幕墙面积越来越大，但幕墙的开口面积越来越小，应该加大幕墙上的可开启面积。当室外气象条件允许时，尽量加强自然通风，必要时还可以辅以机械通风。

（3）控制外墙内表面温度

室内屋顶、墙壁等内表面温度会对人体形成环境辐射，对人体的热舒适感也会产生影响，一般情况下，人体对内表面环境辐射不很敏感，但是在一些特定条件下，内表面环境热辐射也会给人带来明显的不舒适感觉。例如，夏季顶层房间的居住者常常会有一种烘烤感，原因就是屋顶的隔热性能太差，导致内表面温度过高，对人体形成强烈的辐射。类似的情况有时也会出现在下午的西墙内表面。

作为绿色建筑，屋顶和东、西外墙表面温度不能过高是必须满足的要求，外墙内表面温度不合理除了带来上述问题外，还会导致室内表面出现结露的问题，这会给室内环境带来负面的影响，如果长时间结露则还会滋生霉菌，对居住者和使用者的健康造成有害的影响。

3. 建筑热湿环境设计的主动式方法

由于建筑规模和内部使用情况的复杂性，在多数气候区不可能完全靠被动式方法保持良好的室内环境品质，需要采用机械和电气的手段，即主动式的方法，在高能效的前提下，按“以人为本”的原则，改善室内热湿环境。根据室内环境质量的不同要求，分别应用供暖、通风或空气调节技术来消除各种干扰。

（1）供暖

系统一般应由热源、散热设备和输热管道三个主要部分组成。供暖技术一般用于冬季寒冷地区，服务对象包括民用建筑和部分工业建筑。当建筑物室外温度低于室内温度时，房间通过围护结构及通风孔道会造成热量损失，供暖系统的职能则是将热源产生的具有较高温度的热媒经由输热管道送至用户，通过补偿这些热损失达到室内温度参数维持在要求的范围内。

（2）通风

通风就是把室内被污染的空气直接或经净化后排至室外，把新鲜空气补充进来，从而保持室内的空气环境符合卫生标准和满足生产工艺的需要。通风系统一般应由风机、进排风或送风装置、风道以及空气净化设备几个主要部分组成。建筑通风不但是改善室内空气环境的一种手段，而且是保证产品质量、促进生产发展的重要措施之一。

（3）空气调节

空气调节与供暖、通风一样负担建筑环境保障的职能，在室内空气环境品质中，空气温度、湿度、气流速度和洁净度（俗称“四度”）通常被视为空调的基本要求。通过空调进行加热、加湿、冷却去湿、过滤和消声等处理，对室内空气温湿度及其他环境参数加以控制，以满足人们生活、工作、生产与科学试验等活动对环境品质的特定需求。

5.3　建筑材料应用

5.3.1　建筑结构材料

1. 木结构材料

木材及其制品在制造过程中展现出显著的能源节约与低碳排放特性，相较于钢材、玻璃、水泥等传统建材，其节能减碳效益尤为突出。木材尤其是特殊处理的胶合木，兼具传统美观和设计强度，同时具备耐火性、绝缘性和尺寸稳定性，可用于大跨度直线或拱形结构，适用于各种公共建筑，具有环保优势，是一种前景广阔的新型建材。

木结构建筑中常见的结构类型包括重型胶合木结构和轻型木结构（图 5-13）。重型胶合木结构使用大尺寸胶合木构件，适用于桥梁和大型公共建筑，具有优异的力学性能和稳定性，适合大跨度设计。轻型木结构主要用于住宅和小型商业建筑，使用较小尺寸的木材构件，如墙体框架、楼板和屋顶系统，施工简单、成本低廉、节能环保，具有良好的隔热和抗震性能，在北美和欧洲广泛应用。

图 5-13　木结构示意图

2. 纤维复合材料

碳纤维复合材料（图 5-14）以其高强度和轻质特性成为加固建筑结构的理想选择。碳纤维复合材料具有非常高的拉伸强度，能够在较小的截面面积下承受较大的荷载，这对于加固梁、柱等结构部件非常重要。同时，由于其出色的抗拉性能和轻质特性，碳纤维复合材料能够有效地提高结构的韧性和延性，减少地震作用对结构的破坏。例如，在“东京迪士尼海洋公园酒店”项目中，通过应用该材料，有效降低了地震作用导致的变形，保障了人员和财产的安全。

图 5-14　碳纤维复合材料

玻璃纤维复合材料（图 5-15）具有优异的抗拉性能和耐候性，是一种常用于制作轻质、高强度幕墙板材的新型绿色材料，由于其优异的透光性和丰富的颜色选择，玻璃纤维复合材料可以满足建筑设计师对于外观美观和个性化的需求，为现代建筑提供了更多的设计可能性。例如，国家大剧院（图 5-16）的整个建筑外墙采用的就是玻璃纤维复合材料。

图 5-15　玻璃纤维复合材料

图 5-16　国家大剧院

3. 超高性能混凝土

超高性能混凝土（UHPC）是一种高强度、高韧性的新型建筑材料，因其卓越的力学性能和耐久性而在高层建筑结构中得到广泛应用。

在高层建筑结构中，UHPC 被广泛用于制作预应力构件、悬臂梁、柱子等承重构件。强大的抗压性能和出色的耐久性使得 UHPC 成为支撑高层建筑结构的理想材料。例如，美国芝加哥的威利斯大厦（图 5-17）的顶部天线支撑结构就采用了 UHPC 材料，这使得该结构能够承受高强度的风压和其他外部环境引起的振动，确保了建筑结构的安全可靠。

此外，UHPC 还常用于高层建筑的连接节点处，如楼板与柱子的连接节点，以及构件的拼接处。由于卓越的黏结性能和抗裂性能，UHPC 可以有效减小构件间的接缝，并提高连接的稳定性和可靠性，从而提高整体结构的抗震和抗风能力。例如，迪拜的哈利法塔（图 5-18）作为世界上著名的建筑之一，其庞大的结构中采用了大量的 UHPC 连接节点，保证了整个建筑结构的稳固和耐久性。

图 5-17　威利斯大厦

图 5-18　哈利法塔

5.3.2　建筑外围护材料

1. 墙体节能材料

在绿色节能建筑的外围护构造中，墙体节能材料的应用和前景最广泛。墙体是建筑物的外围护结构，传统的围护材料主要是实心黏土砖。由于黏土砖对土地资源消耗较大，对环境破坏严重，目前我国已出台强制淘汰实心黏土砖的政策。节能墙体可以替代传统的外墙围护结构，通过加强建筑围护结构的保温隔热件能，减少空气渗透，可以减少建筑热量散失，从而达到节能的效果。

目前墙体节能主要分为两大类：内保温墙体节能和外保温墙体节能。

（1）墙体内保温节能材料

在实施建筑节能设计标准的初期，普遍采用内保温的方法进行节能。选用的材料品种较多，如珍珠岩保温砂浆、内贴充气石膏板（图 5-19）、黏土珍珠岩保温砖（图 5-20）、各种聚苯夹芯保温板等。

图 5-19　内贴充气石膏板

图 5-20　黏土珍珠岩保温砖

墙体内保温由于其主要作用部位在室内，故较为安全方便，技术性能要求没有墙体外保温那么严格，造价较低，施工方便；室内连续作业面不大，多为干作业施工，有利于提高施工效率、减轻劳动强度。但其在长期的内保温施工中也暴露出了几大问题：一是热工效率较低，外墙有些部位如丁字墙、圈梁处难以处理而形成冷桥，使保温性能降低；二是保温层在住户室内，对二次装修、增设吊挂设施带来麻烦，一旦出现问题，维修时对住户影响较大；三是墙体内保温占室内空间，室内使用面积有所减少。

（2）墙体外保温节能材料

保温隔热材料是常用的绝热材料之一，建筑物绝热是绝热工程的一部分。通常绝热材料是一种质轻、疏松、多孔、热导率小的材料。外墙外保温材料是保温隔热材料的一大分支，随着外墙外保温体系优点的不断突出以及该体系性能的不断发展，外墙外保温技术将成为墙体保温发展的主要方向。

墙体外保温弥补了墙体内保温的不足，薄弱环节少，热工效率高；不占室内空间，对保护结构有利，既适用于新建房屋，又适用于既有建筑的节能改造。墙体外保温的主要原理是利用静止的空气进行保温，大部分气体都包括在其中，如二氧化碳、氮气等。这些气体热导率很低，通过采用固体材料的特殊结构对空气的流动性和透红外性能加以限制，从而达到保温的目的。下面介绍几种常用的墙体外保温节能材料。

1）膨胀珍珠岩及制品。膨胀珍珠岩及制品是以珍珠岩为骨料，配合适量黏结剂，如水玻璃、水泥、磷酸盐等，经搅拌、成型、干燥、焙烧（一般为650℃）或养护而成的具有一定形状的产品。膨胀珍珠岩在一段时期内曾受到岩棉产品的冲击，但由于其价格和施工性能上具有优势，仍在建筑和工业保温材料中占有较大的比重。

2）复合硅酸盐保温材料。复合硅酸盐保温材料是一种固体基质联结的封闭微孔网状结构材料，主要采用火山灰玻璃、白玉石、玄武石、海泡石、膨润土、珍珠岩等矿物材料和多种轻质非金属材料，运用静电原理和湿法工艺复合制成的憎水性材料。其具有可塑性强、热导率低、密度小、黏结性强、施工方便、污染小等特点，是新型优质保温绝热材料。

3）酚醛树脂泡沫保温材料。酚醛树脂泡沫具有热导率低、力学性能好、尺寸稳定性优、吸水率低、耐热性好、电绝缘性优良、难燃等优点，尤其适用于某些特殊场合作为隔热保温材料或其他功能性材料。在阻燃、隔热方面，酚醛树脂可以长期在130℃下工作，瞬时工作温度可达200~300℃，这与聚苯乙烯发泡材料的最高使用温度80℃相比，具有极大的优越性。同时，酚醛树脂泡沫保温材料在耐热方面也优于聚氨酯发泡材料。合成的酚醛树脂可通过控制发泡剂、固化剂和表面活性剂的量来控制发泡体的质量。酚醛树脂与其他材料共混改性，可以制备出性能极其优良的复合保温材料。如以酚醛泡沫塑料为胶黏剂，泡沫聚苯乙烯颗粒为填料，结合其他添加剂合成具有力学性能好、难燃、工艺简单和成本低等优良特性的复合材料。

4）聚苯乙烯泡沫塑料保温材料。聚苯乙烯泡沫塑料（EPS）以聚苯乙烯（1.5%~2%）、空气（98%~98.5%）、戊烷作为推进剂，经发泡制成。其具有密度范围宽、价格低、保温隔热性优良、吸水性小、水蒸气渗透性低、吸收冲击性好等优点。聚苯乙烯泡沫板及其复合材料具有价格低廉、绝热性能好等优点，热导率小于0.041W/（m·K），是外墙绝热及饰面系统的优选绝热材料。

5）硬质聚氨酯泡沫保温材料。硬质聚氨酯泡沫（PURF）热导率范围为0.02~0.023W/（m·K），因此将该材料应用于建筑物的屋顶、墙体、地面，作为节能保温材料，其节能效果非常显著。如以异氰酸酯、多元醇为基料，适量添加多种助剂的硬质聚氨酯防水保温材料，其表观密度为35~40kg/m^3，其抗压强度在0.2~0.3MPa之间。

6）纳米孔硅保温材料。纳米孔硅保温材料是一种在传统隔热保温基础上发展而来的新型硅基质绝热材料，具有低密度、高强度、耐高温、低导热系数等特性。纳米孔硅保温材料是纳米技术在保温材料领域内新的应用，材料内绝大部分气孔尺寸宜小于50nm。

2. 屋面节能材料

建筑屋面是建筑组成必不可少的部件之一，同时也是设计上的重点之一。屋面是房屋最上层的外围护结构，其建筑功能是抵御自然界的风霜雨雪、太阳辐射、气温变化和其他外界的不利因素，使屋顶覆盖下的空间有良好的使用环境。因此，良好的屋面设计对于建筑的功能与使用来说十分重要。

用于屋面的保温隔热材料有很多，保温材料一般为轻质、疏松、多孔或纤维材料，分为以下三种类型：

（1）松散保温材料

常用的松散保温材料有膨胀蛭石（粒径为 3~15mm）、膨胀珍珠岩、岩棉、矿棉、玻璃棉、炉渣（粒径为 3~15mm）等。

（2）整体现浇保温材料

采用泡沫混凝土、聚氨酯现场发泡喷涂材料，整体浇筑在需要保温的部位。

（3）板状保温材料

如挤塑聚苯乙烯泡沫塑料（XPS）板、模压聚苯乙烯泡沫塑料（EPS）板、加气混凝土板、泡沫混凝土板、泡沫玻璃、膨胀珍珠岩板、膨胀蛭石板、矿棉板、岩棉板、木丝板、刨花板、甘蔗板等。有机纤维材料的保温性能一般较无机材料好，但耐久性较差，只有在通风条件良好、不易腐烂的情况下使用才较为适宜。

3. 门窗节能材料

建筑门窗是建筑围护结构的重要组成部分，是建筑物热交换、热传导最活跃最敏感的部位，其热损失量是墙体热损失量的 5~6 倍。

建筑门窗的发展经历了以下几个不同的阶段：

1）单层窗阶段。最初的玻璃门窗都是单层玻璃的，由于单层玻璃设有空气层或其他隔热材料，其保温隔热性能较差。冬季，室内热量容易通过玻璃散失到室外；夏季，则容易使外部高温传入室内。

2）双层玻璃阶段。双层玻璃窗也称为保温玻璃窗，利用两块玻璃之间的空气间层有效阻隔热的传导，增加窗的热阻，达到保温隔热的目的。

3）镀膜玻璃阶段。这种窗采用低散射镀膜，镀于密闭的与空气接触的内层玻璃表面上。这种镀膜可使向外散射的热量反射回屋里，从而达到保温隔热的目的。

4）超级节能门窗阶段。这种门窗是在低散射窗的基础上发展起来的，即在低散射窗的两层玻璃间抽真空，或者用透明绝热材料填充，这可以使门窗的热阻大大提高。这种超级节能门窗还可以成为一种热源，有阳光时吸收阳光的能量，没有阳光时就可以成为提供能源的供热装置。也就是说，保温墙体只能被动地防止散热，而超级节能门窗可以主动从阳光中获得能量。

透明玻璃幕墙节能材料的技术选择主要从以下两个方面入手：

（1）提高玻璃的热工性能

玻璃面材是影响透明玻璃幕墙热工性能的主要因素，应着重研究改善玻璃热工性能的技术与措施，提高玻璃的热工性能主要有以下技术措施：

1）增加玻璃的层数。采用双层中空玻璃或双层幕墙。双层中空玻璃由两片或多片平板玻璃组成，玻璃之间有一定厚度的空气层或其他气体层，是一种具有优异隔热、隔声和防结露性能的建筑材料。双层幕墙由外层幕墙、空气间层（热通道）和内层幕墙组成。利用气压差、热压差和烟囱效应原理，通过内外两层幕墙之间的空腔进行空气流动，实现自然或机械通风；能有效降低建筑能耗，减少空调使用。

2）采用真空玻璃。真空玻璃由两片平板玻璃组成，中间留有0.1~0.2mm的微小间隙，这个间隙被抽成近真空的状态。真空玻璃传热系数U值可低至0.4W/(m^2·K)，远低于普通中空玻璃，具有出色的隔热保温性能。

3）采用镀膜玻璃。镀膜玻璃是一种高技术玻璃，包括热反射玻璃、太阳能调节玻璃、低辐射玻璃等品种。其中低辐射玻璃具有冬季保温、夏季隔热的功能。

4）对于高能耗的既有建筑的玻璃幕墙，由于受条件的限制，要大幅度地提高玻璃面层的热工性能，使其具有较好的保温隔热性能，并能较主动地适应室外环境的变化，难度很大。若采用粘贴低辐射膜或用透明玻璃节能涂膜对玻璃表面进行涂刷，则可不拆换玻璃，大大降低改造成本，节省施工时间，施工又十分简便，同时又减少了建筑垃圾的产生。

（2）提高型材的热工性能

1）塑钢门窗。塑钢门窗是一种将隔热隔声和防爆技术应用于玻璃生产中，开发出具有良好装饰效果的隔热隔声防爆玻璃门窗。该门窗框架采用塑钢材质，以聚氯乙烯树脂为主要原料，加上一定比例的稳定剂、着色剂、填充剂、紫外线吸收剂等，经挤出成型材后，通过切割、焊接或铆接的方式制成门窗框扇。塑钢门窗型材具有独特的多腔室结构，经熔接工艺而成门窗，在缝隙间装有门窗密封胶条和毛条。该门窗具有良好的抗空气渗透性、抗雨水渗漏性、抗风压性能及保温隔声性能。

塑钢门窗的优点是具有良好的密封性能，能有效隔绝外界噪声和温度变化，适合需要安静和节能的环境。此外，塑钢门窗的材料不易生锈和腐蚀，维护成本低，使用寿命长，价格相对较低，适合预算有限的家庭选择。同时，塑钢门窗的颜色和样式选择丰富，能满足不同家装风格的需求。缺点是强度较低，抗压抗拉性能较差，容易在极端天气条件下变形。此外，塑钢材料的防火性能较差，在高温环境下可能释放有毒气体。

2）铝塑复合门窗。铝塑复合门窗又叫作断桥铝门窗，是继铝合金门窗、塑钢门窗之后的一种新型门窗。铝塑复合门窗采用隔热断桥铝型材和中空玻璃，仿欧式结构，外形美观，具有节能、隔声、防尘、防水功能。这类门窗比普通门窗热量散失减少一半，降低取暖费用30%左右；隔声量达29dB以上；水密性、气密性良好，均达国家A1类窗标准。铝塑复合双玻推拉窗的结构特点是外侧的铝型材和室内侧的塑料型材用卡接的方式结合，镶双层玻璃后，室外为铝窗，室内为塑料窗，发挥了铝、塑两种材料各自的优点，综合性能较好，具有良好的保温性和气密性，比普通铝合金窗节能50%以上。

5.3.3 建筑装饰装修材料

1. 建筑装修节能材料

我国商品房普遍存在二次装修浪费材料的问题，为此应提倡一次性装修到位。一次性装修不仅节约资源，还能减少污染，延长房屋寿命。采用模块化设计模式，由开发商、装修公司和业主共同商议，推出几种装修方案供选择。保留一些个性化空间，如吊顶、玄关等，让业主自由发挥。模块化设计是发展趋势，业主可从模块中选择客厅、餐厅等，设计师进行组合，统一风格，降低成本。家庭装修工厂化，将木工、油工项目在工厂完成，现场安装组合，已在大城市推广。

2. 室内装饰节能材料

室内装饰节能材料是指用于建筑物内部墙面、顶棚、柱面、地面等处具有节能特性的罩面材料，严格来说，应当称为室内建筑装饰节能材料。现代室内装饰材料不仅能改善室内的艺术环境，使人们得到美的享受，同时还兼有绝热、防潮、防火、吸声、隔声等多种功能，起到保护建筑物主体结构、延长其使用寿命、减少室内热量流失等作用。

（1）内墙涂料

1）水性涂料。水性涂料是以水溶性合成树脂为主要成膜物，以水为稀释剂，加入适量的颜料、填料及辅助材料加工而成。这些涂料以其低挥发性有机化合物释放无毒无味气体的特点受到关注。它们在施工过程中减少了有害气体的排放，使用过程中也不会释放有害物质，为居住者的健康提供了有力保障。

2）合成树脂乳液涂料。合成树脂乳液涂料也称为乳胶漆，是以合成树脂乳液为基料，以水为分散介质，加入颜料、填料及各种助剂，经研磨而成的薄型内墙涂料，是一种室内装饰中常用的环保节能材料。

合成树脂乳液涂料有多种颜色，分有光、半光、无光等类型，适用于混凝土、水泥砂浆抹面、砖面、纸筋灰抹面、木质纤维板、石膏饰面板等多种基材。

3）豪华纤维涂料。豪华纤维涂料是以天然或人造纤维为基料，加以各种辅料加工而成。它是一种高端的环保建筑装饰材料。该涂料具有良好的保温性能、防火性能、吸声性能，不含石棉、玻璃纤维等物质，完全无毒、无污染。广泛用于各种商业建筑、高级宾馆、歌舞厅、影剧院、办公楼、居民住宅等。

4）恒温涂料。建筑恒温涂料的主要成分是食品添加剂（包括进口椰子油、二氧化钛、食品级碳酸钙、碳酸钠、聚丙烯钠等）。该涂料具有较好的相容性与分散性，可添加各色颜料，并能和其他乳胶漆及腻子（透气率必须达到85%以上者）以适当比例混合使用并具有恒温效果，是一种节能环保型功能涂料，无毒、无污染、防霉、防虫、抗菌，还散发清爽气味。

（2）纸面石膏板

纸面石膏板以建筑石膏为主料，加入纤维、外加剂和轻质填料，经浇筑成型、烘干制成。它质轻、保温隔热、防火、施工方便。纸面石膏板作为一种新型的建筑材料，具有如下特点：

1）防火性能。其芯材由建筑石膏水化而成。一旦发生火灾，石膏板中的二水石膏就会吸收热量进行脱水反应。在石膏芯材所含结晶水并未完全脱出和蒸发完毕之前，纸面石膏板板面温度不会超过140℃，这一良好的防火特性可以为人群疏散赢得宝贵时间，延长了防火时间。

2）隔热保温性能。纸面石膏板的热导率只有普通水泥混凝土的9.5%，空心黏土砖的38.5%。在生产中加入发泡剂，石膏板的密度会进一步降低，其热导率将变得更小，保温隔热性能就会更好。

3）纸面石膏板是一种存在大量微孔结构的板材，放在自然环境中，其多孔体会不断进行吸湿与解潮变化，即呼吸作用，以维持动态平衡。它的质量随环境温湿度的变化而变化，这种呼吸功能的最大特点是能够调节居住及工作环境的湿度，创造一个舒适的小气候。

（3）纤维板

纤维板由木本或非木本植物纤维经施胶加压制成，包括表面装饰纤维板和浮雕纤维板。前者是在纤维板表面经涂饰、贴面、钻孔等处理，使其表面美观并提高性能等，可用于家具和建筑内装饰；后者在制造时会压制成具有凹凸形立体花纹图案，广泛用于建筑内、外装饰。

（4）铝塑饰面板

铝塑饰面板简称复合铝板，是一种由金属和非金属材料复合而成的新型建筑装饰材料，目前国内的高层建筑大量使用铝塑饰面板。这种饰面板由内、外两层均为0.5mm厚的铝板、间夹层为2~5mm厚的聚乙烯或聚氯乙烯塑料构成，铝板表面有很薄的氟化碳喷涂罩面漆。其特点是颜色均匀，铝板表面平整，制作方便，装饰效果好。铝塑饰面板适用于墙面、柱面、幕墙、顶棚等的装饰。

3. 室外装饰节能材料

室外装饰旨在美化与保护建筑，选用合适的材料能提高耐久性。外墙材料受自然因素影响大，需通过质感、线条和色彩展现装饰效果，选择不同的材料或施工方法可实现多样的感观效果。

（1）保温隔热砂浆

目前应用最为广泛的室外装饰节能材料是保温隔热砂浆。保温隔热砂浆是以水泥、膨胀珍珠岩等为主体材料，并添加纤维素等其他外加剂的复合保温隔热材料。其具有强度高、产品不燃、多孔、热导率极低、和易性好、保温隔热性能好、耐水性和耐候性好、成本低、与水拌和后黏聚性好、易施工等特点，是一种绿色环保的保温材料。

其缺点主要表现为：干燥周期长，施工受季节和气候影响大；抗冲击能力弱；干燥收缩大，吸湿率大；对墙体的黏结强度偏低，施工不当易造成大面积空鼓现象；装饰性有待进一步改善等。

（2）聚合物砂浆

聚合物砂浆是指在建筑砂浆中添加聚合物黏结剂，从而使砂浆性能得到很大改善的一种新型建筑材料。其中的聚合物黏结剂作为有机黏结材料与砂浆中的水泥或石膏等无机黏结材料完美地组合在一起，大大提高了砂浆与基层的黏结强度、砂浆的可变行性（即柔性）、砂浆的内聚强度等性能。聚合物的种类和掺量在很大程度上决定了聚合物砂浆的性能。聚合物砂浆是保温系统的核心技术，主要用于聚苯颗粒胶浆，以及EPS薄抹灰墙面保温系统的抹面。

（3）罩面砂浆

罩面砂浆采用优质改性特制水泥及多种高分子材料、填料，经独特工艺复合而成，保水性好，施工黏度适中，具有优良的耐候性、抗冲击性和防裂性，主要用于外墙聚苯板保温系统、挤塑板保温系统、聚苯颗粒保温系统中的罩面，与网格布或钢网配合使用。

（4）玻化微珠为轻质骨料的墙体保温干混砂浆

干混砂浆又称为干粉砂浆、干拌砂浆，即粉状的预制砂浆。干混砂浆主要适用于对砂浆需求量小的工程。墙面保温干混砂浆除具备一般干混砂浆的功能之外，还具备优良的保温性能，同时对抗老化、耐候性、防火、耐水、抗裂等性能，以及抗压、抗拉、黏结强度、施工性能、环保等综合性能均有一定的特殊要求。目前市场上的保温砂浆主要是聚苯颗粒。近年来出现了一种以玻化微珠为轻质骨料的墙体保温干混砂浆，这种砂浆以玻化微珠等聚合物替代传统的普通膨胀珍珠岩和聚苯颗粒作为保温砂浆的轻骨料，预拌在干粉改性剂中，形成单组分无机干混料保温砂浆。

5.4 建筑构造选型

5.4.1 墙体构造设计

1. 外保温

外墙外保温工程是指将外墙外保温系统通过组合、组装、施工、安装固定在外墙外表面上所形成的建筑物实体（图 5-21）。

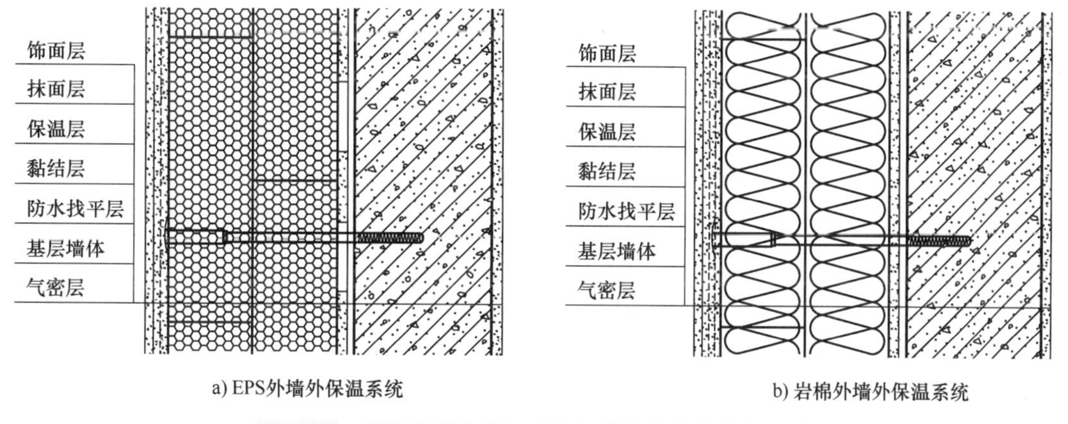

图 5-21　EPS 外墙外保温系统与岩棉外墙外保温系统

外墙保温做法可用于新建墙体，也可用于既有建筑的节能改造。外墙外保温做法能有效地抑制外墙和室外的热交换，是目前较为成熟的节能技术措施。外墙外保温技术的优点如下：

1）由于构造形式的合理性，它能使主体结构所受的温差作用大幅度下降，温度变化减小；对结构墙体起到保护作用，并能有效消除或减弱部分热桥的影响，有利于结构寿命的延长。

2）由于采用外墙外贴面保温形式，墙体内侧的热稳定性也随之提升，当室内空气温度上升或下降时，墙体内侧能吸收或释放较多的热量，有利于保持室温的稳定，从而使室内热环境得到改善。

3）有利于提高墙体的防水性和气密性。

4）便于对既有建筑物的节能改造。

5）避免室内二次装修对保温层的破坏。

6）不占室内使用面积，与外墙内保温相比，每户使用面积增加 1.3~1.8m^2。

在墙体外保温的设计施工中应注重以下几个问题：

1）板间搭接处理需严谨，以确保墙面整体保温体系的连续性。

2）选用保温材料时，对保温性能、耐久性能、防火性能及与基层的黏结力等指标要求较高。

3）注意避免局部热桥效应，如永久性机械锚固、穿墙管道及附着物固定等可能产生热桥的部位。

4）使用钢丝网架复合外保温系统时，墙体传热系数应根据实测结果确定保温层的必要厚度。

5）减少墙体传热、耗热量仅通过增加保温层厚度往往不够，而应综合考虑墙体保温、隔热及气密性等各方面因素。

6）外墙外保温施工前，须对基层进行处理，确保其平整、干燥、无油污、无裂缝等。保温板薄抹灰外墙外保温系统是由黏结层、保温层、抹面层和饰面层构成，依附于外墙外表面起保温、防护和装饰作用的构造系统。基层采用混凝土墙体、各种砌体；黏结层采用保温板（必要时进行界面处理），使用保温板胶黏剂；饰面层设置柔性饰面。将预处理的保温板内置于模板内侧作为保温层，浇筑混凝土形成黏结层，再进行抹面层和饰面层施工，形成具有保温、隔热、防护和装饰作用的构造系统。

因此，从有利于结构热稳定性方面来说，外保温与内保温相比具有明显的优势。选择外墙外保温技术的关键在于复合围护结构是否具备良好的防水透气性。其使用要求更高：对保温材料的各项性能要求较高；对施工队伍和各项技术要求较高。

2. 内保温

外墙内保温是将保温材料置于外墙体的内侧，对于建筑外墙来说，其可以是多孔轻质保温块材、板材或保温浆料等。外墙内保温的做法如图 5-22 所示。

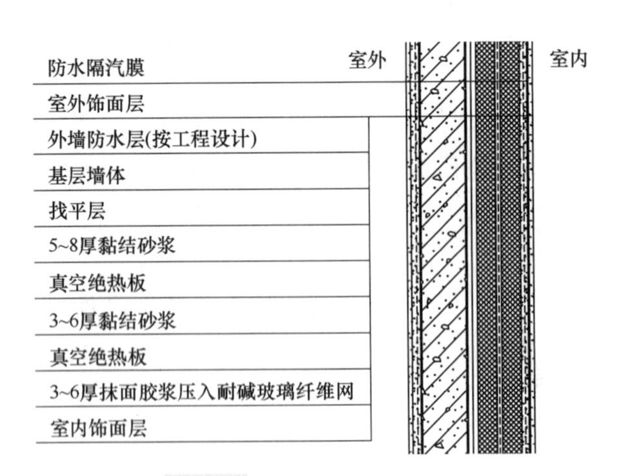

图 5-22　外墙内保温的做法

保温层在围护结构内侧施工，降低了施工难度和成本，同时，这种施工方法也减少了外墙保温层可能出现的脱落、开裂等问题，提高了建筑物的安全性。然而，保温层占据了一定的内部空间面积，这可能会影响到室内装修和日常使用。在空间有限的情况下，室内装修时容易破坏保温层，导致保温效果降低。

在墙体内保温的设计施工中应注重以下几个问题：

1）采用内保温方式，会使建筑内外墙体分别处于不同温度场，导致建筑物结构承受较大热应力，从而缩短结构寿命，并且保温层容易出现裂缝等问题。

2）内保温无法避免热桥现象，导致墙体保温性能降低，并在热桥部位的外墙内表面容易出现结露、潮湿甚至霉变现象。

3）实施内保温策略，将占用室内使用面积，不便于用户进行二次装修及墙上悬挂饰物。

4）在既有建筑进行内保温节能改造过程中，对居民日常生活造成较大干扰。

5）XPS 板、EPS 板和 PU 板均为有机材料且具有可燃性，因此在室内墙体应用方面受到限制。

6）在严寒与寒冷地区，若处理不当，实墙与保温层交界处容易出现水蒸气冷凝现象。

复合板与基层墙体的粘贴面积不应小于复合板面积的 30%，在门窗洞口四周、外墙转角和两端、距顶面和地面 100mm 处，均应采用通长黏结，且宽度不应小于 50mm。施工时，先在基层墙体上做防水找平层，通过以黏为主、黏锚结合方式固定于墙面，并采用嵌缝材料封填板缝，当保温层为挤塑聚苯乙烯泡沫塑料（XPS）时，宜增设玻璃纤维网增强聚合物水泥砂浆底衬。纸蜂窝填充憎水型膨胀珍珠岩保温板在施工现场切割或打洞时，应采用灌装阻燃型发泡聚氨酯填充、密封。

3. 自保温

自保温（结构保温一体化技术）在建筑中主要用于框架填充保温墙以及预制保温墙板。如图 5-23 和图 5-24 所示，其特点是保温隔热材料填充在砌块的空心部分，使混凝土空心砌块具有保温隔热的功能，墙体既有承重功能，又有较好的热工性能，具有保温效果。其最大的优点是构造简单，施工方便，经济实用。常用的自保温墙体材料有蒸压加气混凝土砌块等材料。

图 5-23　自保温墙体

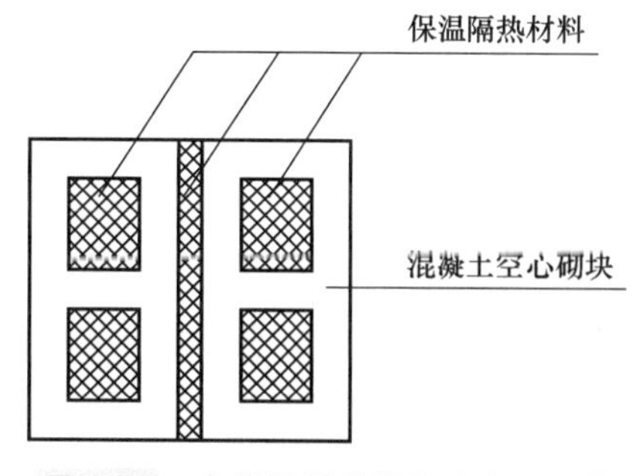

图 5-24　自保温隔热混凝土空心砌块

在墙体自保温的设计施工中应考虑以下几个问题：

1）保温效果的发挥受到一定程度的制约，适用范围有限。在寒冷、严寒地区，墙体厚度较大。

2）框架及节点部分仍存在热桥现象。对于由多孔轻质保温材料构成的轻型墙体（如彩色钢板聚苯或聚氨酯泡沫夹心墙体），其传热系数可能较小，或传热阻值较大，即保温性能相对较好。然而，由于其为轻质墙体，因此其热稳定性相对较差。

3）在墙体施工前，需根据房屋设计图编绘自保温砌块平立面排块图。排列时应考虑自保温砌块规格、灰缝厚度和宽度、窗洞口尺寸、过梁与圈梁或连系梁的高度、构造柱位置、预留洞大小、管线、开关、插座、敷设部位等因素，进行对孔、错缝搭接排列。

4）以主规格保温砌块为主，辅以相应的辅助砌块。

5）自保温砌块应错缝搭砌，搭接长度不应小于主规格长度的1/4。

6）鉴于砌块强度的限制，自保温墙体一般适用于低层、多层承重外墙或高层建筑、框架结构的填充外墙。

4. 夹心保温

夹心保温（复合保温墙体技术）是将保温材料置于同一外墙的内、外侧墙片之间，建筑框架结构可以在砌筑内、外填充墙时填充保温材料，如图5-25所示。

夹心保温墙多用于寒冷和严寒地区，夏热冬冷和夏热冬暖地区可适当选用。夹心保温砌块一般在低层和多层承重墙体中使用，对框架和高层剪力墙系统仅用作填充墙材料。夹心保温墙的缺点是施工工艺较复杂，特殊部位的构造较难处理，容易形成冷桥，保温节能效率较低。

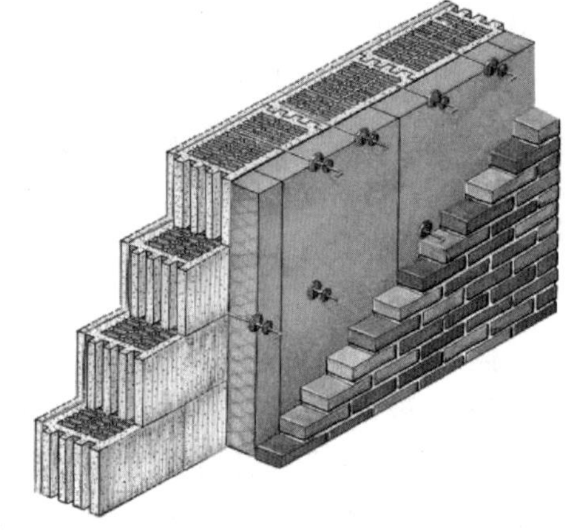

图5-25　外墙夹心保温

在墙体夹心保温的设计施工中应注重以下几个问题：

1）夹心保温施工方式适用于寒冷地区和严寒地区。

2）在设计过程中，需充分考虑热桥效应的影响，确保热阻值的选取符合考虑热桥影响后的复合墙体平均热阻的要求。

3）针对热桥部位，应精细设计节点构造保温方案，防止内表面出现结露现象。

4）夹心保温可能导致外墙或外墙片出现温度裂缝，因此在设计时务必注意采取加固措施及预防雨水渗透措施。

图5-25彩图

外墙夹心保温一般以240mm砖墙做外墙片，以120mm砖墙做内墙片，也有内、外墙片相反的做法。两片墙之间留出空腔，边砌墙边填充保温材料。保温材料可为岩棉、EPS板、XPS板、散装或袋装膨胀珍珠岩等。两片墙之间可采用砖拉结或钢筋拉结，并设钢筋混凝土构造柱和圈梁连接内、外墙片。小型混凝土空心砌块EPS板或XPS板夹心墙构造做法：内墙片为厚190mm混凝土空心砌块，外墙片为厚90mm混凝土空心砌块，在两片墙之间的空腔中填充EPS板或XPS板，EPS板或XPS板与外墙片之间有一定厚度的空气层。在圈梁部位按一定间距用混凝土挑梁连接内、外墙片，如图5-26所示。

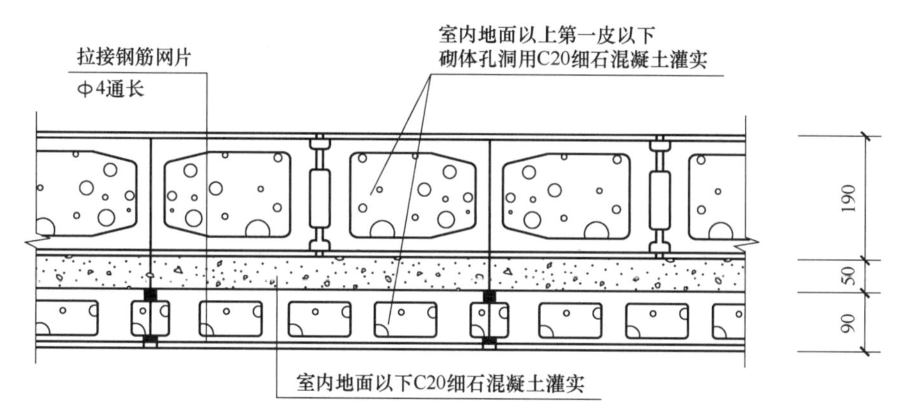

图 5-26　外墙夹心保温构造

5. 一体化保温

一体化保温是一种新型的保温结构施工工艺，该工艺对传统的建筑保温结构形式进行了改良，采用保温结构与建筑主体结构同步施工的方法，将保温结构与建筑主体结合形成整体墙体。

其主要优点如下：

1）与传统的保温结构相比，保温层设置在混凝土墙体之间，保温层外部为 50mm 厚混凝土结构，内部设置钢筋网片提高其抗裂性能，保温结构、主体墙体与外部 50mm 厚墙体采用专用连接件进行连接，有效解决了传统保温工艺脱落问题，降低了建筑后续维护和维修费用。

2）EPS 一体化保温结构可以根据建筑保温节能需求和设计情况，灵活地对保温结构芯材的厚度进行调整，不会产生热桥，普遍适用于不同地区的保温。

3）EPS 一体化保温结构采用的保温材料为工厂定制的保温模块，安装施工效率高，保温结构的整体性更强。

4）由于一体化保温技术形成的特殊结构，内部没有空气，不具备燃烧条件，所以即便保温材料采用 B1 级保温板材，仍然可以在防火等级中达到 A 级，可以提高建筑防火性能。

一体化保温施工技术由于保温层外混凝土厚度为 50mm，为了确保质量，需要采用自密实混凝土进行施工，导致施工成本增加。除此之外，由于墙体结构复杂，在保温结构施工中可能会存在混凝土浇筑不密实，墙体存在保温板外露的情况。

5.4.2　屋面构造设计

作为建筑围护结构的一部分，屋面对于建筑顶层房间的室内气候起着至关重要的影响，其保温性能是建筑节能设计中不可或缺的一环。为了全面提升屋面的整体性能，设计时，除了符合建筑节能设计标准的保温要求外，还应选择新型的防水材料，并改进其保温和防水构造。

保温屋面通常分为平屋顶和坡屋顶两种形式，其中，平屋顶由于构造简单而最为常用。

保温屋面在设计时应遵循以下原则：

1）选择导热性小、蓄热性大的材料，以提高材料层的热绝缘性。同时，应避免选用密度过大的材料，以防止增加屋面的荷载。

2）根据建筑物的使用要求、屋面的结构形式、环境气候条件、防水处理方法和施工条件等因素进行技术经济比较，确定合适的保温材料和构造方式。

3）确定屋面的保温材料时应考虑节能建筑的热工要求，确定保温层厚度，并注意材料层的排列顺序，因为不同的排列顺序会影响屋面的热工性能。设计时应根据建筑的功能和地区气候条件进行热工设计。

4）避免选用吸水率较高的保温材料，以免在屋面受潮时保温隔热层大量吸水，降低热工性能。如果选择了吸水率较高的材料，则应在屋面上设置排气孔以排除保温材料层内不易排出的水分。

设计时可以根据建筑热工设计计算确定其他节能屋面的传热系数、热阻和热惰性指标等，以确保屋面的建筑热工性能满足节能标准的要求。

5.4.3 节能门窗与遮阳构造设计

1. 门窗的节能设计

门窗是建筑围护结构的重要组成部分，尽管门窗的面积只占建筑外围护结构面积的1/5~1/3，但传热损失占建筑外围护结构热损失的40%左右。窗户是室内外热交换最薄弱的环节。另外，门窗的保温性和气密性对采暖能耗有重大影响，新型的节能门窗，在满足室内足够的采光、通风和视觉要求之外，还要满足隔热保温性能，即冬天能保温，减少室内热量的流失；夏天能隔热，防止室内温度过高。门窗节能的好坏与所采用的门窗材料有关。增强外门窗的保温隔热性能，是改善室内热环境质量和提高建筑节能水平的重要环节。

建筑门窗的节能应侧重夏季隔热，冬季保温。因此，为提高门窗的保温隔热性能，在建筑节能设计时应注意以下几方面：

（1）控制窗墙面积比

由于建筑外门窗的传热系数比墙体的大得多，因此节能门窗应根据建筑的性质、使用功能以及建筑所处的气候环境条件进行设计。外门窗的面积不应过大，窗墙面积比宜控制在0.3左右。特别是大型公共建筑，避免过大面积的玻璃幕墙。

（2）加强窗户的隔热性能

窗户的隔热性能主要是指在夏季窗户阻挡太阳辐射热射入室内的能力。采用中空玻璃、低辐射中空玻璃、充填惰性气体的低辐射中空玻璃或多层中空玻璃，还可以采用各种特殊的热反射玻璃或贴热反射薄膜等，都有很好的隔热效果。但在选用这些材料时要考虑到窗户的采光问题，不能以损失窗户的透光性来提高隔热性能，否则它的节能效果会适得其反。

（3）采取合理的遮阳措施

根据冬季日照、夏季遮阳的特点，应合理地设计挑檐、遮阳篷，还可在窗户内侧设置有金属的热反射织物窗帘或安装具有一定热反射作用的百叶窗帘，以降低夏季空调能耗。对于空调建筑的向阳面，尤其是东、西朝向的玻璃幕墙，应采取各种固定或活动式遮阳措施，可以结合外廊、阳台、挑檐等处理方法进行遮阳。当需要遮阳时，选择吸热玻璃、镀膜玻璃、吸热中空玻璃或镀膜中空玻璃。对于空调建筑大面积采用玻璃窗、玻璃幕墙的情况，可以采用智能化控制的遮阳系统。

（4）改善窗户的保温性能

改善建筑外窗户保温性能的关键是提高窗户的热阻。选用热导率小的窗框材料，如塑料、断热金属框材等；采用中空玻璃、双层玻璃幕墙，利用空气间层热阻大的特点，从门窗的制作、安装和加设密封材料等方面，提高其气密性等，均能有效地提高窗的保温性能，同时也可提高隔热性。防止跨越室内外保温玻璃面板的冷桥，采用隔热型材，以及隐框结构、索膜结构等采取连接紧固件的隔热措施。在玻璃周边与墙体或其他围护结构连接处使用有弹性、防潮型保温材料填塞，缝隙应采用密封剂或密封胶密封。

2. 遮阳类型与材料选型

遮阳按构件相对于窗口的位置，分为外遮阳、内遮阳、玻璃自遮阳和绿化遮阳。而外遮阳按遮阳构件的形状可分为五种，即水平式、垂直式、综合式、挡板式和百叶式；按遮阳的可控性又可分为固定遮阳和可调节遮阳两类。

（1）外遮阳

外遮阳是建筑外围护结构外侧的遮阳。挡板式遮阳就是直接阻挡阳光进入室内的遮阳方式，可分为水平式外遮阳、垂直式外遮阳和综合式外遮阳。本小节对它们的形式、构成效果、组成及适用范围做了详细的比较和介绍，见表 5-5～表 5-7。

表 5-5　水平式外遮阳形式与构造

形式	构成	效果	组成	适用范围	示例
整体板式	钢筋混凝土薄板、轻质板材	遮阳效果好，但影响采光	与建筑整体相连	南立面	
固定百叶式	钢筋混凝土薄板、轻质板材	遮阳的同时可以导风或排走室内热量，影响采光较小	与建筑整体相连	南立面	
拉篷式	高强复合布料、竹片、羽片	遮阳效果好，对通风不利，适用范围广，需维修	建筑附加构件	南立面、东立面	
可调节羽板式	钢筋混凝土薄板、轻质板材、PVC 塑料、竹片、吸热玻璃	遮阳好，不影响采光，导风佳，适用广，是一种宜推广的遮阳方式	与建筑整体相连，建筑附加构件	任何立面	

表 5-6 垂直式外遮阳形式与构造

形式	构成	效果	组成	适用范围	示例
整体板式	钢筋混凝土薄板	遮阳效果不佳	与建筑整体相连	南立面	
可调节羽板式	钢筋混凝土薄板、轻质板材、吸热玻璃	遮阳好，利于导风，不影响视觉与采光，是一种宜推广的遮阳方式	建筑附加体（整体相连）	东、西立面	

表 5-7 综合式外遮阳形式与构造

形式	构成	效果	组成	适用范围	备注	示例
整体固定式	钢筋混凝土薄板	遮阳效果好，但影响视线	与建筑整体相连	任何立面	作为综合遮阳形式	
局部可调节式	竖向固定	遮阳极好，造价高	与建筑整体相连	东、西立面		
	横向固定	遮阳较好，易于导风	与建筑整体相连			

（2）内遮阳

内遮阳是建筑外围护结构内侧的遮阳。因其安装、使用和维护保养都十分方便而应用普遍。内遮阳的形式和材料很多，包括百褶帘、百叶帘、卷帘、垂直帘、风琴帘等多种款式，有布、木、铝合金等多种材质，可选择的样式很多。相比较而言，浅色的内遮阳卷帘的遮阳效果较好，因为浅色反射的热量多而吸收的热量少。

内遮阳的隔热效果不如外遮阳。内遮阳装置会反射部分阳光，吸收部分阳光、透过部分阳光、而外遮阳只有透过的那部分阳光会直接到达窗玻璃外表面，只有部分可能形成冷负荷。尽管内遮阳同样可以反射掉部分阳光，但吸收和透过的部分均变成了室内的冷负荷，只是对得热的峰值有所延迟和衰减。

内外遮阳方式太阳辐射得热比较如图 5-27 所示。

（3）玻璃自遮阳

利用窗户玻璃自身的遮阳性能，阻断部分阳光进入室内。玻璃自身的遮阳性能对节能的影响很大，应该选择遮阳系数小的玻璃。常见的遮阳性能好的玻璃有吸热玻璃、热反射玻璃、低辐射玻璃，这几种玻璃的遮阳系数低，具有良好的遮阳效果。值得注意的是，前两种玻璃对采光有不同程度的影响，而低辐射玻璃的透光性能良好。此外，利用玻璃进行遮阳时，必须关闭窗户，会给房间的自然通风造成一定的影响，使滞留在室内的部分热量无法散发出去。所以，尽管玻璃自身的遮阳性能是值得肯定的，但是必须配合百叶遮阳等措施，才能取长补短，如图 5-28 所示。

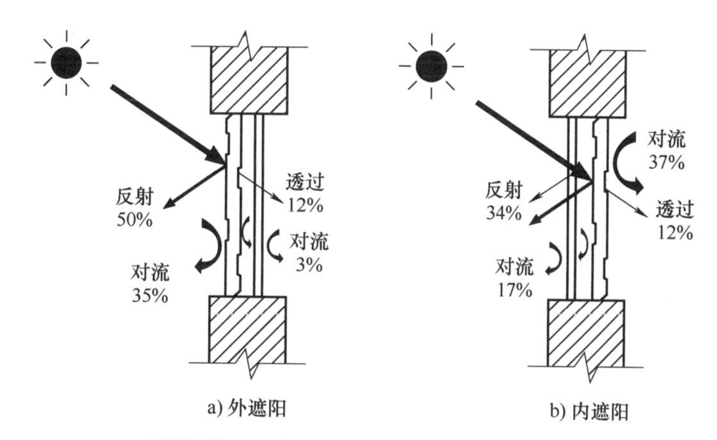

图 5-27　内外遮阳方式太阳辐射得热比较

图 5-28　玻璃自遮阳与百叶结合

外遮阳、内遮阳、玻璃自遮阳优缺点比较见表 5-8。

表 5-8　外遮阳、内遮阳、玻璃自遮阳优缺点比较

类型	简图	优点	缺点	常用材料
外遮阳		将太阳辐射直接阻挡在室外，节能效果好，为推广技术	直接暴露在室外，对材料以及构造的耐久性要求比较高，价格相对较高，操作、维护不便	钢筋混凝土薄板、玻璃钢、金属、木材或 PV 硬塑料
内遮阳		将入射室内的直射光漫射，降低了室内阳光直射区内的太阳辐射，对改善室内温度不平衡状态及避免眩光有积极作用。不直接暴露在室外，对材料及构造耐久性要求降低，价格相对便宜，操作、维护方便	遮阳构件位于建筑室内，无法避免遮阳材料本身的吸热、储热，并在夜间放热，遮阳效果不直接	窗帘、卷帘、活动百叶

（续）

类型	简图	优点	缺点	常用材料
玻璃自遮阳		通过镀膜、着色、印花或贴膜的方式减小玻璃的遮阳系数	造价高，可能影响室内采光，不影响立面造型，维护成本较高	遮阳系数较大的玻璃、玻璃可调节系统

（4）绿化遮阳

绿化遮阳借助于树木或者藤蔓植物来遮阳，是一种既有效又经济美观的遮阳方式，特别适用于低层建筑，如图5-29所示。绿化遮阳有种树和棚架攀附植物两种做法。种树要根据窗口朝向对遮阳形式的要求来选择和配置树种。植物攀附的水平棚架起水平式遮阳的作用，垂直棚架起挡板式遮阳的作用。

图5-29　低层建筑的绿化遮阳

5.4.4　建筑楼地面构造设计

楼地面的热工性能不仅对室内气温有很大的影响，而且与人体的健康密切相关。人们在室内的大部分时间脚都与地面接触，地面温度过低不但使人脚部感到寒冷不适，而且容易患上风湿、关节炎等疾病。良好的建筑楼地面构造设计，不但可以提高室内热舒适度，而且有利于建筑的保温节能，同时也可增强楼层间的隔声效果。根据楼地面的位置不同，可以分为层间楼板和底层地面。

1. 楼面的节能设计

楼板层的构造层一般为面层、找平层和楼板。层间楼板可以采用保温层直接设置在楼板表面上或者楼板底面，保温层宜采用硬质挤塑聚苯板、泡沫玻璃等板材，或强度符合要求的保温砂浆。也可以铺设木龙骨（空铺）或无木龙骨的实铺木地板来达到保温效果。

2. 地面的节能设计

底层地面的构造层为面层、垫层和地基。保温地面主要增设保温填充层，厚度应根据选用的填充材料经热工计算后确定。

保温地面有两种情况：不采暖地下室上部地面和接触室外自然的地面。其中，接触室外自然的地面包括接触室外空气的地面（如外挑部分、过街楼、底层架空的楼面），以及直接接触土壤的周边地面（从外墙内侧算起 2.0m 范围内的地面）。

底层地面的保温、防热及防潮措施应根据地区的条件，结合建筑节能设计标准的规定采取不同的节能技术。

1）寒冷地区采暖建筑的地面应以保温为主，在持力层以上层的热阻已符合地面热阻规定值的条件下，最好在地面面层下铺设适当厚度的板状保温材料，进一步提高地面的保温和防潮性能。

2）夏热冬冷地区应考虑冬天采暖时的保温和夏天制冷时的防热、防潮，也宜在地面面层下铺设适当厚度的板状保温材料，提高地面的保温及防热、防潮性能。

3）夏热冬暖地区底层地面应以防潮为主，宜在地面面层下铺设适当厚度保温层或设置架空通风道以提高地面的防热、防潮性能。

节能住宅底层地坪或地坪架空层的保温性能应不小于外墙传热阻的 1/2（传热阻从垫层起算）。当地坪为架空通风地板层时，应在通风口设置活动的遮挡板，使其在冬季能方便关闭，遮挡板的传热阻应不小于 0.33 $(m^2 \cdot K)/W$。

当建筑物为不采暖地下室上部地面时，在地下室上部设置吊顶铺岩棉保温板，可满足节能要求，而且防水性能也较好。当为接触室外自然的地面时，应采用松散的保温板材、板状或整体保温材料，如膨胀蛭石及制品、硬质聚氨酯泡沫板及憎水珍珠岩板、聚苯板等微孔复合砌块等。这种采暖方式具有舒适、节能、环保等优点，更重要的是，采用低温辐射地板采暖系统的室内地表温度均匀，室温由下而上随着高度的增加逐步下降。

5.5 绿色能源利用

5.5.1 绿色能源概述

1. 绿色能源定义及种类

绿色能源也称清洁能源，是指不排放污染物、能够直接用于生产生活的能源，是环境保护和良好生态系统的象征和代名词。它可分为狭义和广义两种概念。狭义的绿色能源是指可再生能源，如水能、生物能（沼气）、太阳能、风能、地热能和海洋能。广义的绿色能源则包括在能源的生产及其消耗过程中，选用对生态环境低污染或无污染的能源，如天然气、清洁煤和核能等。

绿色能源是当前世界发展新兴的能源形式，在经济可持续发展和环境保护方面有着显著的优势，对于环境保护和维护良好的生态系统具有重要意义，是实现可持续发展战略的重要组成部分。

2. 我国绿色能源应用概况

太阳能是一种广泛应用的绿色能源，我国在太阳能发电领域已经取得了显著成效。其中，分布式太阳能发电已成为发展趋势，通过在屋顶安装太阳能电池板，不仅可以满足居民日常使用需求，而且剩余电力还可卖回电网。

我国地热资源丰富，地热直接利用规模在全球居首位，但在发电领域，国内地热能发电还远远不够。一方面，我国的高温水热型资源主要分布在滇西、藏南等地区，不属于电力主要消纳地，丰富的地热资源难以用于发电，造成资源浪费。另一方面，国内仍缺乏明确的地热能上网电价扶持等政策，限制了地热能发电的发展。《“十四五”可再生能源发展规划》提出，积极推进地热能规模化开发。积极推进中深层地热能供暖制冷，全面推进浅层地热能开发，有序推动地热能发电的发展。

我国是全球最大的风能市场，风能装机容量占据全球总装机容量的一半以上。截至2019年底，我国风能装机容量已经超过2亿kW。我国风电行业在技术上的发展也非常成熟，风力发电机组性能已达到国际领先水平。

生物质能是一种可再生、可持续的资源，用于产生热能和电能。我国的生物质能利用领域包括发电、供热等。生物质能绿色、低碳的特点获得了政府的支持，也促进了生物质能的发展。我国已经建成了一些生物质能发电站，同时生物质能供热也在一些地方得到了应用。

我国政府已经制定了多项政策，支持和促进绿色能源的发展。未来5~10年，我国的太阳能和风能市场仍有广阔的发展空间。政府的支持和刺激将进一步推动绿色能源的开发。《2030年前碳达峰行动方案》指出，到2030年，非化石能源消费比重达到25%，计划到2030年，风电、太阳能发电总装机容量达到1.2亿kW以上。

5.5.2 太阳能及其建筑应用

1. 我国太阳能资源状况与分布

我国地处北半球欧亚大陆的东部，属于温带和亚热带气候区，是太阳能能源丰富的国家，全国总面积2/3以上地区年日照数大于2000h，年辐射总量在3340~8360MJ/m^2，相当于110~280kg标准煤的热量。全国陆地面积每年接收的太阳辐射能约等于2.4万亿t标准煤的热量。如果将这些太阳能有效利用，则对于减少二氧化碳排放、保护生态环境、保证经济发展过程中能源的持续稳定供应都将具有重大而深远的意义。

我国政府十分重视太阳能、风能等可再生能源的发展，得益于技术进步、规模经济和激烈竞争等因素，风能和太阳能的成本不断下降，2019年下半年，太阳能光伏发电站的电力成本比10年前降低了83%。2020年，我国太阳能等可再生能源在一次能源消费结构中的比重由之前的7%左右提高到15%左右，其中太阳能热水器集热面积由6500万m^{2}达到3亿m^2，年替代化石能源4000万t标准煤；太阳能光伏发电达220万kW。太阳能的开发不仅在当前具有现实意义，而且具有长远的发展前景。

2. 国内外太阳能建筑应用现状

近30年来，发达国家非常重视太阳能建筑技术的发展，其发展的共同特点都是以太阳能热技术开发和应用起步的。欧洲在过去的几十年里，太阳能产业发展较快。欧洲国家积极推动建筑太阳能技术的发展，主要技术类型有太阳能热利用技术和太阳能发电技术。德国在太阳能光伏技术的应用以及光伏建筑一体化发展方面，处于全球领先地位。美国是世界上能源消耗最大的国家之一，国会先后通过了《太阳能供暖降温房屋的建筑条例》和《节约能源房屋建筑法规》等鼓励新能源利用的法律文件。自 20 世纪 90 年代以来，美国太阳能利用进入新发展期，太阳能协会研发新型住宅，将半导体太阳能电池板嵌入墙壁和屋顶，实现建筑一体化。亚洲太阳能技术成熟地区主要集中在日韩等经济条件发达的国家。以日本为例，日本在主动式太阳房的研究应用领域处于世界前列。1974 年，日本通产省制定了“阳光计划”，并按此计划建造了数幢典型太阳能采暖空调试验建筑，并且多年来日本的太阳能采暖、空调建筑一直稳步发展，并已应用于大型建筑物上。

我国建筑与太阳能的结合发展比较晚，20 世纪 80 年代改革开放时期开始接触太阳能建筑这一领域，主要是解决农村和小城镇地区的热水以及供暖问题。进入 21 世纪，我国推出了“新农村建设”政策，并在 2009 年进一步实施了“太阳能热水器下乡”的优惠政策，极大地推动了农村地区太阳能光热利用技术的普及和推广。2011 年，我国已拥有较为完整的光伏产业链，并成为全球最大的光伏组件生产国，光伏组件年生产能力约为 18.2GW（1GW=1000MW）。

近几年，随着“双碳”工作及清洁取暖的进一步推动，建筑太阳能热利用的技术与应用发展迅速。在技术方面，高效集热技术、蓄热技术及供热采暖技术均产生了多项突破。在应用方面，应用形式逐步从分散的太阳能热水系统发展到大型太阳能供热、太阳能供暖空调，应用规模不断扩大。现阶段，我国对太阳能在建筑中的应用研究重点已转向工程性研究，包括对气候区、系统组件、能源供给形式、建筑外形设计，以及热工参数等的研究。

3. 太阳能建筑应用技术

（1）太阳能热水系统

应用太阳能集热器可组成集中式或分户式太阳能热水系统，为用户提供生活热水，目前在国内该技术最成熟，应用最广泛。图 5-30、图 5-31 分别为北方某建筑屋顶的集中式、分户式太阳能热水系统。

图 5-30　集中式太阳能热水系统

太阳能集热器与建筑一体化的优点如下：

1）建筑的使用功能与太阳能集热器的利用有机结合在一起，形成多功能的建筑构件，巧妙高效地利用空间，使建筑向阳面或屋顶得以充分利用。

图 5-31 分户式太阳能热水系统

2）同步规划设计，同步施工安装，节省太阳能系统的安装成本和建筑成本，一次安装到位，避免后期施工对用户生活造成不便以及对建筑已有结构造成损害。

3）综合使用材料，降低总造价，减小建筑荷载。

4）综合考虑建筑结构和太阳能设备协调和谐，构造合理，使太阳能系统和建筑融合为一体，不影响建筑的外观。

5）如果采用集中式太阳能热水系统，则还有利于平衡负荷和提高设备的利用效率。

6）太阳能的利用与建筑相互促进、共同发展。

（2）太阳能制冷系统

当太阳辐射强、气温高时，人们更需要的是空调制冷而不是热水，这种情况在我国南方地区尤为突出。利用取之不尽、清洁的太阳能为舒适性空间提供空调制冷，对节省化石能源、减少环境污染、提高生活水平具有重要意义。

实现太阳能制冷有两种方法：一是太阳能光电转换，利用电力制冷；二是太阳能光热转换，以热能制冷。前一种方法成本高，以目前太阳电池的价格来算，在相同制冷功率情况下，造价为后者的4~5倍。国际上，太阳能空调的应用主要是后一种方法，其优点是可以有效减少电能消耗量，具有良好的制冷效果，并且运行和维护成本较低。

（3）建筑一体化光伏系统

建筑一体化光伏（BIPV）系统是应用光伏发电的一种新概念，是太阳能光伏系统与现代建筑的完美结合。建筑设计中，在建筑结构外表面铺设光伏组件提供电能，将太阳能发电系统与屋顶、天窗、幕墙等建筑融为一体。

1）光伏与建筑相结合的优点：

① 可以利用闲置的屋顶或阳台，不必单独占用土地。

② 不必配备蓄电池等储能装置，节省了系统投资，避免了维护和更换蓄电池的麻烦。

③ 由于不受蓄电池容量的限制，可以最大限度地发挥太阳电池的发电能力。

④ 分散就地供电，不需要长距离输送电力的输配电设备，也避免了线路损失。

⑤ 使用方便，维护简单，降低了成本。

⑥ 夏天用电高峰时，太阳辐射强度较大，光伏系统发电量较多，对电网起到一定的调峰作用。

2）光伏与建筑相结合的形式：

① 光伏系统与建筑相结合。将一般的光伏方阵安装在建筑物的屋顶或阳台上，通常其逆变控制器输出端与公共电网并联，共同向建筑物供电，这是光伏系统与建筑相结合的初级形式，如图 5-32 所示。

② 光伏组件与建筑相结合。光伏组件与建筑材料融为一体，采用特殊的材料和工艺手段，将光伏组件做成屋顶、外墙、窗户等形式，可以直接作为建筑材料使用，既能发电，又可作为建材，进一步降低发电成本，如图 5-33 所示。

图 5-32　光伏系统与建筑相结合

图 5-33　光伏组件与建筑相结合

5.5.3　地热能及其建筑应用

1. 我国地热能资源状况与分布

我国地热资源储量丰富，已发现的地热显示区有 3200 多处，约占全球地热资源的 1/6，以中低温为主；其中热储温度大于 150℃ 可用于发电的有 255 处。

浅层地热能资源遍布全国，年可开采资源量折合 7 亿 t 标准煤。浅层（200m 深度内）地温梯度总体分布为北高南低，北方大部分地区地温梯度由西向东逐渐升高。中深层地热资源主要集中在大型沉积盆地和山地断裂带上，以水热型地热资源为主。沉积盆地地热资源主要分布在我国东部中、新生代平原盆地，包括华北平原、江淮平原、松辽盆地等地区，是我国重要的地热开发潜力区。高温地热资源主要分布在藏南、川西、滇西以及台湾省。地热资源总体分布具有“东高西低、南高北低”的特点。

2. 国内外地热能建筑应用现状

地热能利用地球内部的热能资源，具有资源量大、能源利用效率高、节能减排效果好等优点，在能源变革中具有先发优势。《世界地热供暖制冷进展》报告指出，截至 2022 年底，全球供热和制冷热能装机容量相当于 1.73 亿 kW · h，比 2020 年增加了 60%，最大的应用领域是建筑物的供暖和制冷，约占 79%；其次是健康娱乐和旅游、农业和食品加工。其中，我国的增长最为显著。2022 年全球使用的地热热能比 2020 年增加了 44%，这一增长反映了地热能作为一种可再生能源的潜力和重要性，尤其是在无法接入市政供热管网的区域，地热能成为一种有力的补充能源。2023 年，我国首次发布地热能国家主旨报告——《中国地热产业高质量发展报告》。该报告指出，在清洁供暖需求的强烈作用下，我国逐渐形成了以建筑供暖（制冷）为主的地热发展路径，带动我国地热直接利用稳居世界第一，为国际地热发展提供了新思路。截至 2021 年底，我国地热供暖（制冷）能力达到 13.3 亿 m^2。未来几年，我国北方地区地热清洁供暖、长江中下游地区地热供暖（制冷）、青藏高原及其周边地热发电仍将是产业发展的热点。

地源热泵空调是一种使用可再生能源的高效、节能、环保型的工程体系（图 5-34、图 5-35），通常地源热泵消耗 1kW 的电量，用户可以得到 4kW 左右的热量或冷量，以 400% 的高效率运行。

图 5-34　地源热泵空调机房

3. 地热能建筑应用技术

地源热泵供热空调系统利用浅层地热能资源作为热泵的冷热源，按与浅层地热能的换热方式不同，分为三类：地埋管换热、地表水换热和地下水换热。三种地源利用方式对应的热

图 5-35　地源热泵空调系统

泵名称分别为土壤源热泵、地表水源热泵、地下水源热泵。

(1) 土壤源热泵

土壤源热泵系统是指利用地下土壤蓄积的热能作为热泵机组的低位热源，通过循环液体水或以水为主要成分的防冻液在封闭的地下埋管中流动，实现系统与大地之间的换热。土壤源热泵系统既保持了地下水源热泵利用大地作为冷热源的优点，同时又不需要抽取地下水作为传热的介质，保护了地下水环境不受破坏，是一种可持续发展的建筑节能新技术。

土壤源热泵系统有以下优点：

1) 土壤温度全年波动较小且数值相对稳定，热泵机组的季节性能系数具有恒温热源热泵的特性，这种温度特性使地源热泵的主机效率比传统的空调运行效率高 20%～40%，具有较好的节能潜力。

2) 土壤具有良好的蓄能性能，冬、夏季从土壤中取出（或放入）的能量分别可以在夏、冬季得到自然补偿，实现热量的夏储冬用。

3) 地下埋管换热器无须除霜，没有结霜与融霜的能耗损失，节省了空气源热泵 5%～20%的能耗。

4) 地下埋管换热器在地下吸热与放热，减少了空调系统对地面产生的空气与噪声污染。供冷时空调系统的热量不排入大气，缓解了城市热岛效应。

5) 一机多用，热泵机组既可供暖，也可制冷，同时还能提供生活热水，一套系统可以发挥原有的供热锅炉、制冷空调机组以及生活热水加热装置的作用。

(2) 地表水源热泵

地表水源热泵系统的低位热源是指江水、海水、湖泊、河流、城市污水等地表水。在靠近江河湖海等大容量自然水体的地方，适于利用这些自然水体作为热泵的低位热源。这些水体的温度，夏季一般低于空气温度，而冬季一般高于空气温度，为提高机组的效率提供了良好条件。

地表水源热泵的主要分类如下：

1) 淡水源热泵系统。以江水、湖水、水库水等地表水体作为低位热源的地表水系统称为淡水源热泵系统。原则上，只要地表水冬季不结冰，均可作为冬季低位热源使用。这种系统的优点是与地下水和地埋管系统相比，地表水系统可以节省打井费用。

2）污水源热泵系统。以城市污水作为热泵低位热源的系统称为污水源热泵系统。城市污水是一种优良的低位热源。它具有以下优点：

① 城市污水的夏季温度低于室外空气温度，冬季温度高于室外空气温度，污水水温的变化较室外空气温度变化小，因而污水源热泵的运行工况比空气热泵的运行工况要稳定。

② 城市污水的出水量大，供热规模较大，节能性显著。

3）海水源热泵系统。海洋是一个巨大的可再生能源库，进入海洋中的太阳辐射能除一部分转变为海流的动能外，更多的是以热能的形式存储在海水中，而且海水的热容量又巨大，非常适合作为热源使用。海洋作为一种可再生的冷、热资源，能量取之不尽。我国海岸线较长，一些沿海城市具有很好的利用海水源热泵系统的条件，适合利用海水源热泵为建筑提供冷、热源，以节约能源，减少污染。

（3）地下水源热泵

地下水源热泵系统以地下水作为热泵机组的低位热源，因此，需要有丰富和稳定的地下水资源作为先决条件。地下水源热泵系统的经济性和地下水层的深度有很大的关系。如果地下水位较深，不仅打井的费用增加，而且运行中水泵耗电过高，将大大降低系统的效率。地下水资源是紧缺的、宝贵的资源，对地下水资源的浪费或污染是不允许的，因此，地下水源热泵系统必须采取可靠的回灌措施，确保置换冷量或热量的地下水100%回灌到原来的含水层。

地下水源热泵系统的主要优点如下：

1）地下水源热泵具有较好的节能性。地下水的温度一般等于当地全年平均气温或高1~2℃，冬暖夏凉，可提高机组的供热季节性能系数和能效比。同时，温度较低的地下水，在夏季的某些时候可以直接用于空气处理设备中，对空气进行冷却除湿处理而节省能源。相对于空气源热泵系统，能够节约15%~40%的能量。

2）地下水源热泵具有良好的经济性。其能效比高，所需设备少，初期投资少，仅需打井的费用。

5.5.4 风能及其建筑应用

1. 我国风能资源与分布状况

我国幅员辽阔，风能资源丰富。根据气象部门的资料，可开发的陆地风能资源10m高度层大约为253GW，可利用的海洋风能资源大约为750GW。东南沿海一带和附近的岛屿，以及内蒙古、新疆、甘肃等地区都蕴藏着丰富的风能资源，年平均风速达6m/s的内陆地区约占全国总面积的1%，仅次于美国和俄罗斯，居世界第三位。

我国陆地10m高度层风能总储量为32.26亿kW，居世界第一位。当前我国已经有较为成熟的风力发电技术，风机国产化水平不断提高，因此，在建筑应用领域将有广阔的发展前景。

2. 国内外风能建筑应用现状

根据国内外在建筑设计中运用风能的案例，风能主要应用于两大方面：一是建筑通风设计，借助风力对建筑内部通风起到促进作用；二是建筑风力发电，使用风力代替传统发电模式，起到节能降耗的作用。

风能发电技术的应用为近年来社会发展提供了很大助力，但需注意风能技术的应用与建筑所在区位、布局、形体有很强的联系性，不同区域要采用不同的能源应用设计模式。风能发电设备可根据不同区域、不同类型的建筑设置在建筑的不同部分，当建筑上方有风吹过时，塑料叶片就能对风力进行储存，再将其转换为电力供应到建筑应用中。这样的建筑设计形式更适用于风向变化频率较高的区域。

3. 风能建筑应用技术

（1）楼电梯间风能收集设备的设置

1）楼电梯间顶部。高层住宅楼电梯间是凸出屋面的，是建筑的制高点，相比较而言，建筑的楼电梯间顶部风速较大，在凸出屋面楼梯间顶部设置风聚集狭管和风能收集设备，可以有效利用风能发电。

2）楼电梯间外表皮风聚集部位。在建筑楼电梯间外表皮风聚集部位设置风口，有效收集风，运用风压效应原理，提高风速，风能收集叶片与风管一体化，高空利用风，实现风电转换、风能发电。

（2）单元间风能收集设备的设置

1）单元间屋面女儿墙。建筑单元间屋面女儿墙处于建筑较高位置，风流动在建筑外表皮产生风压效应，建筑女儿墙部位风速较快，风压效应促使在此部位设置的风收集设备工作，收集风，实现风电转换，同时可以将风能收集设备融入屋顶花园，增强美观性。

2）单元间表皮风聚集部位。单元间建筑外表皮在风流动时会产生风聚集效应，在风聚集部位设置风收集风口，利于收集风能。风的狭管效应在此风口处设置提高风速的狭管，风能收集叶片与风管一体化有利于提高风能的利用率。

5.5.5 生物质能及其建筑应用

1. 我国生物质能资源状况

生物质能是太阳能以化学能形式储存在生物质中的能量形式，它直接或间接起源于光合作用，有较强的可再生性能。我国的生物质资源非常丰富，开发潜力十分巨大。但是生物质能在我国商业用能结构所占的比例极小，其主要作为一次能源在农村被利用，大部分被直接作为燃料燃烧或废弃，利用水平低，浪费严重，且污染环境，所以充分合理开发使用生物质能，对于改善我国尤其农村的能源利用环境，加大生物质能的高品位利用具有重要的经济意义。

2. 国内外生物质能应用现状

目前世界上很多国家都非常重视生物质能的开发，相继制定系列重大计划，实施重大工程项目，如日本的“阳光计划”、巴西的“酒精工程”、印度的“绿色工程”等。而我国对这一能源的利用也极为重视，已连续在 4 个“五年计划”中将生物质能利用技术的研究与应用列为重点科技攻关项目，开展了生物质能利用技术的研究与开发，如户用沼气池、节柴炕灶、大中型沼气工程、生物质压块成型、气化与气化发电、生物质液体燃料等，取得了多项优秀成果。虽然与发达国家相比，其相关技术和生物质能发电等还存在一定差距，但对于可再生能源建筑应用具有重大意义。

在生物质能的应用中，生物质能发电是当下具有一定发展前景的一种能源使用方式，生物质能发电是通过运用生物质及其加工转化成的固体、液体、气体的生物质能燃料而实现的一种热力发电技术，目前主要分为直接燃烧发电、甲醇发电、城市垃圾发电和沼气发电四种。

3. 生物质能建筑应用技术

在生物质能的建筑设计应用中，除了城区垃圾处理带来的热电联产渠道外，当前建筑工程项目中比较常见的就是沼气的开发利用。沼气作为比较重要的一类资源，如果能够利用于建筑物中，必然也就可以明显取代传统能源。基于此，建筑设计中需要合理布置沼气生成装置，尤其是在一些农村区域，更是需要大力开发应用粪便以及植物秸秆进行沼气转化的沼气池，尽量提升这些沼气池的产量，合理布设沼气供应渠道和线路，促使沼气可以更好地服务于建筑工程项目，满足人们对于燃料或供热方面的需求。

使用生物质能的显著优点是污染小，成本低，材料来源广泛。可利用气化和液化技术将生物质转化成高品质的燃料气和燃料液。生物质转化技术可分为生物质气化技术和生物质液化技术，也可具体分为三类：一是直接燃烧，直接燃烧的主要目的是获取热量；二是生物转换技术，通过微生物发酵方法制取液体燃料或气体燃料；三是化学转换技术，其又可分为有机溶剂提取法、气化法和热分解法。

思考题

1. 绿色建筑进行选址时，需考虑哪几个方面的因素？
2. 阐述绿色建筑的规划布局要点。
3. 阐述绿色建筑的风环境设计要点。
4. 绿色建筑的建筑外围护材料有哪些？并说明各自特点。
5. 举例说明绿色建筑的屋面构造设计类型。
6. 简要说明绿色建筑的遮阳设计类型，并对比说明其优缺点。
7. 简要介绍太阳能在建筑中的利用。

参考文献

[1] 刘经强，田洪臣，赵恩西. 绿色建筑设计概论 [M]. 北京：化学工业出版社，2016.
[2] 刘加平，等. 绿色建筑：西部践行 [M]. 北京：中国建筑工业出版社，2015.
[3] 陈易，等. 低碳建筑 [M]. 上海：同济大学出版社，2015.
[4] 徐艳芳，孙勇. 绿色建筑规划设计与实例 [M]. 北京：化学工业出版社，2015.
[5] 李飞，杨建明. 绿色建筑技术概论 [M]. 北京：国防工业出版社，2014.
[6] 冯康曾，田山明，李鹤. 被动式建筑　节能建筑　智慧城市 [M]. 北京：中国建筑工业出版社，2017.
[7] 杨丽. 绿色建筑设计：建筑节能 [M]. 上海：同济大学出版社，2016.
[8] 刘加平，董靓，孙世钧. 绿色建筑概论 [M]. 2 版. 北京：中国建筑工业出版社，2020.
[9] 杨维菊. 绿色建筑设计与技术 [M]. 南京：东南大学出版社，2011.

第6章 绿色智能施工

6.1 绿色施工

6.1.1 绿色施工的内涵

绿色施工是指在保证质量、安全等基本要求的前提下，以人为本，因地制宜，通过科学管理和技术进步，最大限度地节约资源，减少对环境的负面影响的施工活动。

随着能源紧缺、污染严重、劳动力短缺等问题凸显，传统粗放的生产方式已不能适应新时代的发展要求。在新发展理念的要求下，推动传统建造方式向节能、绿色、低碳、环保等现代建造方式转变，成为新时代我国建筑业推动供给侧结构性改革的重要举措。

绿色化是发展的方向。随着双碳目标的确定，推动建筑行业的绿色化发展成为我国经济社会绿色低碳转型的必然要求。转变传统建造方式，大力发展绿色建筑，是实现碳减排的重要举措。

智能化是支撑。智能建造采用现代技术手段，能够显著提高建造与运行过程中的资源利用率，减少对生态环境的负面影响，实现节能环保、提高效率、提升品质和保障安全。智能建造是行业可持续发展的必然选择，也是全球建筑产业未来发展的主要方向，直接体现了行业的竞争力和创新力。在工程建设行业，以科技创新为支撑，以智能建造为技术手段的新型建造方式正在改变建筑工程的产业链，成为推动建筑业转型升级的动力之一。

绿色施工的三个基本要素包括环境保护、资源节约、人力资源节约和保护。

6.1.2 绿色施工的典型技术

1. 环境保护技术

（1）空气和扬尘污染控制技术

空气和扬尘污染控制技术包括暖棚内通风技术、密闭空间临时通风技术、现场喷洒降尘技术（作业层喷雾降尘技术、塔式起重机高空喷雾降尘技术、风送式喷雾机应用技术）、现场绿化降尘技术、混凝土内支撑切割技术、高层建筑封闭管道建筑垃圾垂直运输及分类收集技术、扬尘及有害气体动态监测技术、扬尘智能监测技术等。

（2）污水控制技术

污水控制技术包括地下水清洁回灌技术、水磨石泥浆环保排放技术、泥浆水收集处理再利用技术、全自动标准养护水循环利用技术、管道设备无害清洗技术等。

（3）固体废弃物控制技术

固体废弃物控制技术包括建筑垃圾分类收集与再生利用技术、建筑垃圾就地转化消纳技术、工业废渣利用技术、隧道与矿山废弃石渣再生利用技术、废弃混凝土现场再生利用技术、建筑垃圾减量化与再生利用技术等。

（4）土壤与生态保护技术

土壤与生态保护技术包括地貌与植被复原技术、场地土壤污染综合防治技术、绿化墙面和屋面施工技术、现场速生植物绿化技术、植生混凝土施工技术、透水混凝土施工技术、现场雨水就地渗透技术、下沉绿地技术、地下水防止污染技术、现场绿化综合技术、泥浆分离循环系统施工技术等。

（5）物理污染控制技术

物理污染控制技术包括现场噪声综合治理技术、设备吸声降噪技术、噪声智能监测技术、现场光污染防治技术等。

（6）环保综合技术

环保综合技术包括施工机具绿色性能评价与选用技术、绿色建材评价技术、绿色施工在线监测技术、基坑逆作和半逆作施工技术、基坑施工封闭降水技术、预拌砂浆技术、混凝土固化剂面层施工技术、长效防腐钢结构污染涂装技术、防水冷施工技术、非破损检测技术、非开挖埋管施工技术等。

2. 资源节约技术

（1）节材与材料资源利用技术

1）绿色建材选用技术，包括塑料方木技术、塑料马凳及保护层控制技术、管线共用支架技术、隔墙免抹灰技术等。

2）支撑体系先进技术，包括门式钢管脚手架技术、爬升式脚手架技术、可移动型钢脚手架施工技术、承插型盘扣式钢管脚手架技术等。

3）工具式模板和各种新型模板材料新技术，包括下沉式卫生间定型钢模、覆塑模板应用技术，木塑模板应用技术，钢木龙骨技术，钢网片脚手板应用技术，塑料模板、铝合金模板施工技术，早拆模板施工技术等。

4）自动提升、顶升模架或工作平台施工技术，包括自爬式卸料平台施工技术、附着式升降脚手架技术、集成式爬升模板技术、可移动式临时厕所应用技术等。

5）新技术、新工艺、新设备、新材料，包括永临结合管线布置技术、高强钢筋应用技术、整体提升电梯井操作平台技术、布料机与爬模一体化技术、钢筋机械连接技术、隔墙管线先安后砌施工技术、钢筋焊接网技术、压型钢板/钢筋桁架楼承板免支模施工技术、套管跟进锚杆施工技术、边柱工具式防护平台施工技术、工具式钢结构组合内支撑施工技术、自密实混凝土施工技术、长效防腐钢结构无污染涂装技术、全自动数控钢筋加工技术、永临结合排污管道利用技术、定型模壳施工技术、无平台施工电梯技术、预制混凝土薄板胎模施工技术等。

6）钢筋余料科学合理使用技术，包括废旧钢筋再利用技术等。

7）钢筋集中加工配送技术，包括钢筋加工配送及钢筋焊接网片技术等。

8）再生骨料科学合理使用技术，包括混凝土余料再生利用技术、超高层施工混凝土泵管水气联洗技术等。

9）建筑配件整体化或建筑构件装配化安装施工技术，包括预制楼梯安装技术、场地硬化预制技术、混凝土结构预制装配施工技术、可回收预应力锚索施工技术、建筑配件整体安装施工技术、整体提升电梯井操作平台技术等。

10）临时设施与安全防护设施定型标准化技术，包括工具式加工车间、集装箱式标准养护室、可周转洗漱池、可周转活动房办公室、可周转建筑垃圾站、可周转装配式围墙、可移动整体式样板等。

11）信息技术，包括建筑信息模型（BIM）技术、远程监控管理技术等。

12）其他节材综合技术，包括清水混凝土施工技术、消防管线永临结合技术、临时照明管线利用正式管线技术、逆作法施工技术、幕墙预埋件精准预埋施工技术、大跨度预应力框架梁优化施工技术、钢结构整体提升技术等。

（2）节水与水资源利用技术

1）先进的施工工艺节水技术，包括旋挖干成孔施工技术、全套管钻孔桩施工技术、现场洗车用水重复利用及雨水补给利用技术等。

2）施工现场综合节水技术，包括循环水自喷淋浇砖系统利用技术、地下水重复利用技术（基坑降排水重复利用技术）等。

3）雨水收集综合利用技术，包括利用消防水池兼做雨水收集永临结合技术、雨水回收利用技术等。

（3）节能与能源利用技术

1）施工过程能源消耗控制技术，包括 LED 灯应用技术，人体感应 LED 灯利用技术，风光互补路灯技术，塔式起重机（施工电梯、空调、水泵等设备）应用变频启动技术，大体积混凝土溜槽输送技术，定时、定额用电控制技术，临时照明声光控制技术，现场临时变压器安装功率补偿技术，电力车应用技术等。

2）施工过程节能技术，包括大直径旋挖桩分级扩孔技术等。

3）自然资源合理利用、太阳能或其他可再生能源利用技术，包括太阳能应用技术、空气源热泵应用技术、空气能热水器技术等。

4）智能自控应用技术，包括智能自控电采暖炉应用技术等。

（4）节地与土地资源保护技术

1）施工现场临时道路布置与原有及永久道路兼顾考虑应用技术，包括施工道路永临结合技术等。

2）周转临时道路先进技术，包括拼装式可周转钢制路面（钢板和钢板路基箱）应用技术、场地硬化预制技术等。

3）减少土方开挖和回填量保护用地应用技术，包括复合土钉墙支护技术、深基坑护坡桩支护技术等。

4）减少用地扰动技术，包括现场装配式多层用房开发与应用技术、钢筋集中加工配送技术、冰浮桥技术、逆作施工技术等。

3. 人力资源节约和保护技术

人力资源节约和保护技术包括施工现场预制装配率提升技术，施工现场食宿及办公用房的标准化配置技术，改善作业条件、降低劳动强度创新施工技术，自密实混凝土施工技术、自流平地面施工技术，混凝土超高泵送技术、砌块砌体免抹灰技术、钢结构安装现场免焊接施工技术，现场低压（36V）照明技术，信息化施工技术，结构预制装配施工技术，轻型模板开发应用技术，现场材料合理存放技术，施工现场临时设施合理布置技术。

6.1.3 绿色施工的评价

绿色施工评价是指对工程建设项目绿色施工水平及效果进行评判的活动。

绿色施工评价分为基本规定评价、要素与批次评价、技术创新与阶段评价、单位工程评价。绿色施工评价可参见 GB/T 50640—2023《建筑与市政工程绿色施工评价标准》。

6.2 智能施工

6.2.1 智能施工的内涵

智能施工是指在建筑项目中，通过应用现代信息技术、自动化控制技术、计算机网络技术、通信技术等，实现建筑设施的智能化管理和控制，以提高建筑的舒适性、安全性、节能性和管理效率。智能施工主要包括智能化系统的设计、设备安装、系统调试、系统集成、系统验收等环节。

6.2.2 智能施工应用场景分析

智能建造在施工管理领域的应用，受到许多建筑企业的关注。目前，许多公司正通过引入智能建造技术，优化施工管理流程，提高施工效率，缩短工期，降低成本，提高施工质量。一方面，智能建造技术在施工管理环节的应用主要体现为，通过智能化的辅助设备、仪器和软件系统，实现施工现场的自动化、信息化和智能化，并通过实时数据交互和分析，进行全面监测和管理施工进程，从而大大提高施工效率和质量。另一方面，智能建造技术在施工管理环节的应用，还包括多方面的管理手段和方法，如建立信息化施工管理平台、引入施工工艺仿真技术、建立现场协同管理体系等。其中，信息化施工管理平台是最常用的手段之一，可以通过信息化手段，实现施工计划的有效制定和执行、施工过程的全面监控和管理，以及施工质量的实时监测和评估。此外，智能建造技术在施工管理中的应用，还涉及数据采集和管理、智能机器人和系统的应用，以及智能化施工项目的规划和设计等。未来，随着智能建造技术的不断进步和应用，施工管理的智能化与科学化将会成为建筑施工行业的趋势和重要发展方向。

综上所述，在当前的建筑施工行业中，智能建造技术的应用带来了诸多优势，并在施工管理流程中具有重要作用。未来，在建筑施工领域进行深度智能化改革，将会改变传统的施工管理模式，推动建筑业的可持续发展。

6.2.3　智能施工典型技术

智能建造是技术和设备的综合体，是新一代信息技术和智能设备与工程建造技术的深度融合与集成。工程人员的交互、感知、决策、执行和反馈等动作都需要通过设备来完成，而体力替代、脑力增强更是需要设备的支撑。施工阶段常用的智能建造典型技术有 BIM 技术、三维逆向建模技术、物联网技术、大数据与人工智能技术、建筑机器人技术等。而在拆除施工环节，智能拆除也是未来发展的方向。智能拆除是指通过应用信息技术、机器人技术对建筑材料、构件及结构进行解构或破碎的拆除方法。

6.3　典型工程案例

国贸三期 B 工程

6.3.1　国贸三期 B 工程

1. 工程概述

国贸三期 B 工程位于北京市朝阳区东三环中路与光华路交汇处西南角，总建筑面积为 223601m^2，建筑高度为 295.6m。它由地下室、3BN 主塔楼、3BN 酒店裙楼和 3BS 商业裙楼组成，如图 6-1 所示。国贸三期 B 工程是集办公、酒店与商业为一体的外观新颖、功能创新、低碳节能的综合体项目。主塔楼远望时形似一棵新竹，矗立在东三环与国贸建筑群之间，在视觉上有机地衔接了环路两侧的景象，既体现出建筑本身的独特性，又不显得孤傲，完美融入现有的中央商务区。主塔楼应用环境友好的建筑设计理念进行外立面造型创新，玻璃幕墙竖向分段呈 3°外倾，减少大气灰尘在玻璃上的堆积，起到自洁功能；同时倾斜的玻璃幕墙降低了住户单元的眩光和反光，提供自行遮阳措施进而可以减少 4%的能量负荷。

图 6-1　国贸三期 B 工程概览图

2. 绿色智能施工关键技术

（1）超厚大体积底板混凝土施工及裂缝控制施工技术

主塔楼基础底板的平面尺寸为 47m×50m，核心筒区域底板厚度为 3.4m，外框区域底板厚度为 3m/2.9m。混凝土强度等级为 C50（P10），总浇筑方量为 8000m^3，属于超厚大体积混凝土底板。底板混凝土强度等级偏高，水泥用量大；平均厚度厚，散热条件差；浇筑时间为 2014 年 1 月 12 日~1 月 14 日，最高气温为 5℃，最低气温为-20℃，内外温差大。控制超厚大体积混凝土底板的内部绝对温升，进而控制底板不出现贯穿有害裂缝成为施工难题。

为解决上述问题，通过正交试验法优选混凝土配合比（表 6-1），突破现行规范限制，加大粉煤灰掺量，模拟试验结果及配合比设计通过专家论证会审批。

表 6-1 混凝土配合比设计

材料名称	水泥	细骨料	机碎石	粉煤灰	矿粉	外加剂	水
规格品种	P·O 42.5	中砂	5～25mm	Ⅰ级	S95	UNF	
用量/(kg/m^3)	230	680	1060	180	50	10.6	165

同时选择合理浇筑方式和保温措施来保证底板大体积混凝土的施工质量（图 6-2），选择溜槽为主、泵送为辅的工艺，在 48h 内完成浇筑，高峰期每小时浇筑超过 600m^3。

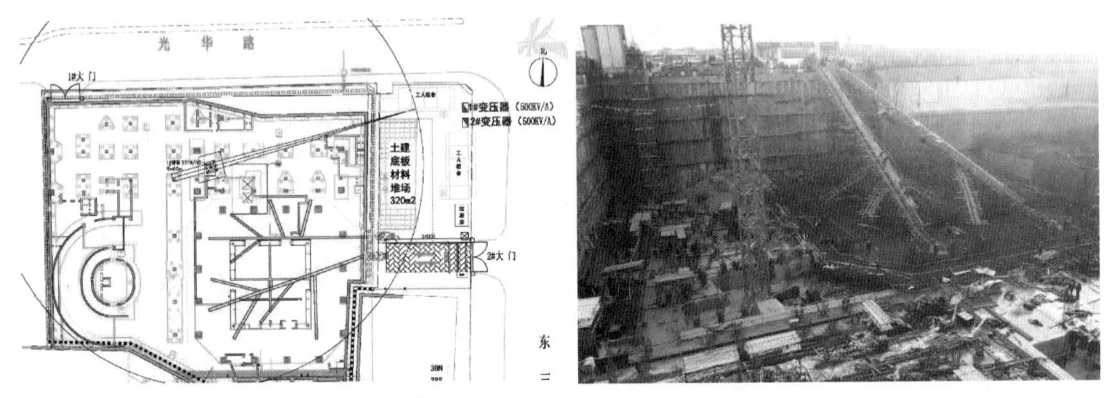

图 6-2 大体积混凝土底板浇筑施工

底板设置 9 个热电偶组记录筏板中混凝土余热（图 6-3），随时掌握混凝土内部与表面温差及大气温度变化情况，及时调整保温层数量，防止裂缝产生。

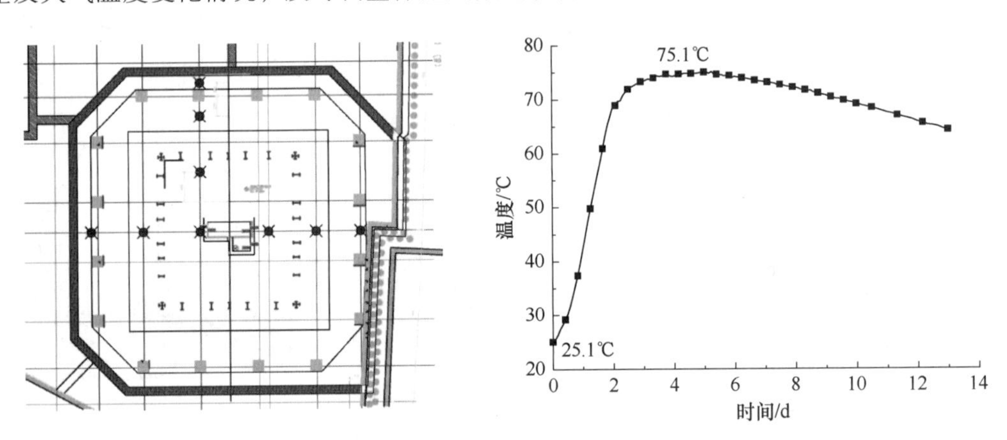

图 6-3 混凝土测温点分布及结果

（2）考虑基础碟形沉降影响的竖向压缩变形补偿技术

超高层结构基础沉降和自身竖向压缩变形，均会引起结构的不均匀沉降和次生应力，导致结构、管线、装饰的开裂和破坏。以往超高层建筑一般从首层开始分析内外筒沉降差异，本工程采用基础设计分析软件进行基础底板沉降计算，基础底板内外筒沉降差异较大，呈现明显的碟形沉降效应（图 6-4），且绝对值达到 6cm，因此本工程竖向压缩变形补偿创新性要从基础阶段开始考虑。

考虑碟形沉降和混凝土收缩徐变，对外框柱、核心筒不同阶段的竖向变形进行模拟，得到了超高层结构竖向变形和变形差的变化规律，如图 6-5 所示，结果表明使用 1 年后的竖向变形量达到使用 50 年变形总量的 90%，按照竣工 1 年的模拟结果数据对结构竖向预留变形进行了优化调整，并在施工期间根据监测数据随时调整后期的预留量。如图 6-6～图 6-8 所示，根据塔楼实测沉降可知，竣工 1 年后基础沉降已经基本稳定，竣工 2 年后基础沉降较竣工 1 年后只增加了 5% 左右，按照竣工 1 年的模拟数据进行变形补偿符合工程实际。施工过程中除预留变形补偿量之外，内筒与外框柱连接钢梁用全铰接方式，伸臂桁架采用后连接方法，减小施工期间混凝土收缩徐变的影响。

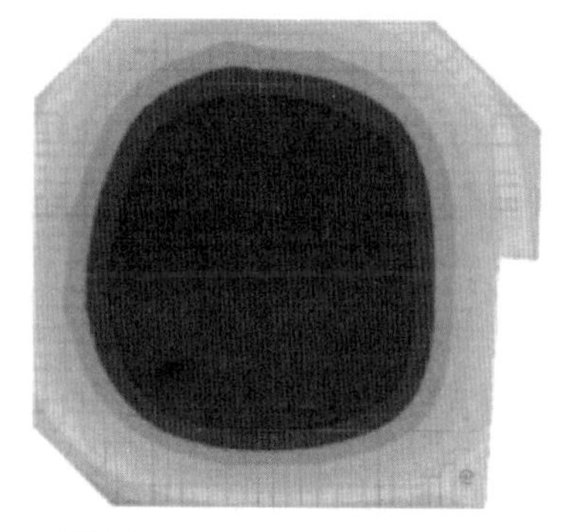

图 6-4　基础碟形沉降计算云图

图 6-4 彩图

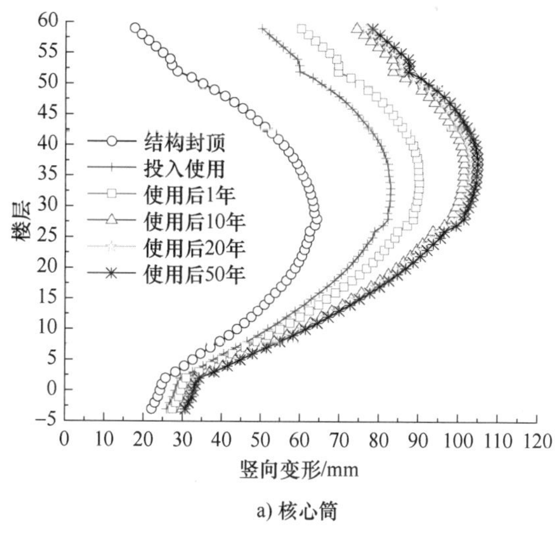

a) 核心筒

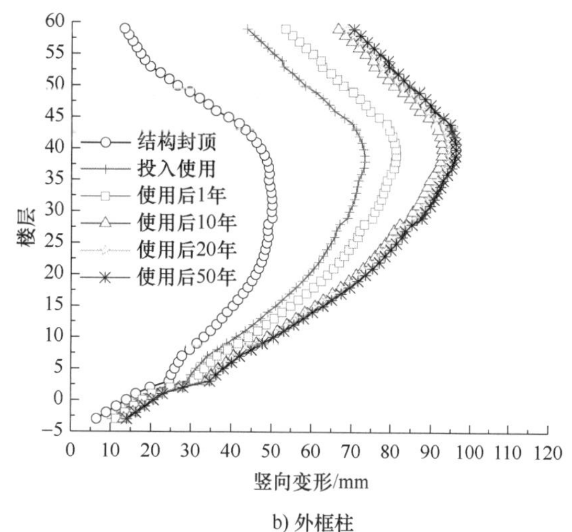

b) 外框柱

图 6-5　核心筒/外框柱竣工不同时间竖向变形量

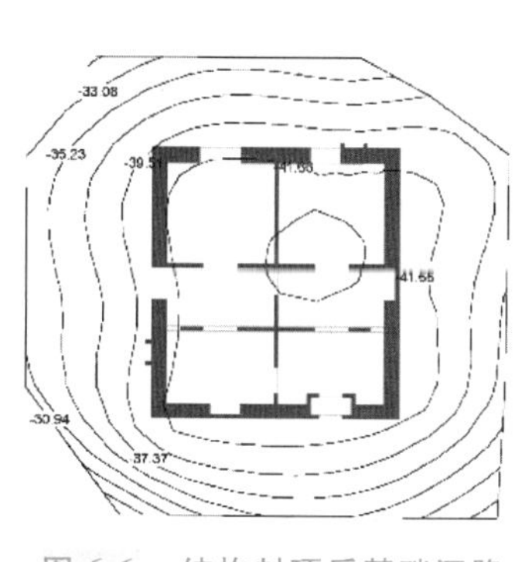

图 6-6　结构封顶后基础沉降

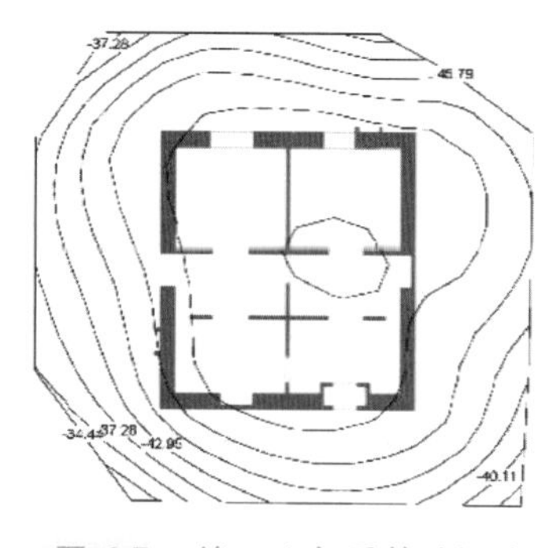

图 6-7　竣工 1 年后基础沉降

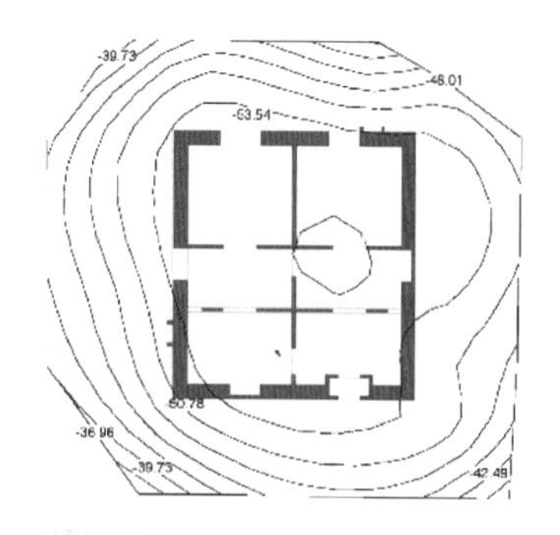

图 6-8　竣工 2 年后基础沉降

本工程首次提出了考虑超高层结构基础碟形沉降影响的竖向压缩变形补偿技术，实现了精确建造，保证后期结构的正常使用，减少材料和人力的浪费。

（3）超高层核心筒液压爬模施工技术

为有效缩短主塔楼结构的施工周期，本工程核心筒剪力墙选用爬模施工，但核心筒的壁厚、平面形状及平面定位尺寸沿竖向变化较大。爬模体系的选择、爬模和核心筒外塔式起重机、核心筒内临时施工电梯、超高压泵管、布料机及上层钢结构之间的关系处理等都是本工程施工控制的重点与难点。

本工程核心筒外墙采用 JFYM150 型外墙液压爬模架，核心筒采用 JFYM100 型物料平台液压爬模架，爬模架的提升可分段、分片或整体完成。本工程爬模共布置了 72 个液压爬模架机位，其中外墙液压爬模架 24 个机位，物料平台液压爬模架 48 个机位。超高层核心筒液压爬模施工图如图 6-9 所示。

图 6-9　超高层核心筒液压爬模施工图

采用超高层核心筒液压爬模施工技术，标准层施工速度达 3d/层，对比普通模板及架体施工，可提速 50%；同时核心筒墙体分两段流水施工，大幅提高了劳动力及资源投入效率；液压爬模可回收利用，加快了材料的周转率。

（4）超高层施工混凝土泵管清洗及养护技术

1）水气联洗技术。随着楼层高度的增加，每浇筑完一次混凝土，泵管内滞留的混凝土会越来越多，每 100m 泵管内的混凝土约有 1.23m^3。常规混凝土泵管的清洗方式为水洗，对超高层混凝土施工而言，水洗时管道所需压力高，导致安全隐患及堵塞风险高，同时耗水量大，易产生大量废水废渣，不利于环境保护及绿色文明施工。

本工程 150m 以上采用水气联洗技术。水气联洗是将管道中所有混凝土推回至混凝土罐车，150m 以上混凝土泵送每趟泵管中混凝土量超过 5m^3，此部分混凝土必须加以回收，否则将造成资源极大浪费。泵送结束后，关闭泵机附近液压截止阀，在泵管末端安装水气联洗接头，接头中塞有 2 个海绵柱，内存一小段水柱。然后打开截止阀，管道中混凝土靠自重下降。因混凝土与管道之间存在摩擦阻力，所以当竖向泵管中的混凝土自重与管道阻力平衡后，混凝土停止下降，此时可在布料机末端充入压缩空气，通过压缩空气将泵管中剩余混凝土推出管道。海绵柱通过管道时，将其内壁清洗干净。

水气联洗接头（图 6-10）是水气联洗施工的关键构件，泵管接口用于水气联洗接头与布料机末端或泵管相连，后盖上安装气管接口，用于与空气压缩机连接充气，接头中部设置注水口，用于在两个海绵柱中间充入少量水柱。

采用水气联洗技术进行管道清洗，清洗效果好，效率高，单次耗时仅为水洗耗时的

44%；无堵管风险，洗管成功率高达 100%；施工成本低，且需水量小。

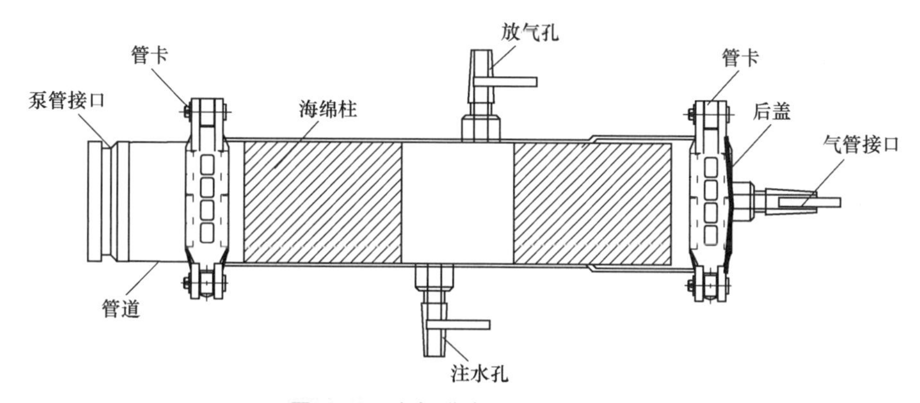

图 6-10　水气联洗接头构造示意图

2）核心筒全自动喷雾式混凝土养护装置。高层、超高层工程施工顺序一般为核心筒先行，施工过程中核心筒高度比外框高度高，从而出现混凝土养护人员无法养护高处混凝土的现象。为保证施工安全和混凝土养护质量，本工程采用全自动喷雾式混凝土养护装置（图 6-11），确保养护的及时性和安全性。全自动喷雾式混凝土养护装置设置在爬模下方，包括进水管路、主管路和自动定时开关。进水管路与主管路可拆卸连接。

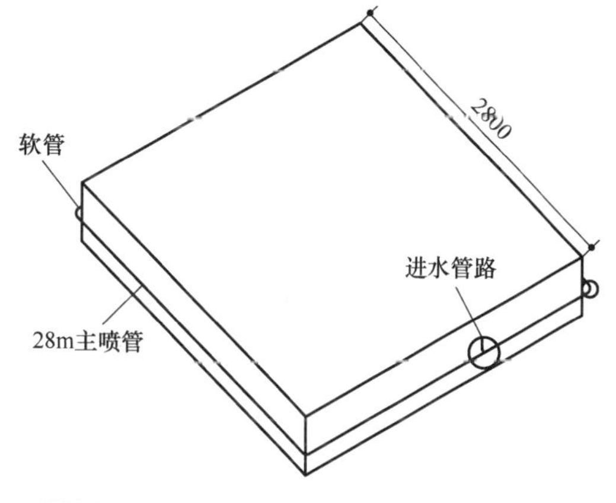

图 6-11　全自动喷雾式混凝土养护装置简图

全自动喷雾式混凝土养护装置可对高层、超高层混凝土进行养护，不需要人员高处作业，安全可靠；进水管路和核心筒混凝土转角处采用软管，适用于各类复杂地形的安装；本装置结构简单、拆装方便，可重复利用，回收方便。

（5）封闭结构下轻型钢结构半自动爬升施工技术

超高层建筑多采用框架-核心筒结构体系，核心筒混凝土施工多采用爬模或顶模技术。爬模及其平台在核心筒上部形成一个全封闭的大帽子，使核心筒内部平面结构施工无法利用塔式起重机等大型机械，核心筒内水平结构施工滞后于竖向结构。同时爬模架体与下部已完成结构之间无法形成疏散通道，在施工阶段存在极大安全隐患。

本工程将核心筒内部混凝土楼梯优化为钢楼梯，并设计一套半自动爬升吊装机构（图 6-12），该机构利用液压爬模原理，跟随工程进度单独爬升，同时该机构与上部爬模平台、下部钢楼梯共同构成主塔楼施工期间作业面人员的消防逃生通道，解决超高层建筑施工期间的应急疏散通道的问题。

封闭结构下轻型钢结构半自动爬升施工技术，借助于液压顶升装置、主承力桁架架体、电动环链葫芦和水平运输滑车等对钢结构进行吊装作业。主承力桁架架体为本机构的主要承重体系，与液压顶升装置和爬升导轨共同附着于附墙挂座，通过附墙挂座将机构自重荷载和吊装荷载传至核心筒结构墙体；液压顶升装置和爬升导轨相互配合，实现整个吊装机构的自动爬升；钢构件通过塔式起重机垂直运输至附着于外框钢结构上的物料平台，通过水平运输滑车将钢构件水平运输至电动环链葫芦下方，电动环链葫芦与双向行走轨道相连接，通过电动行走机构可将构件吊装至任意位置。

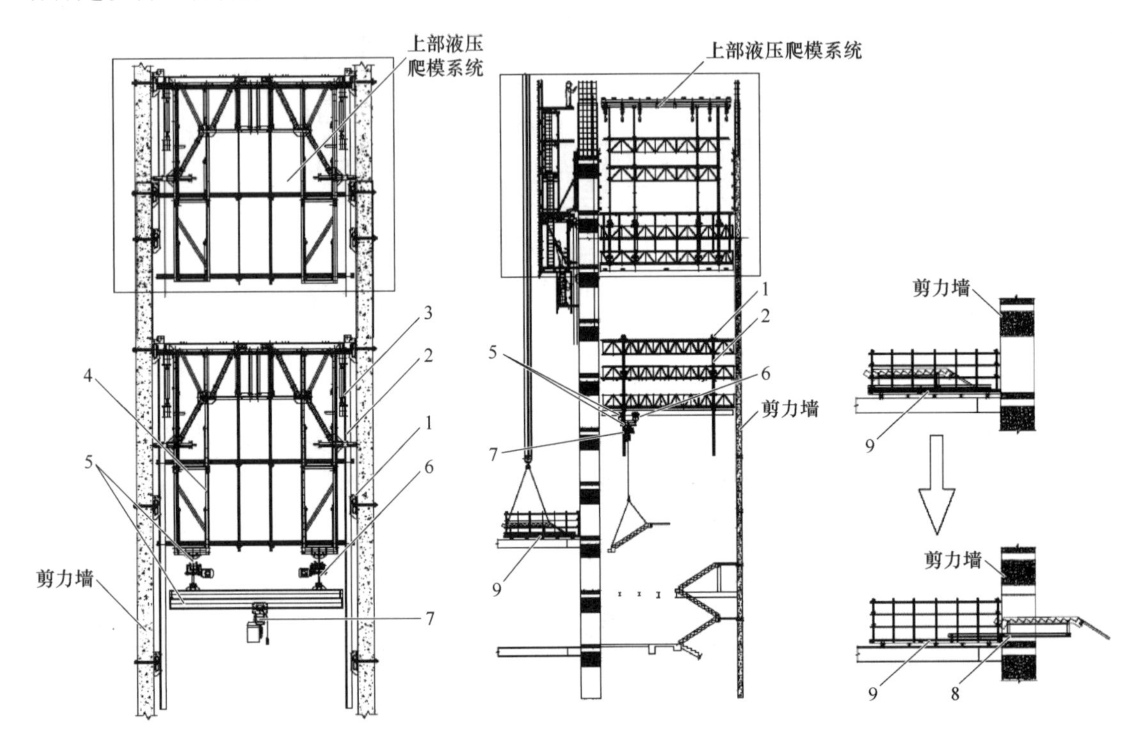

图 6-12　半自动爬升吊装机构工艺原理图

1—附墙挂座　2—爬升导轨　3—液压顶升装置　4—主承力桁架架体
5—双向行走轨道　6—电动行走机构　7—电动环链葫芦
8—水平运输滑车　9—运料平台

本工艺使封闭结构下的轻型钢结构施工利用自动化机械成为可能，降低了施工安全风险，提高了施工效率，缩短了各专业间施工的工期间隔，节约了工程成本。

（6）大跨度钢桁架整体拼装、逆序提升施工技术

3BS 裙楼横跨市政道路景茂街，景茂街上方设计 4 层大跨度钢结构桁架层，主桁架跨度 23m，两侧为悬挑桁架，每层钢结构质量约 250t。景茂街为城市次干道，对工期要求高；钢柱最大质量约 25t，箱型钢梁（不分段）最重达 50t，构件质量大；高空拼接安装困难；构件数量多，每层需 200 吊次，对塔式起重机使用需求高，现有塔式起重机无法满足安装需求，若增加塔式起重机，则利用率低、成本高。

采用整体拼装、逆序提升的施工技术，桁架拼装借助于履带式起重机，由低层到高层依次在地面上将结构进行拼装、焊接，随后利用液压提升设备，由高层向低层依次将结构提升就位，成功解决了场地狭小状态下多层大跨度重型钢结构安装困难的问题。

1）周边结构的保护措施。整体提升时，每层约 2500kN 的荷载将对提升周边的原结构

柱产生影响。为保证周边结构的稳定性，需在提升前将周围结构形成稳定的受力体系。为此，先将中部 4 个箱型柱外部的钢柱、钢梁、钢桁架焊接完毕，以形成有效的抵抗侧力的受力体系。通过计算，整体提升过程中，原结构钢柱的应力及位移均满足要求，如图 6-13 和图 6-14 所示。

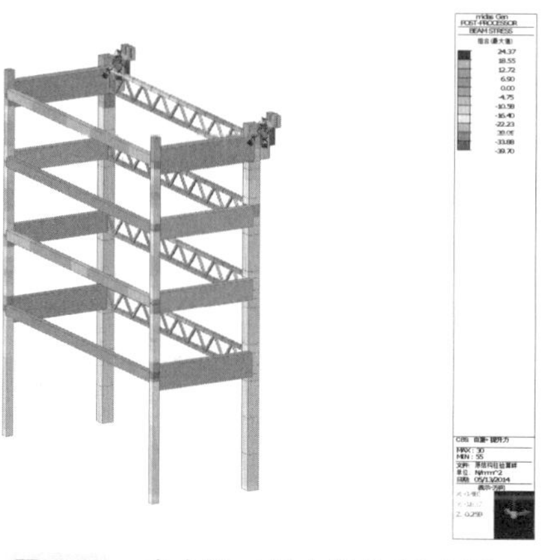

图 6-13 应力图（最大值为 39.7MPa）

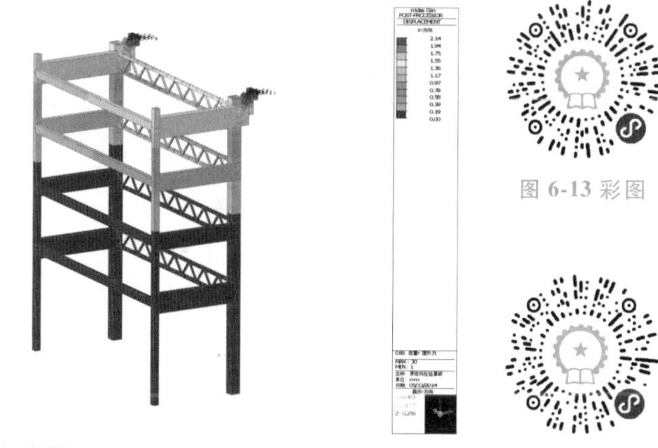

图 6-14 变形图（柱顶最大水平变形为 2.1mm）

图 6-13 彩图

图 6-14 彩图

2）整体拼装辅助胎架受力验算。根据胎架的质量、位置等进行受力验算（图 6-15 和图 6-16）。根据有限元软件分析结果，L3 层胎架应力为 139.58MPa，L4 层及以上胎架应力为 126.94MPa，最大变形约为 0.2mm，满足设计要求。

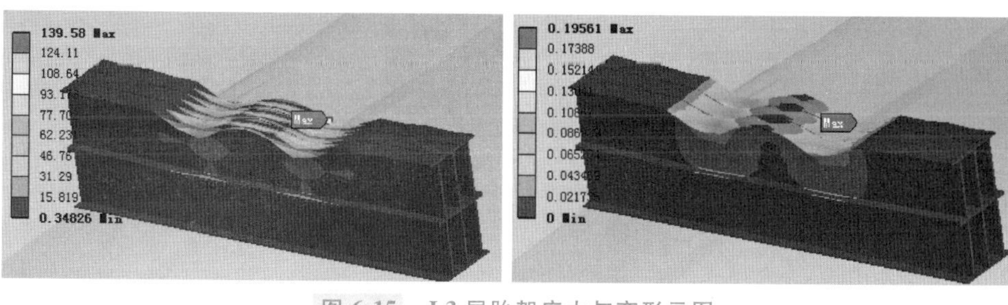

图 6-15 L3 层胎架应力与变形云图

图 6-15 彩图

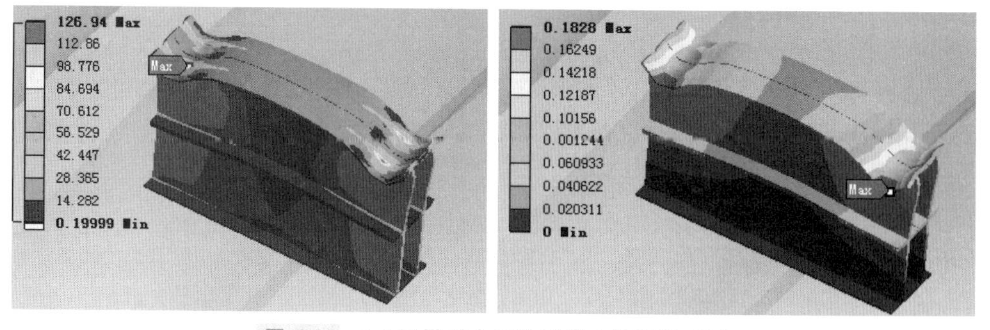

图 6-16 L4 层及以上层胎架应力与变形云图

图 6-16 彩图

3）整体提升施工流程。整体提升施工流程如图 6-17 所示，较传统塔式起重机安装方案节省成本，工期缩短，安全风险小，且无须燃烧柴油，部分材料可重复利用，绿色环保。

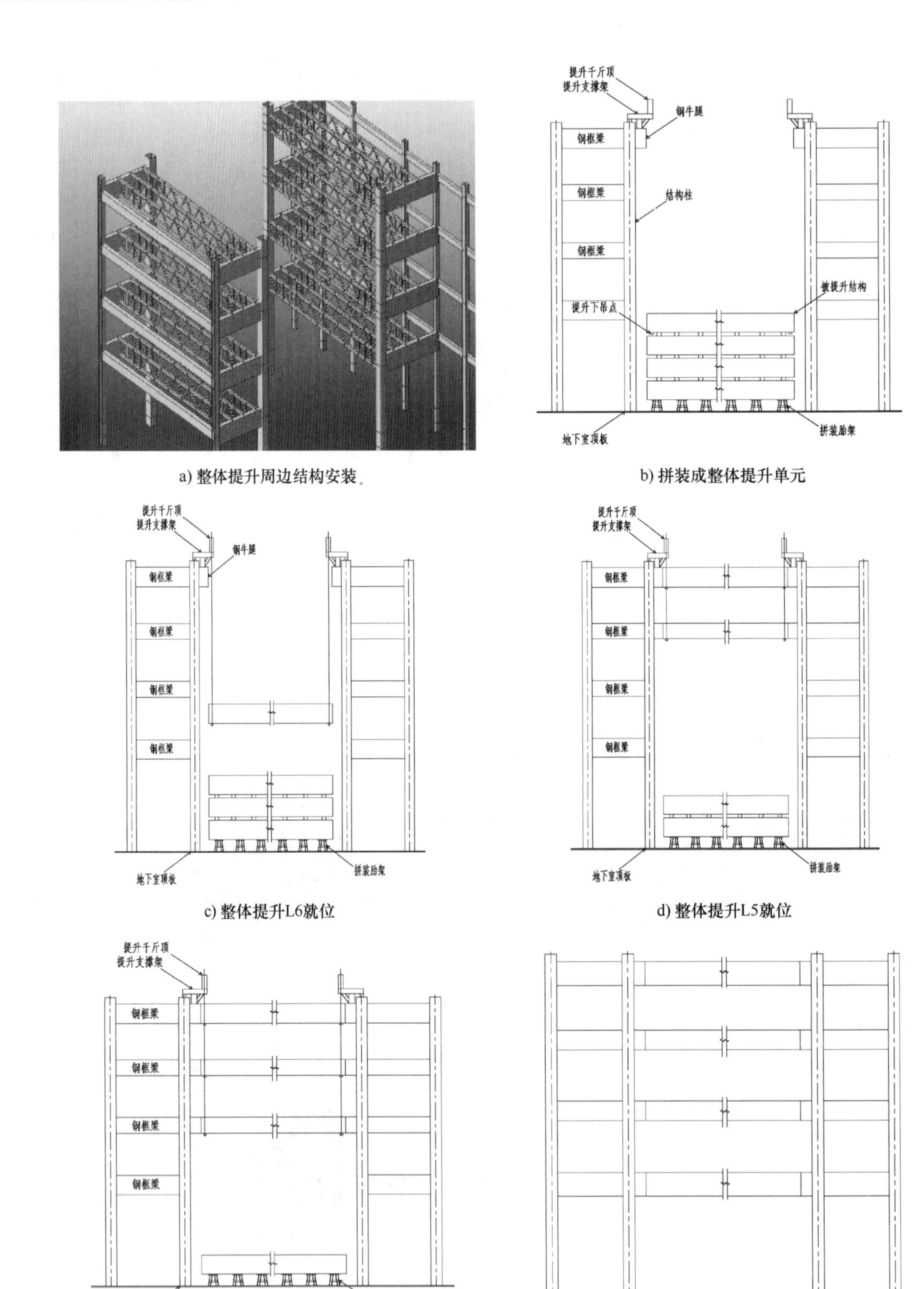

a) 整体提升周边结构安装

b) 拼装成整体提升单元

c) 整体提升L6就位

d) 整体提升L5就位

e) 整体提升L4就位

f) 整体提升L3就位

图 6-17　整体提升施工流程

(7) “冰蓄冷+低温送风+变风量 (VAV)” 的高效绿色节能制冷系统

本工程采用中央制冷系统，中央冷源系统由电能离心式冷水机组、板式热交换器、水泵等组成，系统配备相应的冷却水塔共 12 台。办公楼的空调系统为变风量 VAV 系统，外区 VAV 箱设加热盘管。办公楼的空调机、新风处理机组均采用四管制水系统，冷冻水及采暖热水竖向采用同程四管制输配系统。窗边散热器采用单独的采暖水立、支管供暖。通过空调处理机组风机变频控制、变风量运行，可以依据房间内的工作人员在不同时间、不同部位的需求，变风量系统进行相应的独立调节，从而提高室内舒适度，充分体现了办公环境的人性化设计，并达到节能的目的。

冰蓄冷空调系统利用夜间廉价电力制冰蓄冷，白天融冰供冷，充分提高空调主机设备利用率和工作效率，是国家和行业大力推行的节能减排系统。低温送风系统与冰蓄冷系统结合，可使空调风及空调水的流量大大减小，节省运行费用。低温送风还可提高空气品质。对于变风量空调系统，当系统部分负荷时，采用变频调速技术，空调机组装机容量减小，各区域温度可控，提高空调的舒适性。低温送风空调系统与蓄冰技术结合，并辅以变风量形式，是解决空调行业能源供应紧张的有效方法。

针对低温蓄冰槽防渗漏、超低温送风空调系统漏风和冷桥导致结露等技术难题，研发了一种增强型蓄冰槽防水保温施工工艺，形成更可靠的蓄冰槽防水保温结构，提高蓄冰槽侧壁的抗撞击能力；风管漏风量检测完成后，在空调机组正常运转的情况下，创新性地利用红外热成像仪对风管进行扫描拍照，检测系统中漏风或保温不严密的部位（图 6-18）；研发防结露型低温风阀和新型低温空调水管道保温管托，增强保温效果，防止产生冷桥和结露。

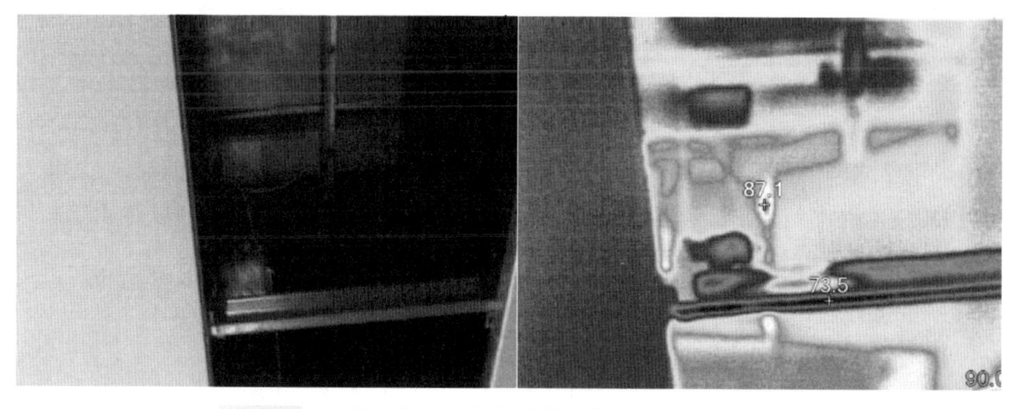

图 6-18　法兰连接处红外线成像照片和可见光照片对比

图 6-18 彩图

创新应用“冰蓄冷+低温送风+变风量”组合式制冷系统，并研发了成套关键技术，解决了系统应用的系列难题，比传统使用的定风量系统节约 30%电力，均衡城市电网峰谷，节能高效。

(8) 全生命周期 BIM 技术

本工程体量大，可利用场地受限，钢结构和机电深化设计复杂，现场设计变更数量多，质量安全管理难度大。将 BIM 技术应用于项目各关键节点，最大限度服务于施工全过程。

1) BIM 施工场地布置。利用 Revit、3DMax 将施工分为四个阶段，搭建施工各阶段场地模型（图 6-19 和图 6-20），确定场地堆料位置，解决了现场可利用场地狭小的难题。

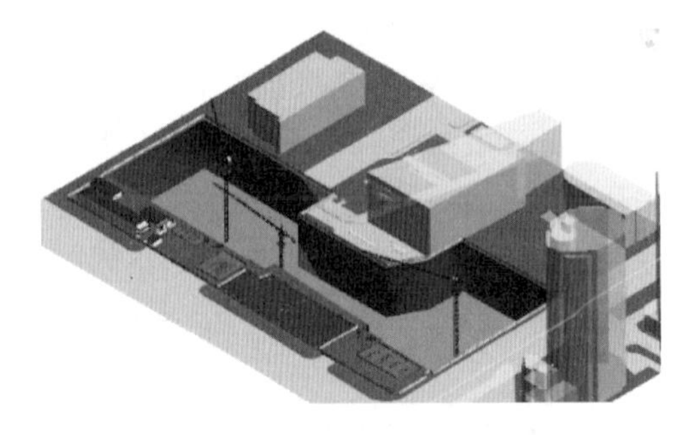

a) 底板施工阶段场地布置

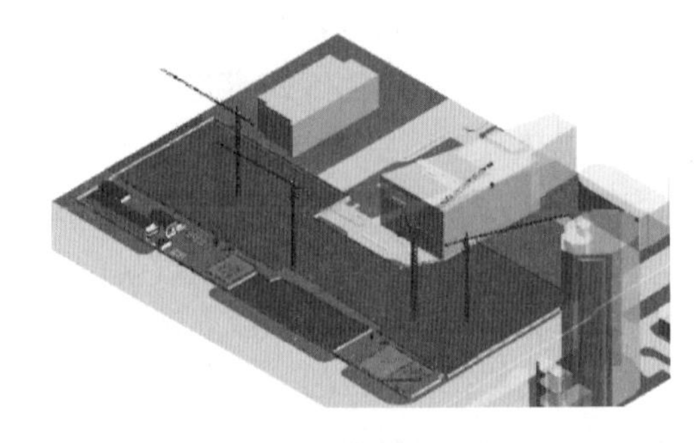

b) 地下室施工阶段场地布置

图 6-19　施工阶段场地布置（一）

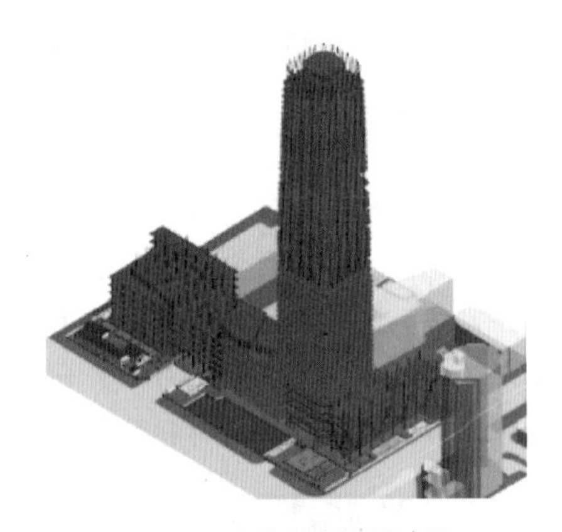

a) 36层以上施工阶段场地布置

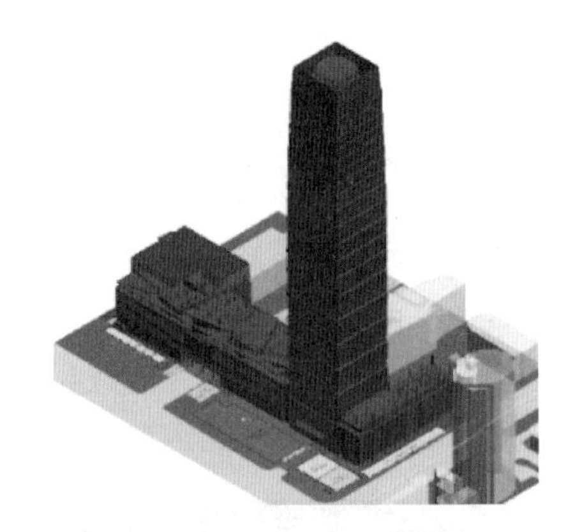

b) 装修及室外施工阶段场地布置

图 6-20　施工阶段场地布置（二）

2）BIM 指导钢结构全周期应用。本工程用钢量大，结构形式复杂，深化设计和施工难度都很大。利用 BIM 技术对钢结构施工从深化设计、物料采购到数字化加工，再到复杂工艺模拟、物料追踪等全周期进行精细化管理，大大减少了材料浪费，提高了现场安装质量，如图 6-21～图 6-23 所示。

图 6-21　整体模型

3）机电、幕墙深化设计。采用二维、三维一体化的深化设计模式（图 6-24、图 6-25），通过三维建模综合排布，随时发现问题，随时调整模型，最终实现空间零碰撞（图 6-26），并减少 40% 深化出图时间。利用 BIM 模型的可视化工具，可根据实际参数进行设备排布和可视化漫游，对同时涉及多专业的交叉工作协同指导施工。通过三维机电深化设计得到的 BIM 模型，可以直接导出构件制作清单（图 6-27），交由工厂进行加工，提高精度和安装效率；也方便日后业主的维护与维修，从而起到数据信息共享的作用。

图 6-22　主塔楼钢结构模型

图 6-23　大跨度重型桁架安装三维效果图

图 6-24　设备三维模型

图 6-25　管线三维模型

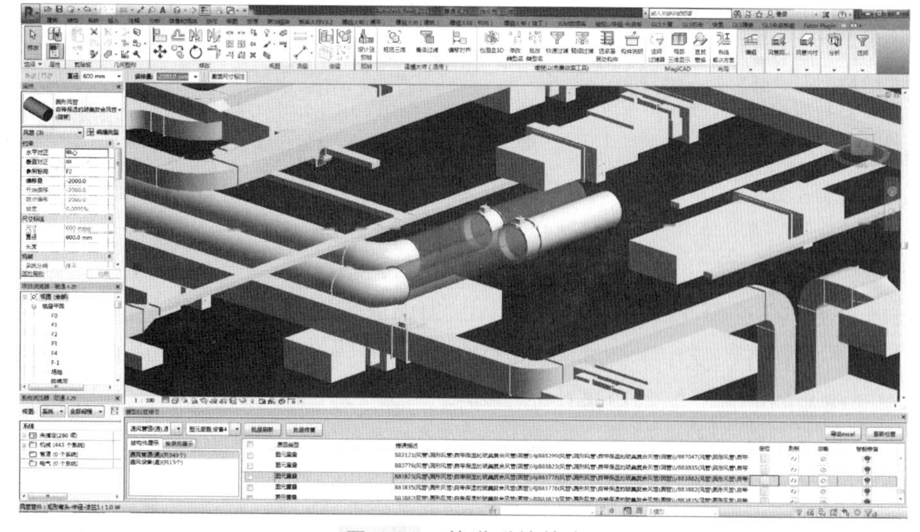

图 6-26　管道碰撞检查

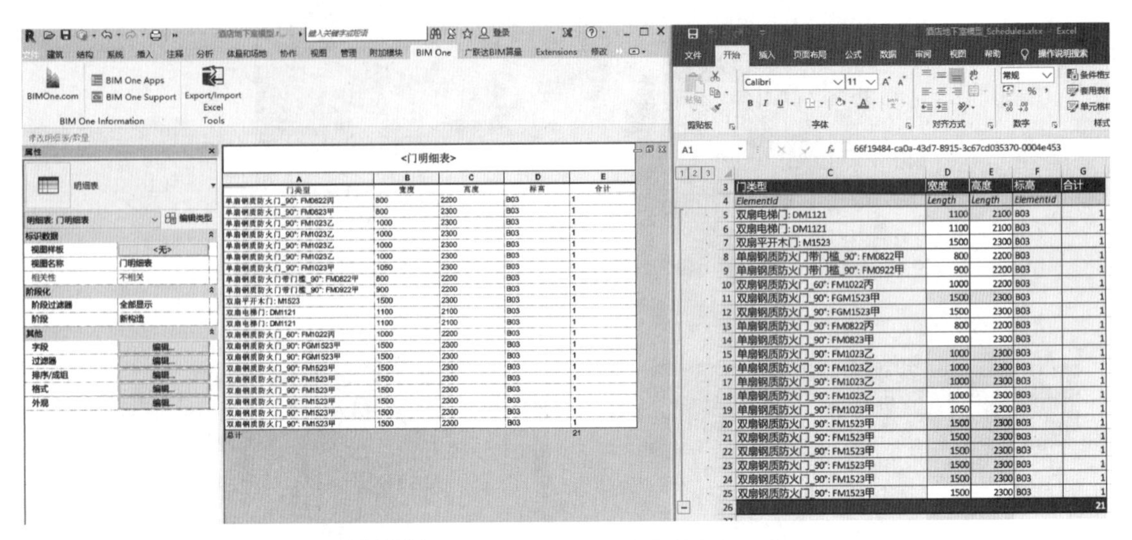

图 6-27　BIM 模型直接导出构件制作清单

幕墙呈“新竹”状，预制化数字加工存在一定困难。通过利用相关软件对幕墙模型进行深化，将大面单元板块 4616 块、转角区域单元板块 2560 块、翘曲单元板块 2036 块深化后的幕墙模型与加工设备结合，如图 6-28 所示，实现幕墙构件预制的数字化精确加工，保证了相应部位的工程质量。

图 6-28　幕墙模型深化设计图

4）技术重难点工艺分析。通过利用 Revit、3DMax 等软件，模拟输送管、泵管、水平缓冲管、垂直管、布料杆、操作平台等的布置及其连接方式（图 6-29、图 6-30），提前解决了与各专业交叉作业的问题，制订出最佳泵送线路，通过模拟超高层混凝土泵送的施工工艺，实现了可视化交底，使超高层混凝土泵送作业提前 4d 完成。

主体结构钢骨及其埋件对液压爬模的埋件系统、模板系统和架体系统有很大影响。通过对爬模全过程施工进行模拟，发现与爬模有冲突之处，并及时进行处理（图 6-31）。

图 6-29　首层泵管布置图

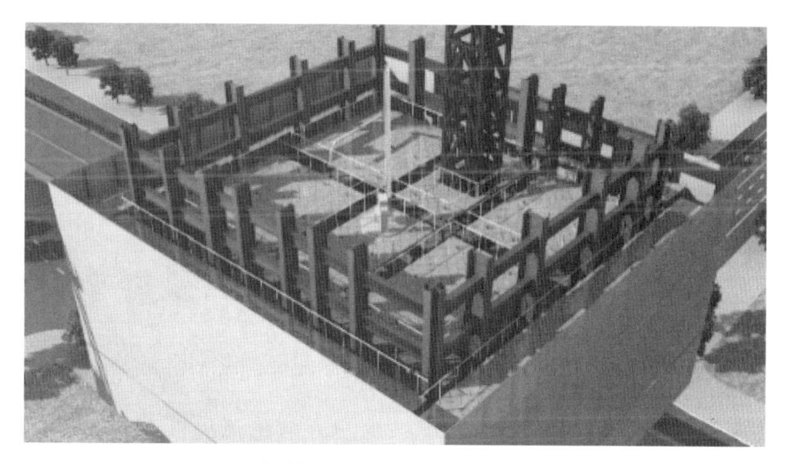

图 6-30　操作平台布置图

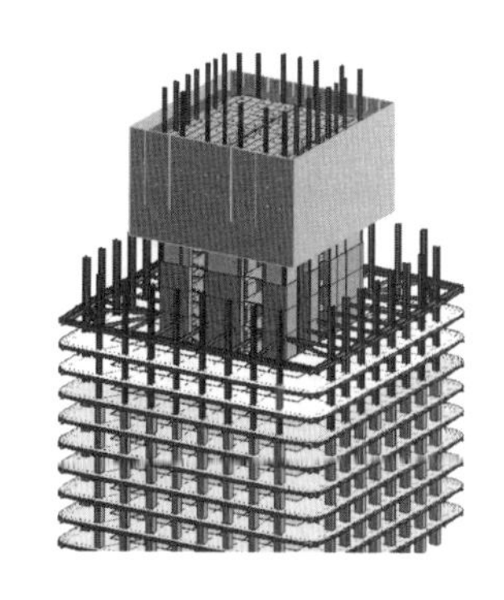

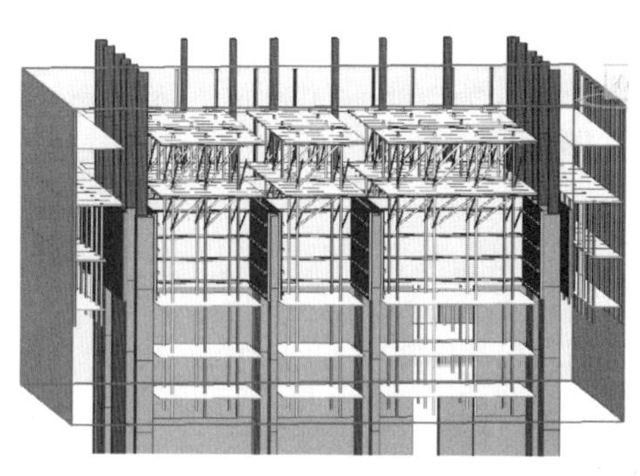

图 6-31　爬模全过程施工模拟

5）进度、材料、设备、质量、安全管理。以 Navisworks 作为平台，将进度计划、实际工程用量、现场照片、资料等多种形式整合到模型内，并通过移动端软件，在现场实时浏览模型，对比现场施工状况，实现进度、材料、设备、质量、安全管理，如图 6-32 和图 6-33 所示。

对各专业模型进行颜色区分

714-401-KUNGFUPANDA-AQ-SDS.nwc	水景专业
714-401-KUNGFUPANDA-A-SDS.nwc	建筑专业
714-401-KUNGFUPANDA-AT IFCR3.nwc	主题专业
714-401-KUNGFUPANDA-CM-SDS.nwc	电子通信
714-401-KUNGFUPANDA-D 06-14-2019.nwc	装饰专业
714-401-KUNGFUPANDA-D-PROJECTOR 06-19-:	装饰
714-401-KUNGFUPANDA-EC-SDS.nwc	弱电专业
714-401-KUNGFUPANDA-E-SDS.nwc	强电专业
714-401-KUNGFUPANDA-FA-SDS.nwc	消防报警
714-401-KUNGFUPANDA-FP-SDS.nwc	消防管道
714-401-KUNGFUPANDA-K-SDS.nwc	厨房专业
714-401-KUNGFUPANDA-LT-SDS.nwc	假树专业
714-401-KUNGFUPANDA-M-SDS.nwc	暖通专业
714-401-KUNGFUPANDA-P-SDS.nwc	给排水
714-401-KUNGFUPANDA-RW-SDS.nwc	假山专业
714-401-KUNGFUPANDA-SL 06-14-2019.nwc	表演灯光
714-401-KUNGFUPANDA-SP-SDS.nwc	天然气专业
714-401-KUNGFUPANDA-S-SDS.nwc	结构专业
714-401-KUNGFUPANDA-S-Steel-SDS.nwd	钢结构专业
714-401-KUNGFUPANDA-SV-SDS.nwc	安防专业
714-401-KUNGFUPANDA-TL 06-14-2019.nwc	主题灯具
714-401-KUNGFUPANDA-TP-SDS.nwc	压缩空气
714-402-KUNGFUPANDA-AV 4-24-2019.nwc	视听专业
714-402-KUNGFUPANDA-D 4-24-2019.nwc	402装饰
714-402-KUNGFUPANDA-DM IFCR3.nwc	机械专业
714-402-KUNGFUPANDA-SL 20190409.nwc	表演灯光
714-420-KUNGFUPANDA-AD-SDS.nwc	区域开发
714-420-KUNGFUPANDA-C-SDS.nwc	市政专业

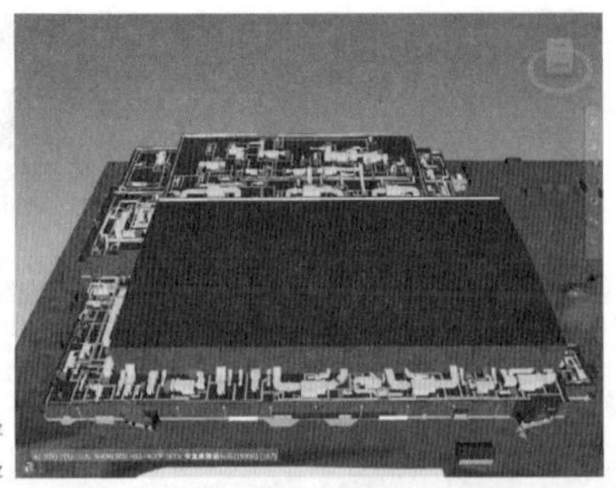

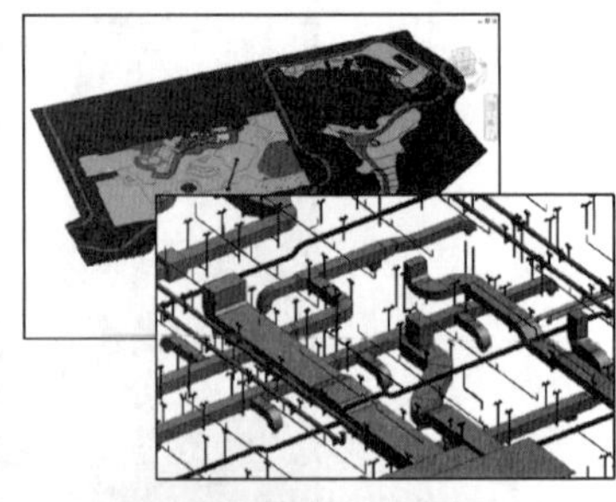

图 6-32　基于 Navisworks 平台的进度、物料和质量管理

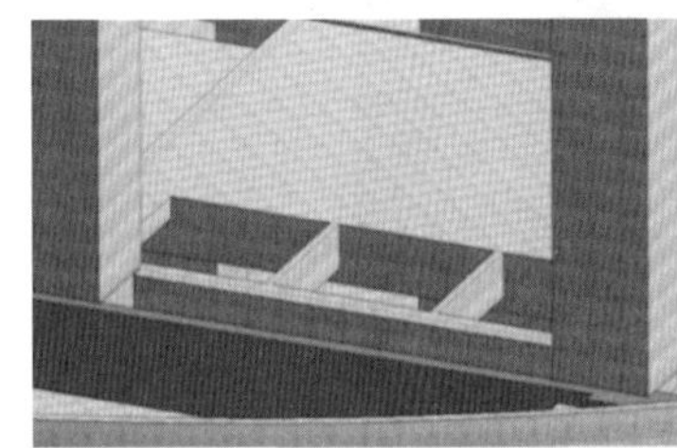

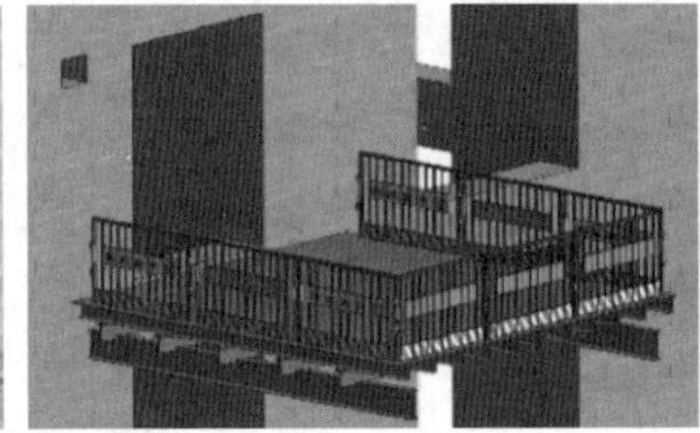

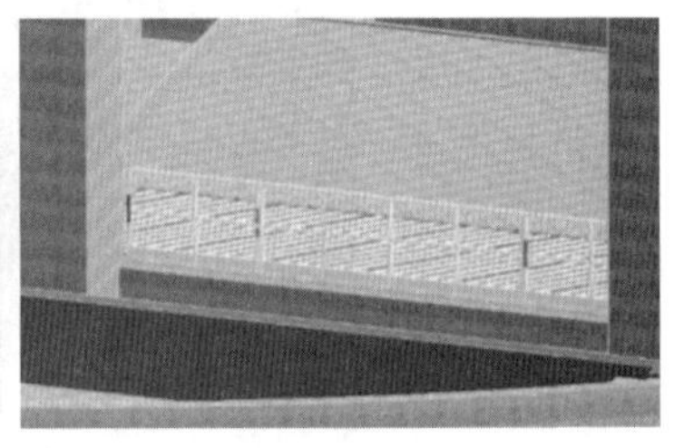

图 6-33　基于 Navisworks 平台的安全管理

在 BIM 模型搭设阶段就可提前发现建筑结构图因信息孤岛而存在的问题，在现场施工前有充足时间进行更改。对于本项目，BIM 累计发出 713 处建筑结构方面的设计问题，完成项目三维交底 10 余次，较好地促进了现场施工质量管理和安全管理，提高了材料、设备管控效率，减少了现场管理安装施工时间，加快了施工进度。通过可视化的总平面管理，减少了现场材料转运次数。

图 6-32 彩图

6.3.2　国家科技传播中心

国家科技传播中心

1. 项目概况

国家科技传播中心是以科技传播服务创新发展的国家级科学文化公共服务平台，也是开展国际科技交流的活动载体，还是传播我国科技创新成果和科学家精神的殿堂工程，如图 6-34 所示。

项目于 2019 年 10 月开工建设，2023 年 4 月全面竣工，为国家重点工程。该项目位于奥林匹克中心区文化综合区 B00 地块南侧，紧邻中国科技馆新馆和奥林匹克森林公园，占地面积为 $23600m^2$，总建筑面积为 $62640m^2$，总投资为 98697 万元，实施单位为中国科协科学技术传播中心。

图 6-34　国家科技传播中心

2. 绿色智能施工关键技术

（1）大跨叠层-超长悬挑重型复杂钢结构体系数字孪生建造

本工程钢结构体系复杂，采用张弦梁、大跨度、大悬挑、幕墙桁架、预应力和屈曲支撑等多种结构类型，尤其是大跨叠层、超长悬挑重型复杂钢结构体系同时应用于同一工程，桁架结构相互结合与制约，连接节点复杂。基于该复杂钢结构体系，施工顺序对结构安全稳定性有主要影响。本工程采用数值分析与仿真模拟等技术，实施钢结构安装全过程数字孪生建造，如图 6-35 所示。

图 6-35　钢结构安装全过程数字孪生建造

1）优化设计。基于碰撞检测，对钢结构杆件定位做出了调整。将调整后的结果导入 Midas 进行结构计算校核。而后，经由 CAD 中转，利用编程自动生成最终的 Tekla 模型，模型可直接导出复杂节点的二维和三维图形，作为后续施工基础。优化设计流程如图 6-36 所示。

2）结构整体虚拟建造（图 6-37）。首先剖析地上结构体系。中间为整体结构剖面图，其最高处为 58m 大跨度轮辐式张弦梁混凝土穹顶，穹顶下方为三层叠加的 45m 大跨度井字钢梁重型楼面，向右通过跨层桁架与 14m 超长重型悬挑桁架吊挂结构相连。三种结构彼此

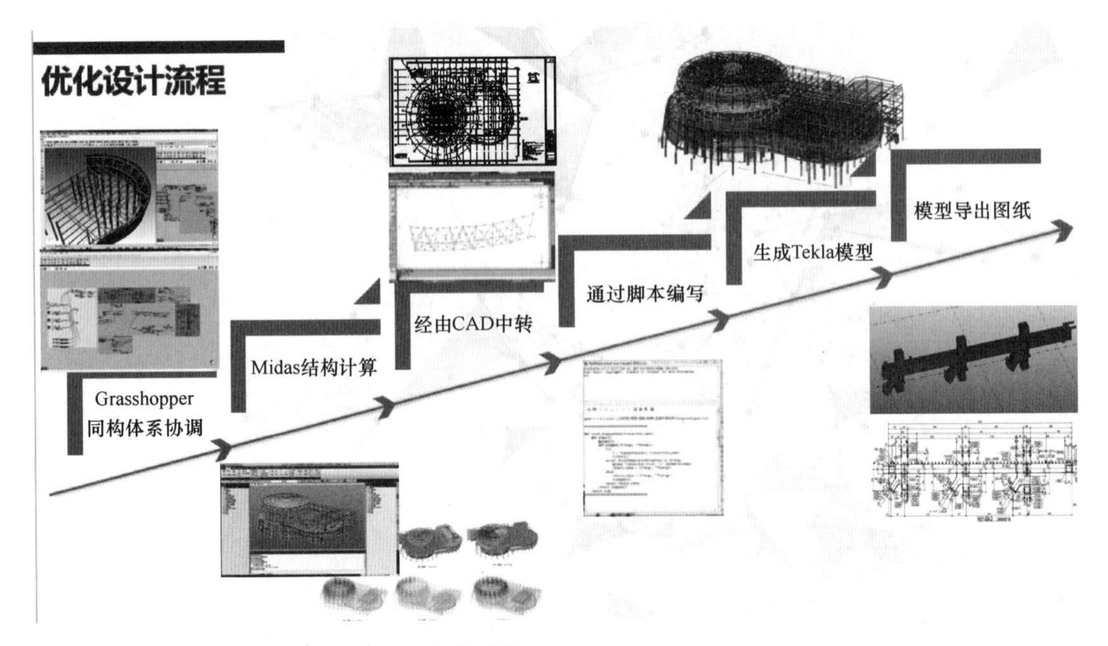

图 6-36 优化设计流程

之间相互制约，一个部位的变形可能影响整个体系的结构安全。在梳理整体安装思路后进行了大量虚拟建造，通过不断调整各子分部施工顺序，直至应力、应变符合设计要求，最终得出最优施工方案。虚拟建造内容包括不同施工次序虚拟建造、大跨度轮辐式张弦梁混凝土穹顶虚拟建造、大跨度双向井字梁重型楼面虚拟建造。

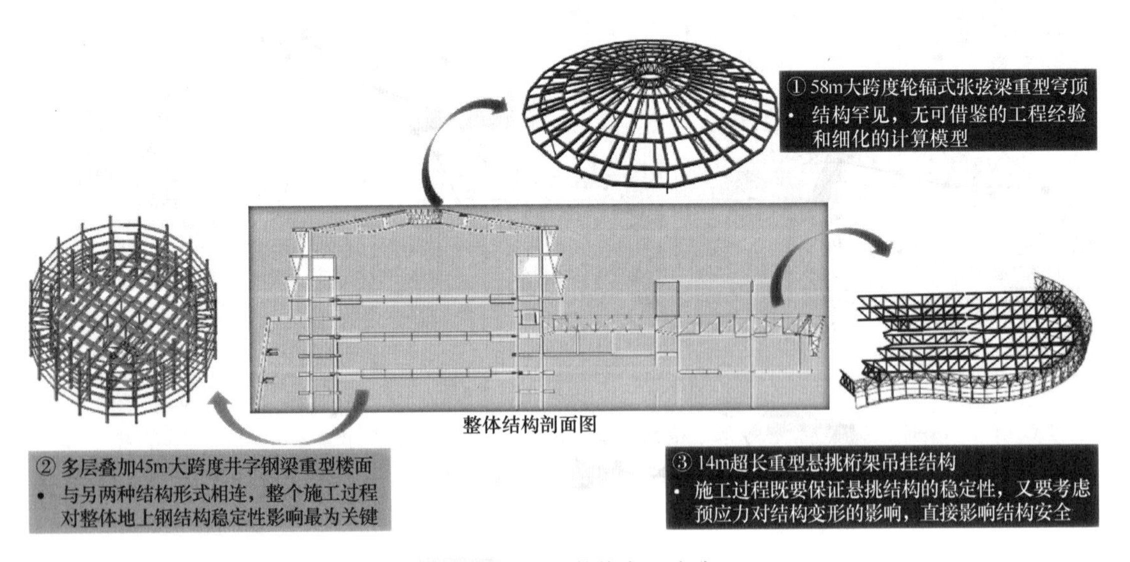

图 6-37 结构整体虚拟建造

（2）运用 AI 技术的现场管控

本工程要求达成多项创优目标，全生命周期管理标准高，需建立覆盖全员全过程的安全管控系统，提高项目信息化管理水平。充分运用可见光AI技术建立施工现场的智慧化监控体系，对重点区域布防摄像头进行全天候AI自动分析。利用AI数字计算技术进行电子视频区域围栏入侵行为分析、精准声光报警防盗，利用热成像+可见光AI识别技术进行烟火预警管理。组建现场实时监控、防火安全预警、人员进出统计、劳务工实名制出勤管理等智慧化管理体系。

1）AI安全帽识别。AI安全帽识别技术与劳务工实名制出勤管理系统结合，进出人员在佩戴安全帽的情况下即可精准识别，符合安全施工需求，“AI人脸通管理平台”“AI人脸识别系统”均获得软件著作权，并在多个项目上推广试用，如图6-38所示。

图6-38　AI安全帽识别

2）AI违规行为识别与报警。运用红外筒形网络摄像机进行实时感知监控，对重点区域布防摄像头进行全天候AI自动分析，识别安全帽佩戴不合规及区域围栏入侵等违规行为，精准声光告警防盗，如图6-39所示。

3）烟火预警管理。热成像温感变化与AI视频算法结合形成烟火预警管理，全天候实时且准确判断工地重点监控区域突发情况，如图6-40所示。

利用烟火预警管理系统，全天候24h监测现场。全天候24h配合热成像温感变化与AI视频算法结合准确判断突发情况，多种安装设备组合与警报，移动端随时处理结果。

（3）全专业智慧建造协同管理

为更好地完成工程项目的数字化交付，大幅提升工程项目的运维精细化管理水平和综合效益。根据运维需求，由建设单位牵头组织设计、施工方参与共同建立基于BIM和现场感知的工程数据库的智慧建造协同管理平台（图6-41）。

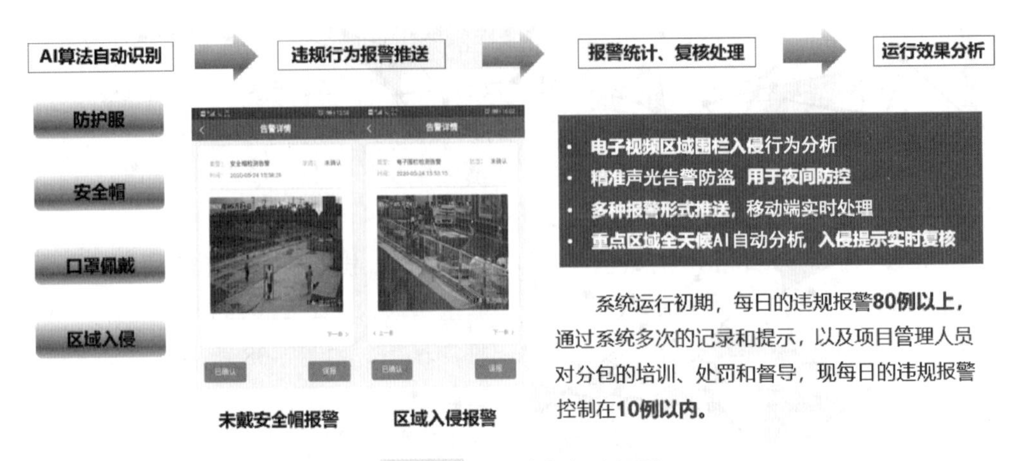

图 6-39　AI 违规行为识别

图 6-40　AI 烟火预警

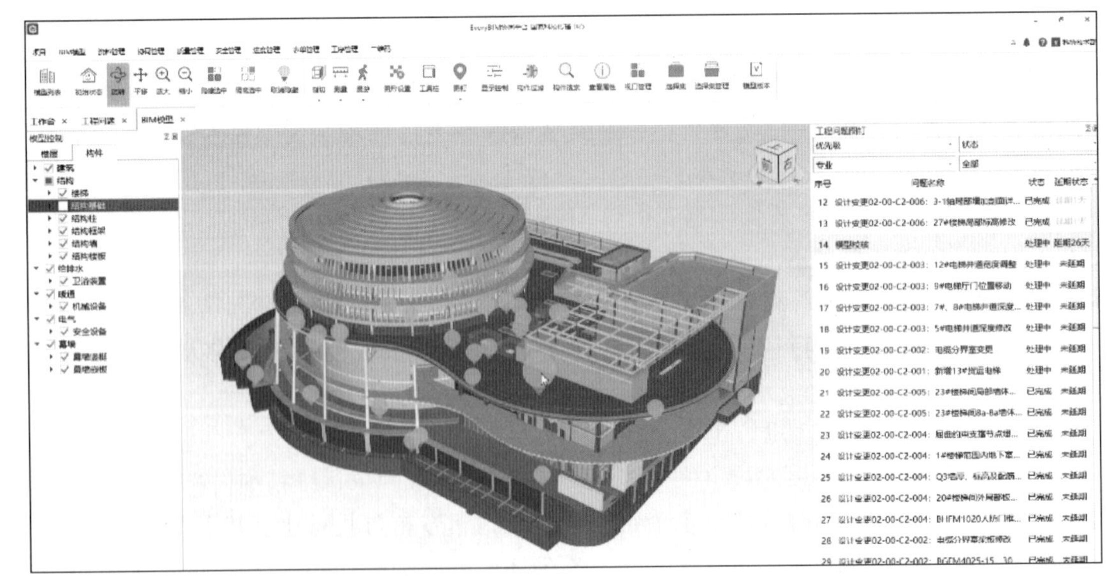

图 6-41　智慧建造协同管理平台

通过数据处理、分析和有效管理，可真实、直观、准确、便捷查看施工现场（图 6-42），动态了解施工过程，实现高效协同的数字化现场管理。

依据模型建立的精度、深度，模型应包括的信息，模型的后续使用需求等完善基础模型，依托基础模型进行深化设计后，根据冲突报告更新模型，实现全专业深化设计协调。

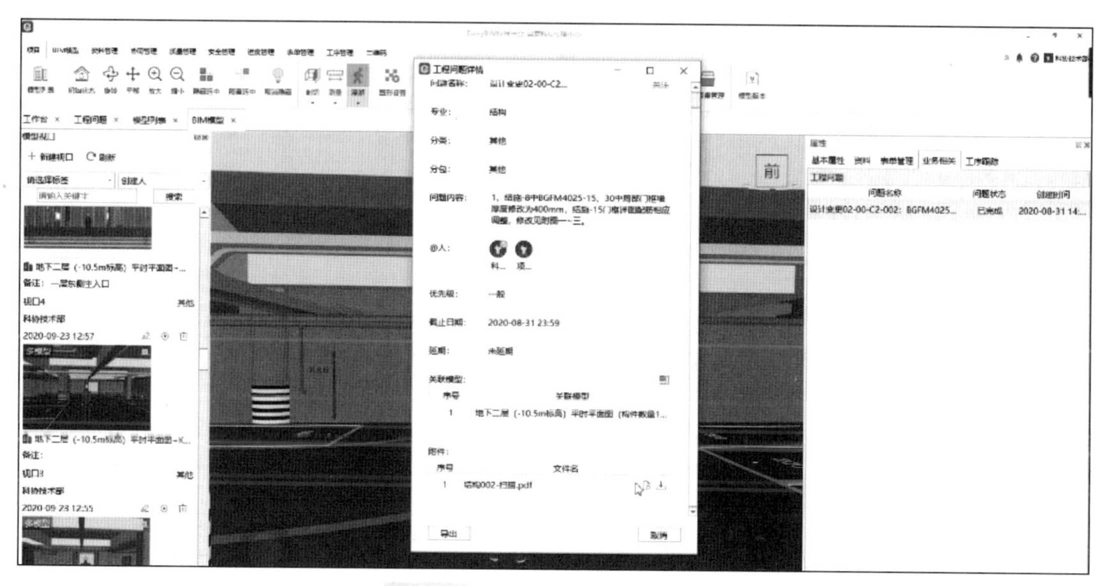

图 6-42　施工问题在线实景查看

文档目录根据参建各方使用需求进行创建，文档信息与 BIM 绑定进行关联管理，实现高效协同及资料留痕（图 6-43）。

文档目录

- 国家科技传播中心设计单位
- 国家科技传播中心施工单位
- 国家科技传播中心建设单位

类型	文档	所有者	创建日期	修改日期	附件数	最大附件数	关联	状态
	2021年01月23日施工日志	徐鹏宇	2021-01-25	2021-01-25	0	0	无	正常
	2021年0月22日施工日志	徐鹏宇	2021-01-25	2021-01-25	0	0	无	正常
	2021年01月21日施工日志	徐鹏宇	2021-01-22	2021-01-22	0	0	无	正常
	2021年01月20日施工日志	徐鹏宇	2021-01-22	2021-01-22	0	0	无	正常
	2021年01月19日施工日志	徐鹏宇	2021-01-22	2021-01-22	0	0	无	正常
	2021年01月18日施工日志	徐鹏宇	2021-01-22	2021-01-22	0	0	无	正常
	2021年01月17日施工日志	徐鹏宇	2021-01-22	2021-01-22	0	0	无	正常
	2021年01月16日施工日志	徐鹏宇	2021-01-22	2021-01-22	0	0	无	正常
	2021年01月15日施工日志	徐鹏宇	2021-01-17	2021-01-17	0	0	无	正常
	2021年01月14日施工日志	徐鹏宇	2021-01-17	2021-01-17	0	0	无	正常

图 6-43　建设单位、施工单位、设计单位过程资料存档

本项目各专业 BIM 随建造过程持续更新，在施工过程中同步完成模型整合及相关信息录入（图 6-44），最终提交完善的项目整体 BIM，达到后期业主运维标准与要求。

根据项目情况，运维应用流程如图 6-45 所示。

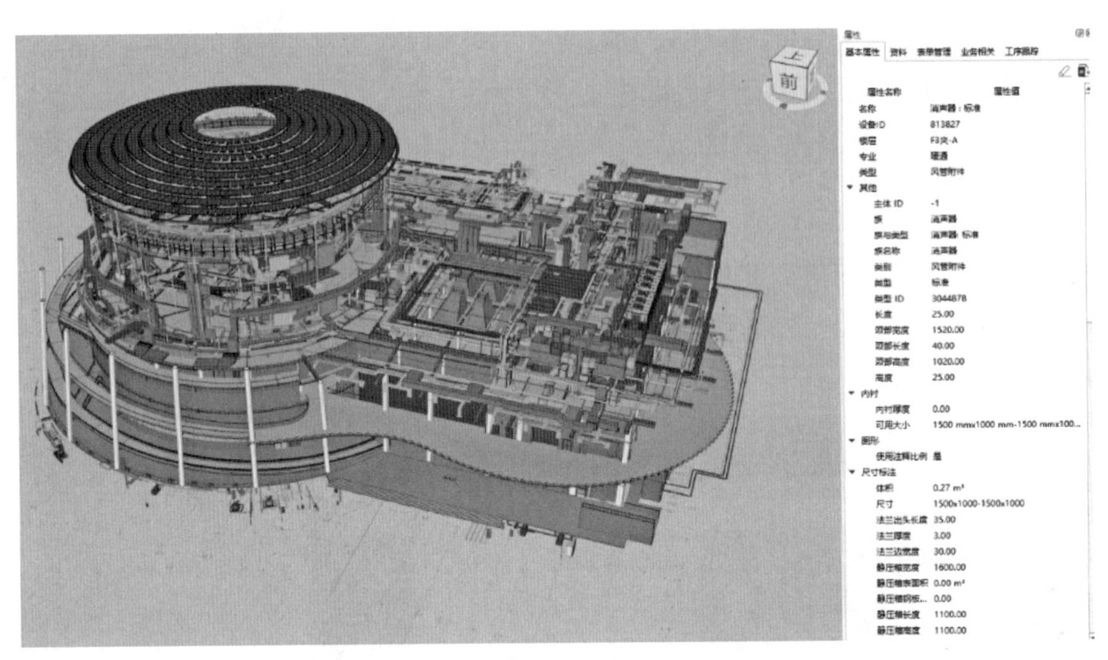

图 6-44　录入信息的 BIM 运维模型

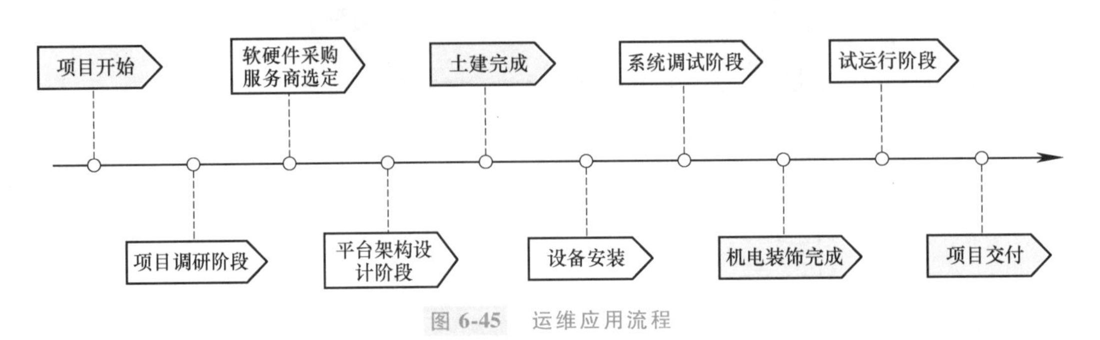

图 6-45　运维应用流程

在竣工模型基础上创建运维模型，并利用 BIM 运维模型辅助运维管理，实现对各个具有独立控制功能的机电子系统（包含但不限于给水系统、中水系统、排水系统、冷源系统、热源系统、变配电系统等设施设备）的统一管理。

图 6-44 彩图

BIM 运维模型应能够直观展示设备所处位置，实现三维可视化定位，并可挂接设备属性信息、运行监控信息、维保记录、资产信息、图纸信息、说明书等。复杂系统在 BIM 运维模型上直观呈现，并可查看单系统或多个系统的管道和设备分布情况，可分别汇总展示设备信息和运行状态（图 6-46）。可利用 BIM 运维模型数据汇总各级系统设备数量和运行情况参数，辅助设定系统控制参数及阈值，浏览查看二级系统模型。

6.3.3　成都市智慧工地平台

1. 基本情况

成都市智慧工地平台主要通过布置在施工现场的监测设备，如视频监

智慧工地平台

图 6-46　设备管网隐蔽查询及流向分析

图 6-46 彩图

控、扬尘监控、塔式起重机监控、实名制考勤、运渣车监控、基坑监测、地基监测等设备，采集现场业务数据，清洗、校验和存储后，根据指标进行数据建模，实现现场各数据的统计查询及深入挖掘。根据处理结果，系统锁定施工现场质量、安全隐患，并提示预警。预警信息直接通知施工现场相关负责人，责令限时整改或信用扣分。主管部门对责任主体整改的情况进行监督检查或抽查，进一步规范施工现场行为，确保监管落地，措施见效。

2. 技术方案要点及产品特点、创新点

（1）技术方案要点

平台采用微服务架构体系（图 6-47），分为数据支撑层、数据管理层、核心服务层和应用层。数据支撑层涵盖企业、人员、项目以及业务数据库，通过 ETL 工具实现数据的抽取、治理和归集。数据管理层以项目为主线将企业、人员和业务数据进行有机融合，支持数据分析、共享和异常预警。核心服务层主要提供业务基础支撑组件和业务逻辑管理服务，为业务平台的建立提供数据微服务支撑。应用层主要是为主管部门、建设单位、施工单位、监理单位等提供大屏端、PC 端和移动端等多应用场景的功能应用支撑。

该技术方案的要点：一是微服务架构，支持与不同平台的集成；二是现场监管模块全覆盖；三是引入 AI 智能视频识别功能，实现运渣车、安全帽、裸土覆盖等实时识别和平台巡查识别的应用场景；四是与信用评价结合，形成管理闭环；五是 1+N 管理办法，为智慧监管提供制度保障。

（2）产品特点及创新点

1）数据综合分析应用。通过对施工现场数据的全面采集，实现了对质量检测、塔式起重机（安装、拆卸、顶升）安全风险、岗位人员脱岗、违规作业、劳务用工、疫情防控、混凝土供应、工资发放、停工停建、夜间施工等多方面的数据分析应用和预测预警。

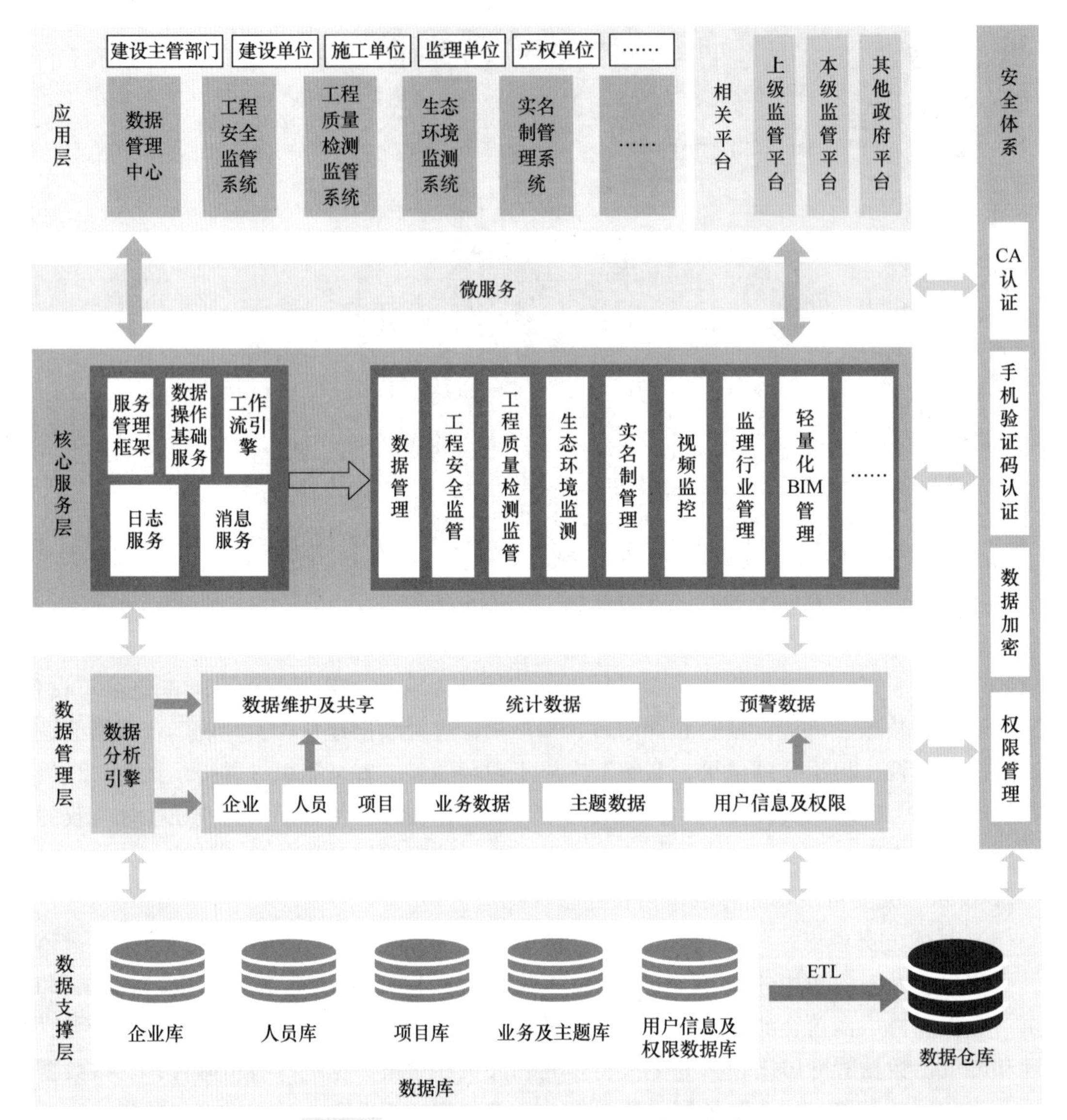

图 6-47　成都市智慧工地平台微服务架构体系

2）AI 智能识别应用。通过前端视频智能巡检施工现场情况，自动发现未佩戴安全帽、裸土未覆盖、现场脏乱差等违规行为，对进出车辆、安全帽、裸土、危险区域闯入等进行综合识别。车辆识别准确率达到 98%以上，其他准确率达 70%以上，大大提高了巡检效率，同时延长了监管时间，真正实现 24h 全天候自动监管。

3）线上巡查巡检。建立日常巡查和专项巡查制度，通过双随机抽取项目，专业技术团队进行线上巡检，发现问题及时发起现场处置流程。当发现重大安全风险时，可通过视频连线，与项目现场实时交互，实现现场视频画面全覆盖。通过线上巡查能发现 80%的安全和文明施工问题。

4）全过程全要素监管。涉及质量安全日常巡查、工程质量检测、塔式起重机全生命周期监控、运渣车及非移动机械监控、人员实名制管理、扬尘监控、建材管理等人、材、机、环的全要素一体化管理平台。

5）与信用评价结合。通过数据分析落实的问题，自动与信用评价进行关联扣分，提高了信用评价的公平性，同时也减弱了自由裁量权。信用评价结果与企业招投标挂钩，直接影响企业市场活动。

6）大数据分析及预警应用。解决了人员到岗、扬尘监控、夜间施工、停工停建等传统管理模式难以解决的问题。

7）无人机巡检。无人机巡检不但能确保巡检人员的人身安全，而且能够及时发现施工中存在的质量问题和安全隐患，便于管理者开展隐患排查和工程质量检查工作，提高工作效率。

3. 实施情况

（1）案例基本信息

平台以企业、人员、项目为基础，以“一网通办、一网统管、一键回应”为指导思想，通过建立数据标准和协议，对相关各子系统数据按照数据标准进行全方位采集、治理、应用和共享，形成工地大数据中心，并利用大数据分析技术，对质量、安全、文明施工等多个维度进行统计分析，辅助管理层决策，动态掌握建设情况和突出问题，提升科学决策能力。目前平台已接入 3800 多个工程项目，涉及质量、安全、文明施工、现场人员、施工机械、进场材料等多个方面，是项目管理、企业管理和政府监管相结合的综合管理平台。

（2）应用场景

1）线上巡查应用场景。通过安装于施工现场的高清摄像头，配合《智慧工地线上巡查管理办法》实现人工巡检和 AI 智能巡检。人工巡检是安排视频监控专职人员负责项目内设备检查及视频监控数据调取、检查，并对违规行为进行取证。AI 智能巡检是利用智能图像识别算法，对作业面未佩戴安全帽、裸土未覆盖、基坑积水等安全或文明施工风险进行自动识别和证据留存，如图 6-48 所示。人工巡检和 AI 智能巡检发现的问题都将自动生成问题处置单（图 6-49），并根据不同的风险级别推送给不同的责任主体进行整改回复，未整改回复的将进行信用扣分，形成监管闭环。

图 6-48 行为识别

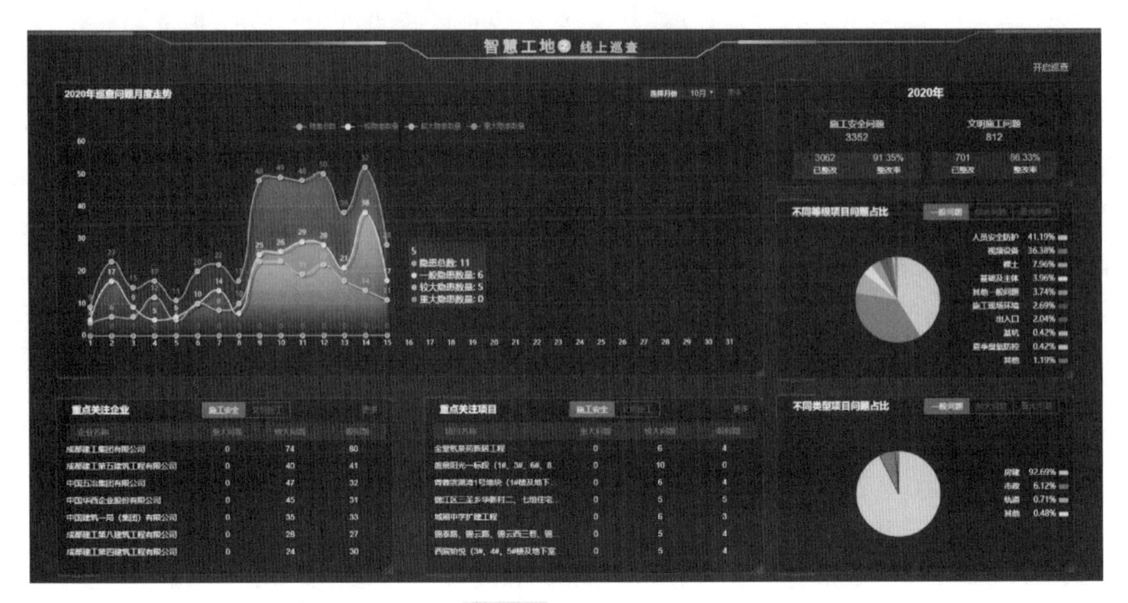

图 6-49 巡查处置

2）远程视频调度应用场景。现场视频调度是利用手机 App 实现施工现场与监督机构之间的实时视频连线（图 6-50），连线后可进行详细的沟通。远程视频调度是对现场固定视频的有力补充，可以覆盖固定现场视频不能覆盖的区域，在进度核查、应急处置、问题沟通等场景应用中具有显著效果。在调度工作中可以实时记录项目问题，便于后期持续跟踪处置。

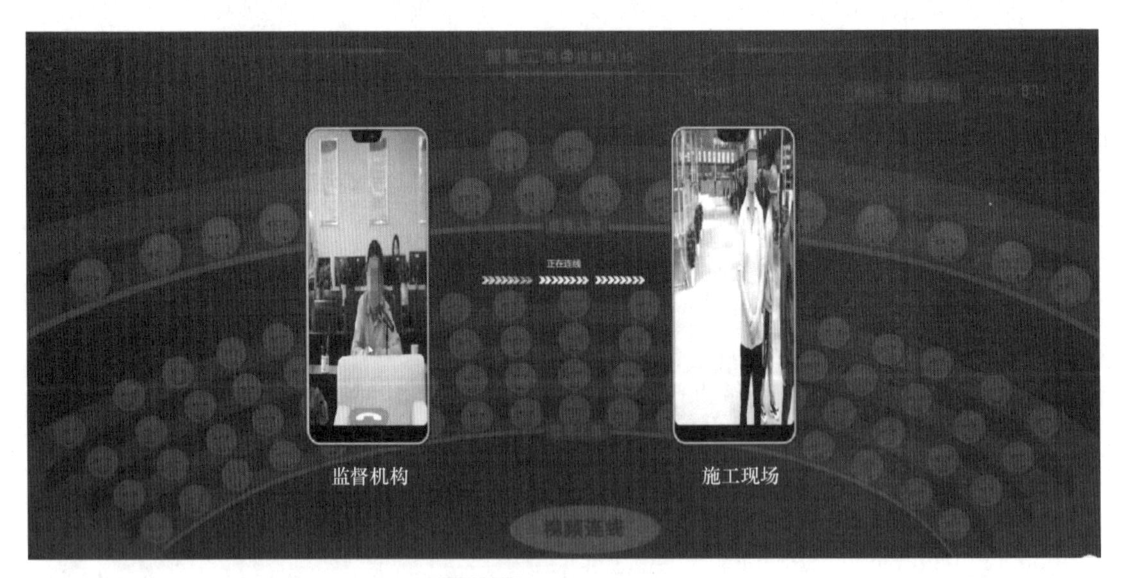

图 6-50 现场视频连线

3）质量检测应用场景。施工质量检测应用通过芯片、二维码、手机 GPS 定位等手段对工程送检的样品进行身份绑定，并通过对检测设备的改造，实现检测数据和检测报告的实时上传，有效减少了检测过程中的样品造假、报告造假等行为，促进工程质量的提升。材料送检全过程如图 6-51 所示。系统还通过对样品的检测数据进行分析（图 6-52），对违规见证、违规送样、不合格报告等异常数据进行预警，辅助监督人员的监督工作，为事后追责提供依据。

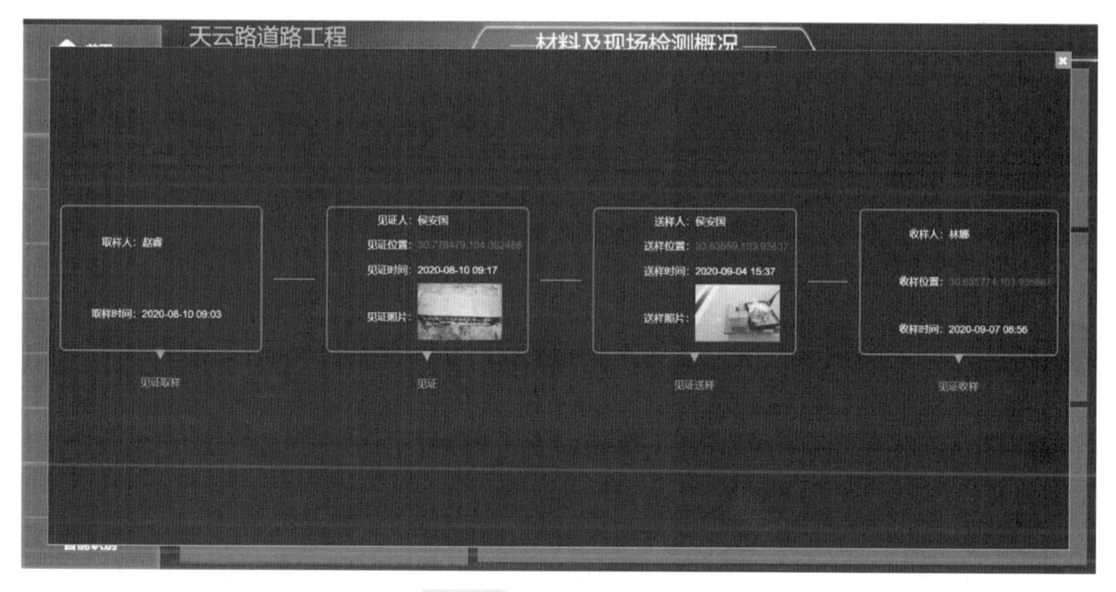

图 6-51　材料送检全过程

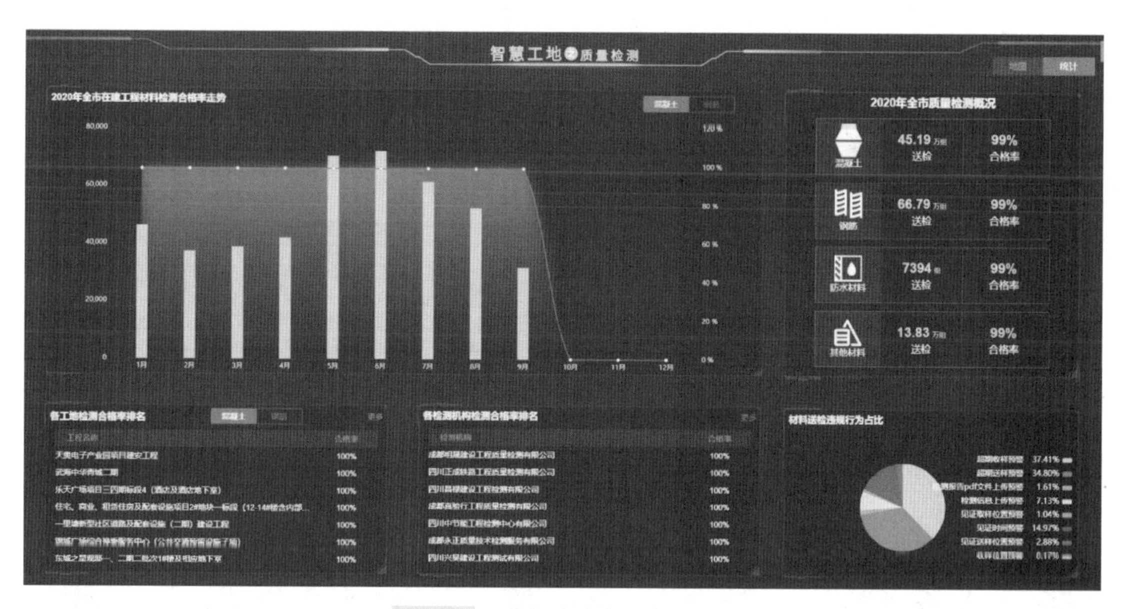

图 6-52　全市质量检测情况统计

4）实名制管理应用场景。建筑用工实名制管理构建了集企业人员信息采集、实名认证、人员派遣、现场考勤（人脸识别）、在岗管理、工资支付、安全教育、维权投诉、信用评价及过程监管于一体的安全、实时、高效的综合管理平台。通过人脸识别技术对岗位人员和劳务人员进行实名认证，形成人员实名基础库，有条件实施封闭式管理的项目通过人脸识别终端与门禁系统结合实现现场考勤，不具备实施封闭式管理的工程项目，采用手机移动定位、电子围栏（图6-53）等技术实施考勤管理（图6-54），采集的现场考勤为岗位人员在岗、劳务人员工资支付等提供数据支撑。

图6-53　电子围栏考勤

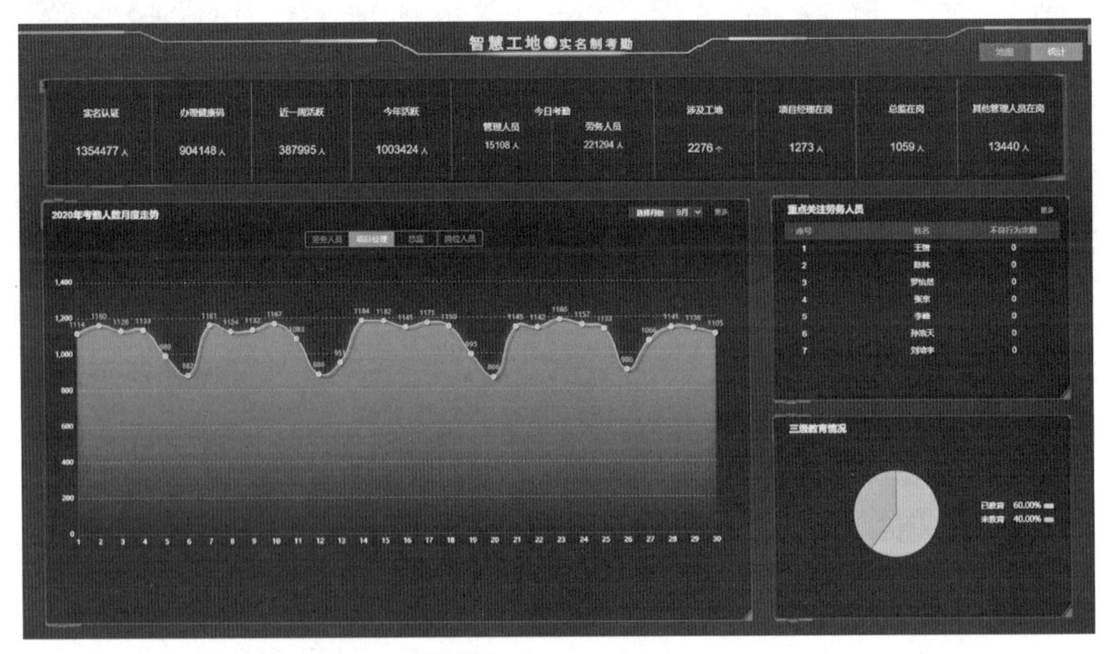

图6-54　全市人员考勤统计

5）塔式起重机安全管理应用场景。塔式起重机安全管理应用场景是集成互联网技术、传感器技术、嵌入式技术、数据采集技术、大数据技术等，实现多方实时监管、区域防碰撞、塔群防碰撞、防倾翻、防超载、实时报警、实时数据无线上传及记录、实时视频、语音对讲、数据黑匣子、远程断电、精准吊装、人脸或指纹驾驶员身份识别、塔式起重机远程网上备案登记、塔式起重机设备分布情况（图 6-55）、塔式起重机运行监控（图 6-56）等功能。同时，与实名制管理结合对顶升、拆卸等人员持证、人员到岗数量等进行精准管控，减少安全事故的发生。

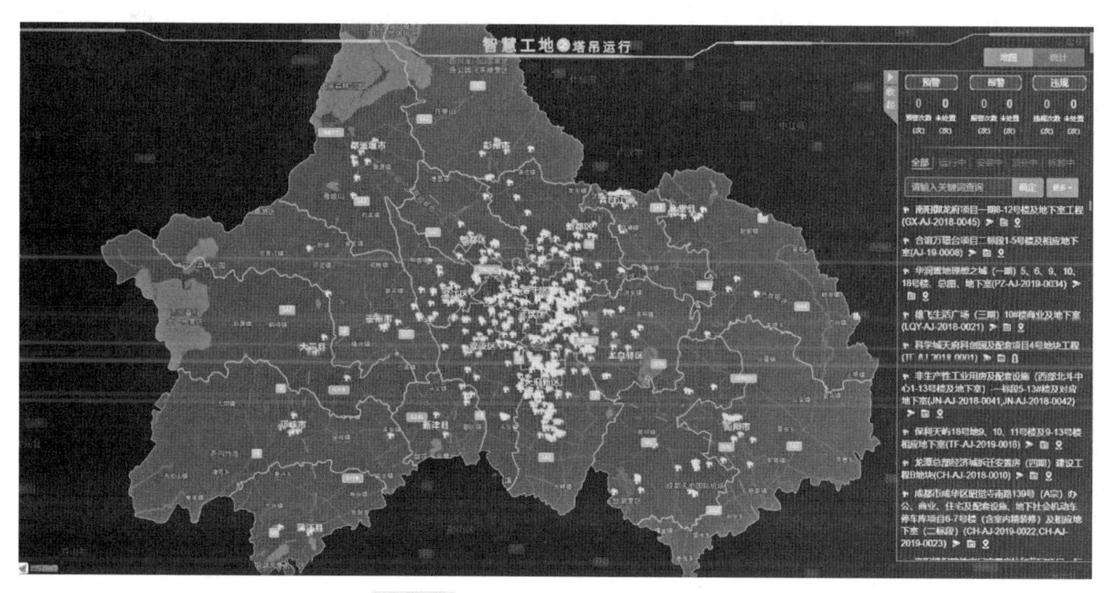

图 6-55　塔式起重机设备分布情况

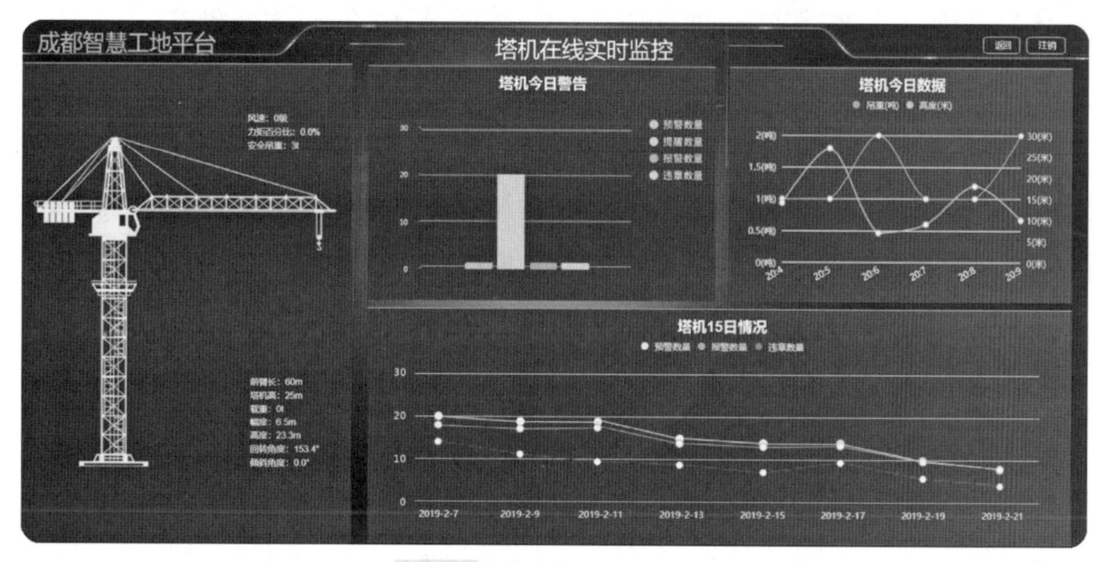

图 6-56　塔式起重机运行监控

6）运渣车管理应用场景。运渣车管理是利用智能识别技术对进出工地的车辆的车牌、车型和车身清洁度进行识别（图 6-57），识别结果再与城管委备案的渣土运输车车牌管理库中的车辆进行比对，统计全市运渣车运行情况（图 6-58），对未备案的车辆进行报警提醒，并通知项目部进行整改回复，对报警次数多且长期不回复的工地进行排名分析，为双随机检查或重点监管提供支撑。

图 6-57　车辆智能识别

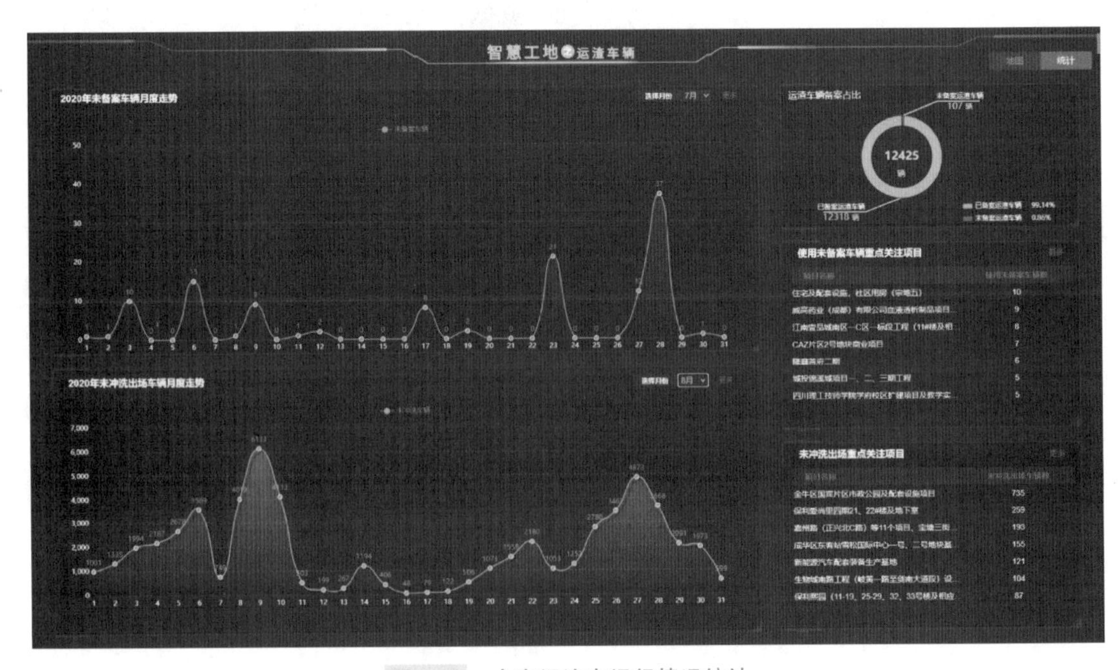

图 6-58　全市运渣车运行情况统计

7）扬尘管理应用场景。工地扬尘管理通过前端传感设备和视频设备，实时采集施工现场的 PM10、PM2.5、噪声、现场照片等数据，进行扬尘重点全域管控（图 6-59）。当扬尘超标时进行自动预警并通过无线连接启动喷雾或喷淋设备，实现自动降尘，极大提高了扬尘的处理效率，并且为监管部门提供实时有效的动态颗粒物、噪声数据和图像数据，解决取证难、处罚难的问题。全市扬尘监控统计分析如图 6-60 所示。

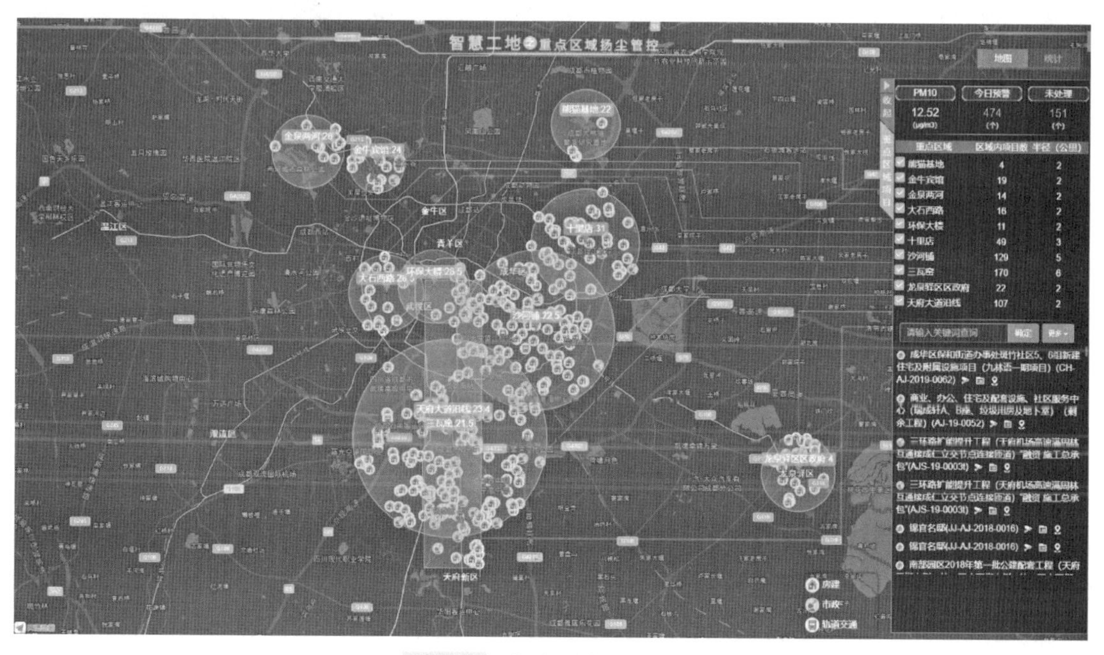

图 6-59　扬尘重点全域管控

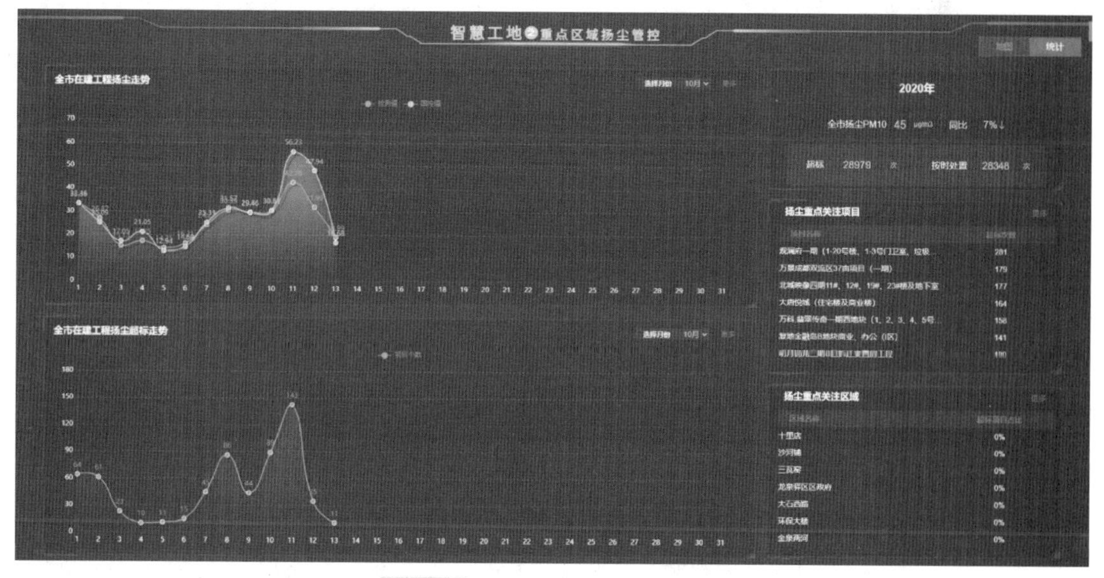

图 6-60　全市扬尘监控统计分析

8）占道统筹应用场景。通过与开工统筹管理系统进行对接，获取全市占道施工项目区域信息及申请占道时间。通过调取占道施工区域附近的天网摄像头，对占道区域设计的合理性进行精准审核（图 6-61），以及对超期未拆除违建的进行预警。

图 6-61 占道施工审核

9）智能识别应用场景。通过安装于施工现场的高清摄像头，利用“人工智能+图像识别”技术，对作业人员未佩戴安全帽（图 6-62）、现场裸土未覆盖（图 6-63）、车辆出场未清洗等违规行为自动识别查证，及时向施工现场管理人员和监督部门预警提示，并对未及时处置的相关企业实行信用扣分。

图 6-62 安全帽识别

图 6-63　裸土覆盖识别

10）停工停建监管应用场景。通过综合施工现场人员考勤、施工机械、施工材料等各类数据，通过大数据技术，自动分析研判项目是否有停工风险，并及时向属地监督部门预警提示，进行现场复核。停工项目分布及全市停工项目分析分别如图 6-64 和图 6-65 所示。

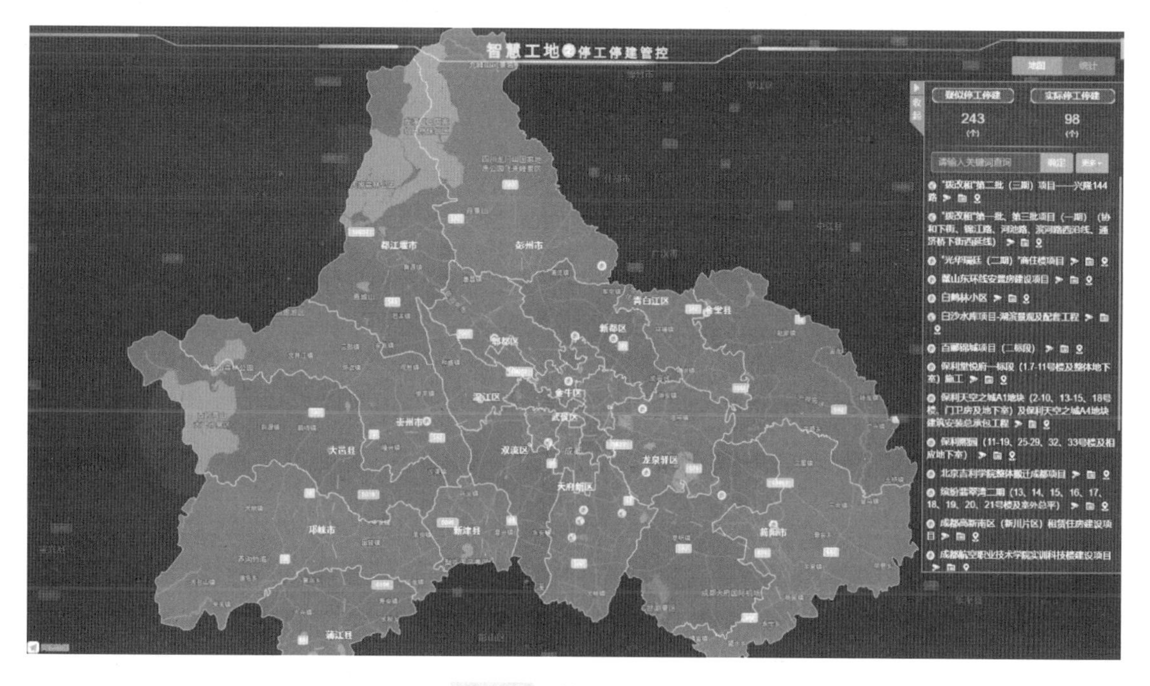

图 6-64　停工项目分布

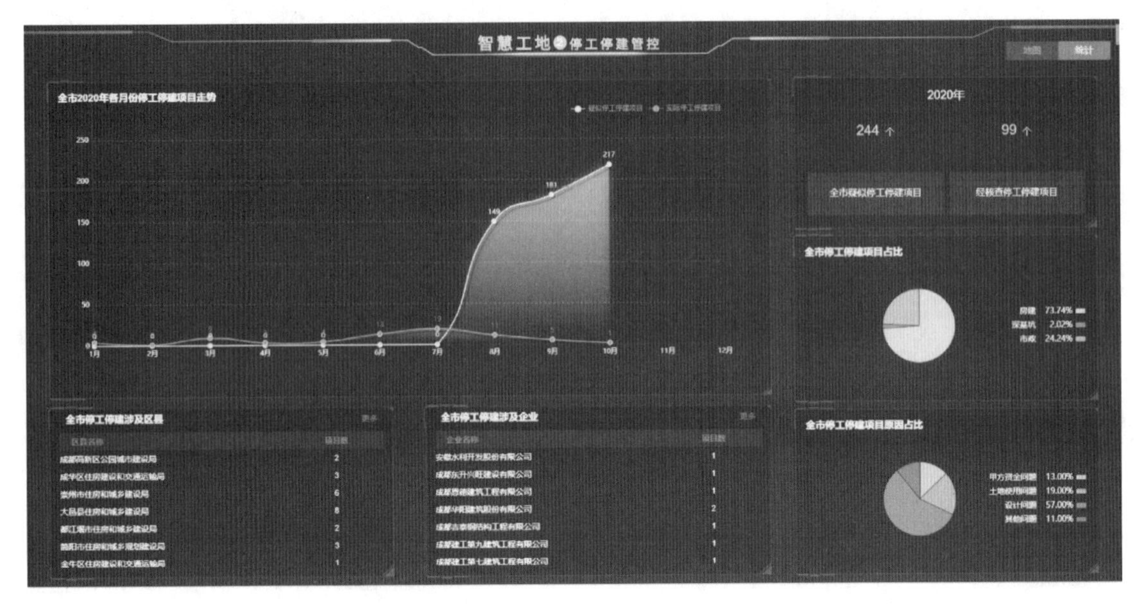

图 6-65　全市停工项目分析

11）无人机巡检应用场景。利用无人机代替人员从不同高度、不同角度对不易达到的施工部位进行现场航拍，从而将整个施工现场的视频和图像资料实时回传给操作人员和智慧工地调度中心，通过中心专业人员的分析，及时发现质量和安全隐患，并下发相关责任单位进行整改。

12）轻量化 BIM 应用场景。利用项目的轻量化 BIM 模型（图 6-66），将施工现场的各种问题进行汇聚呈现。通过与现场视频以及视频调度相结合，充分掌握施工进度、质量、安全等突出问题，为项目推进决策提供数据支撑。

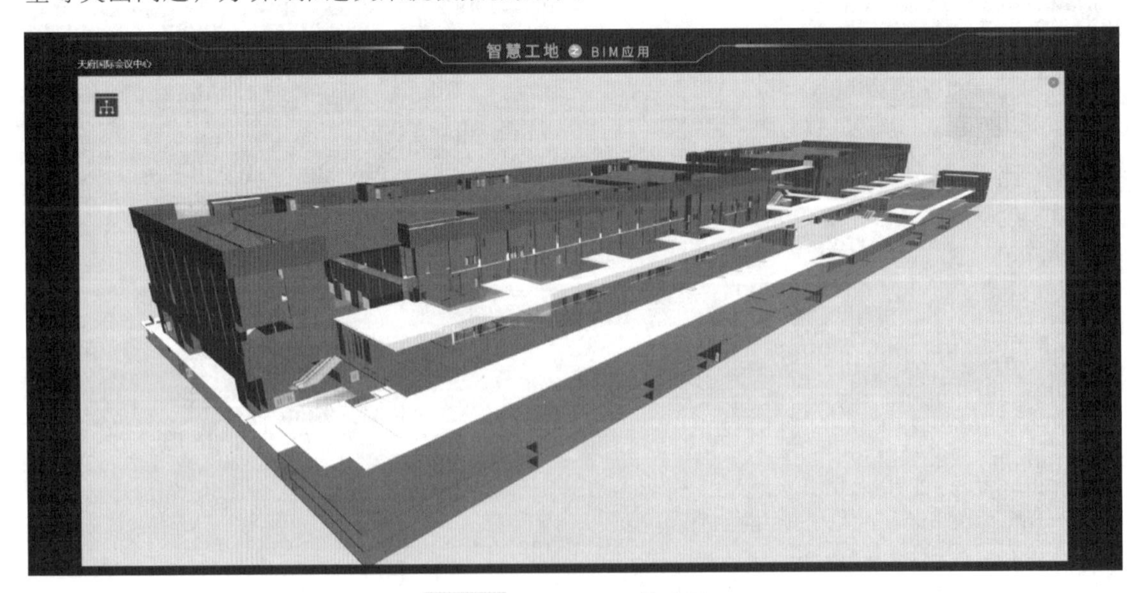

图 6-66　项目 BIM 模型展示

4. 应用成效

（1）解决的实际问题

1）信息汇聚，一网通管。创新监管制度，优化业务流程，按照“横向到边、纵向到底”的原则，优化提升各监管子系统，推动系统全联通，监管全覆盖，实现建设工程项目一网通管。

2）创新监管，夯实责任。打造“施工设施设备+黑匣子”的智慧监管新方式，推动企业主体责任和政府监管责任双落实。利用“黑匣子”的实时监测功能，将各类违规预警信息即时推送给项目三方主体，提升施工现场问题发现、处置能力，强化企业质量、安全和文明施工主体责任的落实。利用“黑匣子”的记录功能，让违规行为无处遁形，结合双随机在线检查，提升政府部门事中、事后监管能力，强化政府监督责任的落实。

3）调度会商，应急指挥。依托智慧工地平台的数据汇聚优势，整合视频会议系统等其他资源，实现工程项目远程调度和工程事故应急指挥。

（2）实际效果

1）通过 2019 和 2020 年的数据对比，平台上线后施工质量有所提升，安全事故同比下降 30%。

2）初步形成无感监管、无处不在、无事不扰的监管模式，实现全市项目的全覆盖。

3）通过多维数据汇集，已实现两起重大事故的线上调度。

4）初步形成全覆盖、无死角、快处置模式，2020 年全年发现安全问题 5590 起、文明施工问题 1425 起。

5）通过智慧管理，政府提高了监管效率，企业降低了管理成本。

（3）推广价值

1）创造经济价值。以成都市住建局为例，平台上线后每年可节约监管人员跑现场的直接和间接成本 300 万元以上；因安全事故减少避免的经济损失 1000 万元以上；企业通过平台远程管控，节约管理成本 1 亿元以上。

2）实现社会价值。

① 推动建筑行业信息化水平提升。平台全面而高效地对建设工程工地现场的各个环节进行监控和快速反应，极大提升了企业和监管部门对工地现场监管的效能，解决单纯人力监管存在的低效率和慢响应等问题，打破独立分项专业系统间的信息壁垒，使得信息化技术进一步融入日常的建筑业监管工作中，提升企业和行业主管部门的监管工作效率。

② 推动全市建筑业转型升级和提质增效。平台全面采集施工各环节数据，为企业精细化管理提供支撑，通过过程控制提升工程质量，减少安全事故，让老百姓住上放心房，提升幸福指数。

思 考 题

1. 绿色施工的基本要素有哪些？
2. 绿色施工评价一般分哪几部分？
3. 资源节约技术分哪几部分？

参考文献

[1] 中华人民共和国住房和城乡建设部. 建筑与市政工程绿色施工评价标准：GB/T 50640—2023 [S]. 北京：中国计划出版社，2024.
[2] 石永久. 住房和城乡建设领域“十四五”科学技术应用预测 [M]. 北京：中国建筑工业出版社，2021.
[3] 毛志兵. “双碳”目标下的中国建造 [M]. 北京：中国建筑工业出版社，2022.
[4] 中国土木工程学会总工程师工作委员会. 绿色施工技术与工程应用 [M]. 北京：中国建筑工业出版社，2018.
[5] 杜修力，刘占省，赵研. 智能建造概论 [M]. 北京：中国建筑工业出版社，2021.

第7章 绿色智能运维

7.1 绿色智能运维概述

建筑运维通常称为设施管理（Facility Management，FM），国际设施管理协会（IFMA）对其定义为：通过综合经济学、建筑学和行为科学等学科，以提高企业收益和维持高品质生活环境为目的，对建筑进行规划、整合和维护。建筑运维的内容主要包括空间管理、资产管理、维护管理、公共安全管理和能耗管理等几个方面。

建筑运维阶段从项目接收投入使用开始，到建筑物停止使用为止。其时间跨度远超过项目开发、设计和建造时间总和，占到建筑全生命周期的绝大部分，且该阶段的资金、资源和能源消耗通常均远超过其之前的其他阶段。因此，该阶段对于建筑物全生命周期的价值实现非常关键。

然而，当前建筑运维方面还存在着诸多问题。整体上运维管理的绿色化、智能化水平较低，运维效率不高，运维成本居高不下。主要体现在以下几个方面：运维阶段与之前设计和施工阶段无法很好地实现数据共享，或者前期数据资料失真或数据特性无法满足运维管理需要；运维各个系统之间相互割裂，无法协同管理；安全管理和应急管理的智能化水平总体较低，尚不能满足公共安全要求；运维的能耗管理更加注重对设备的维护，而对设备设施的低碳绿色运行不够重视。

因此，绿色智能运维对于建筑的全生命周期的价值提升具有重要意义。

7.1.1 绿色智能运维内涵

1. 智能化运维

智能化运维是指利用先进的信息技术手段，如物联网、大数据分析、人工智能等，对设备、系统或生产过程进行监测、分析、预测和优化的管理方式。其目的是通过智能化技术的应用，实现设备运行的自动化、智能化，提高运维效率，降低成本，确保设备安全稳定运行，预防和减少故障发生，从而实现生产效率的提升和质量的保障。

智能化运维涵盖了以下关键方面：

（1）数据驱动的运维

通过大规模数据采集、存储和分析，实现对设备、系统和过程的全面监测和评估，包括实时数据、历史数据、预测数据等多维度数据的综合利用。

（2）预测性维护

基于数据分析和机器学习技术，对设备的运行状态进行预测和诊断，提前发现潜在问题并采取预防性维护措施，避免因故障而导致的停机和损失。

（3）自动化运维操作

借助自动化技术，实现设备的自动监控、自动诊断和自动调整，包括自动化报警、自动化维修、自动化优化等多方面的操作。

（4）远程监控和管理

基于网络和云计算技术，实现对设备和系统的远程实时监控、远程故障诊断和远程操作，运维人员可以随时随地对设备进行管理和维护。

（5）智能化决策支持

结合大数据分析、人工智能等技术，为运维决策提供智能化支持，包括优化维护计划、调整设备运行参数、改进生产流程等方面的智能化决策。

（6）全面优化和持续改进

不断优化运维流程和策略，实现对设备和系统的全面优化，持续改进运维效率和质量，提高整体生产或服务的水平和竞争力。

2. 绿色智能运维

绿色智能运维在智能化运维的基础上，进一步关注环保和能源效率的概念，是一种综合利用绿色环保理念和先进信息技术手段的管理模式。通过优化设备运行策略、能源管理和环保技术，达到减少能源消耗、降低碳排放的目标，实现智能化运维与环保的有机结合。

绿色智能运维包含以下特点：

（1）利用绿色环保理念

将绿色环保理念融入管理模式中，包括节能减排、资源循环利用、环境友好等方面的概念。通过对各类资源的合理利用与管理，减少对环境的负面影响。

（2）使用智能化技术手段

依托先进的信息技术，如物联网、大数据分析、人工智能等，实现设备、系统和过程的智能化管理。通过数据采集、分析和应用，实现运维决策的智能化和精准化。

（3）全面监测、分析、预测和优化

通过对设备运行状态、能源消耗、环境指标等的全面监测，结合数据分析和预测技术，实现对设备运行和资源利用的优化。例如，通过预测性维护，提前发现设备故障并采取措施，避免停机损失。

（4）节能减排和资源循环利用

通过优化能源管理，提高能源利用效率，实现节能减排的目标。同时，通过资源循环利用和废物处理技术，最大限度地减少资源的浪费和环境污染。

（5）环境保护和可持续发展

致力于保护环境，减少对自然资源的消耗和污染，推动可持续发展。通过绿色智能运维的实践，建筑设施或生产系统能够在保障生产效率的同时，实现对环境的友好管理和维护。

7.1.2　智能化运维现状

1. 智能化运维现状的关键特点

(1) 数据驱动的运维

运维团队越来越多地依赖数据来指导决策和优化运维策略，如图 7-1 所示。通过大数据分析、机器学习和人工智能技术，运维团队能够从海量数据中提取有价值的信息，发现潜在问题并预测可能发生的故障，实现预防性维护和智能化决策。

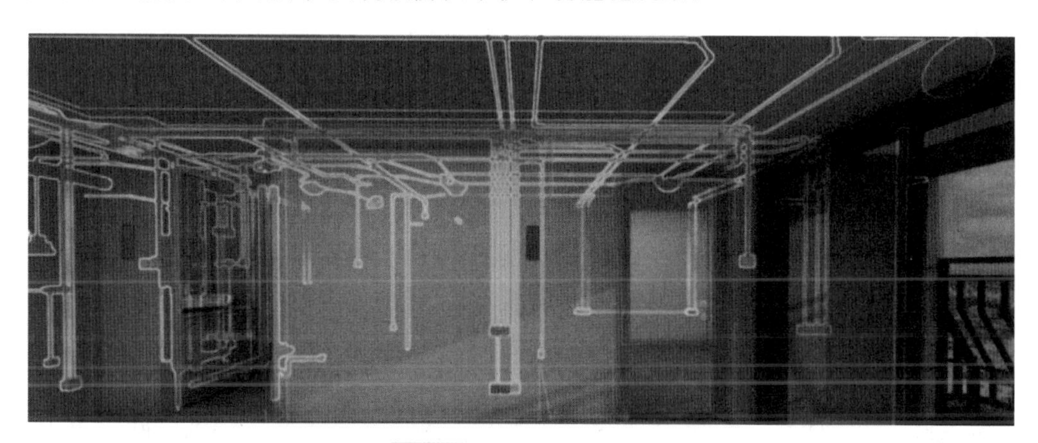

图 7-1　数据驱动的运维

(2) 设备监控与远程管理

运维团队利用智能传感器、监控设备和远程管理工具，实现对设备状态、性能参数和工作情况的实时监控和远程管理。这种方式可以帮助运维人员及时发现问题并进行处理，同时节省了大量的人力资源和时间成本。

(3) 自动化运维工具的广泛应用

自动化运维工具如自动化脚本、运维平台和自动化配置管理工具等的广泛应用，使得许多常规性的运维任务能够实现自动化处理，减少人为错误和重复劳动，提高运维效率。

(4) 预测性维护的实践

预测性维护作为智能化运维的重要手段之一，得到了广泛的应用。通过分析历史数据、建立模型和算法，预测性维护可以提前预知设备可能出现的故障，采取相应措施避免故障的发生，降低了维修成本。

(5) 智能化安全防护

运维团队越来越注重对安全问题的防范，智能化安防监控系统、入侵检测系统和安全审计工具的应用不断增加。这些系统能够实时监测网络和系统安全状态，发现并应对潜在的安全威胁和攻击，保障系统安全稳定运行。

(6) 云计算与边缘计算技术的融合

运维团队开始将云计算和边缘计算技术融入智能化运维中，实现对分布式系统和设备的统一管理和优化。通过云端平台和边缘计算节点，实现数据的快速传输、处理和存储，提高了运维响应速度和效率。

（7）人工智能技术的应用

人工智能技术在智能化运维中得到广泛应用，包括故障诊断、问题排查、运维决策等方面。运维团队通过引入机器学习、深度学习等技术，让系统具备自学习和自适应能力，提高了运维的智能化水平和效率。

2. 挑战与问题

智能化运维在取得显著成效的同时，也面临着诸多问题与挑战。

1）多样性和复杂性挑战。设备、系统的多样性和复杂性提高，集成和兼容性成为需要关注的重点内容。

2）数据质量与准确性问题。数据采集和分析中存在数据质量不高、准确性不足的问题，影响决策效果。

3）算法适配性与稳定性。算法和模型在不同环境下的适配性和稳定性需求考量，确保其有效性。

4）数据安全与隐私保护挑战。数据安全和隐私保护是智能化运维面临的重要挑战，需要采取安全措施。

5）人机协同与培训需求。智能化系统需要与人类运维人员协同工作，因此需要培训运维人员以适应新技术。

解决这些问题需要共同努力，持续推动智能化运维技术的创新和应用，确保智能化运维系统的稳定性、安全性和可持续发展。

7.1.3　绿色智能运维发展

绿色智能运维是智能化运维与绿色环保理念相结合的产物。

1. 绿色智能运维发展趋势

（1）能源管理与节能减排

随着环保意识的增强，绿色智能运维将更加注重能源管理和节能减排。通过智能化技术实现对能源消耗的精准监测、预测和控制，优化能源利用结构，提高能源利用效率，减少碳排放和环境负荷。

（2）数字化技术应用

数字化技术在绿色智能运维中的应用将更加深入，包括大数据分析、云计算、物联网、人工智能等技术的广泛应用，实现设备状态实时监测、故障预测、智能优化等功能，推动运维管理的数字化转型。例如，通过利用机器学习算法，实现对设备状态的实时监控和预测性维护，降低设备故障率，提高运维效率。

（3）结构健康监测和预测性维护

未来绿色智能运维将加强对建筑结构健康状态的监测和预测性维护。通过传感器监测、数据分析和预测模型建立，实现对建筑结构的实时监控、健康评估和预测性维护，确保建筑安全可靠。

（4）虚拟现实和增强现实技术

从节能减排到优化运维管理，都可以借助虚拟现实（VR）和增强现实（AR）技术。例如，利用 AR 技术进行设备维护培训，通过 VR 技术进行设备运行模拟与调试，提高运维效率和质量。在提升运维效率的同时，降低能源消耗，减少碳排放，促进可持续发展和环保。

（5）智能化安防、消防与应急管理技术

智能化安防、消防与应急管理技术在绿色智能运维中的应用将得到强化。包括智能安防监控系统、火灾预警系统、应急响应系统等的建设，提高建筑的安全性和应急响应能力。

（6）一体化绿色智能运维平台

绿色智能运维将向一体化平台发展，通过整合各种智能化技术和功能，实现集设备监控、数据分析、预测性维护、远程管理等多功能于一体的智能化运维平台，提供全面的运维管理解决方案。

2. 未来发展方向与目标

（1）可持续能源整合

进一步整合可再生能源，使其在智能化运维系统中发挥更大作用，实现更绿色的运维。

（2）环保智能设备

推动智能设备的研发和应用，以提高设备能源利用效率，减少对环境的影响。

（3）碳中和目标

绿色智能运维将更多地关注碳中和目标，通过数据分析和优化运维策略，降低碳排放。

（4）绿色数据中心

进一步推动绿色数据中心的发展，减少数据中心运维对能源的消耗。

（5）社会责任

运维领域将更注重社会责任，通过智能化运维技术推动企业实现更加可持续的经营。

总体来看，绿色智能运维将成为未来运维领域的主要发展方向，这一趋势不仅体现了对设备性能和稳定性的追求，更凸显了对环保和可持续性的高度重视。

7.2　绿色智能运维的相关技术

7.2.1　建筑自动控制技术

建筑自动控制技术是绿色智能运维的重要组成部分，它采用智能化系统来实现对建筑设施的自动化控制，包括智能照明系统、智能空调系统、智能门窗系统、智能建筑集中控制系统、智能化能源管理系统、建筑智能化安全与应急管理系统等。这些系统通过传感器、执行器和控制器等设备实现对建筑内部环境的智能化控制和调节，从而提高能源利用效率，降低能耗，同时创造更舒适、安全的室内环境。

1. 智能照明系统

智能照明系统利用传感器和控制器，根据环境光线、时间和人员活动等因素自动调节灯光亮度和色温，以降低能耗并避免电能浪费。这种系统可以根据用户偏好进行个性化调整，利用先进的信息技术和传感器技术实现对照明设备的智能化管理和控制。

与传统照明系统相比，智能照明系统具有更高的能效性、灵活性和智能化程度。它配备各种传感器如光感应器、人体感应器和温度传感器，实时感知环境信息，支持自动调光调色功能。系统根据光线强度和活动情况自动调节灯光亮度和色温，例如在白天光线充足时降低灯光亮度，晚上根据需要调整色温。智能照明系统通过精准的控制和节能优化，实现了较高的节能效果，还支持时间表控制和场景模式设置，用户可以预设不同时间段和场景模式，系统自动调整灯光亮度和色温，提高舒适度。此外，智能照明系统具备远程监控和管理功能，用户可通过手机App或电脑端进行远程控制和实时监测，实现智能化远程管理。系统还通过数据分析和优化，监测能耗并生成报告、建议，支持环境互动和智能联动功能，提升用户体验和舒适度。综合而言，智能照明系统集成了传感器技术、自动调光调色、节能优化和远程管理等功能，为用户提供更舒适、更节能的照明解决方案。

2. 智能空调系统

智能空调系统利用传感器监测室内温度、湿度等参数，并根据这些数据自动调整空调运行状态。通过优化供暖、制冷和通风，系统能够实现更高效的能源利用，减少能源浪费。一些系统还可以通过学习用户的行为模式，提前预测需求，实现智能化的温控管理。与传统空调系统相比，智能空调系统具有更高的能效性、精准的控制能力和智能化的运行模式。

智能空调系统通常配备多种传感器，如温度传感器、湿度传感器、空气质量传感器等，实时感知室内环境的温度、湿度和空气质量，为空调系统的智能化控制提供数据支持。系统具备自动温控和湿度控制功能，根据室内环境变化和用户需求，自动调节空调设备的运行模式、温度和湿度，提供舒适的室内环境。智能空调系统还可根据室内外环境、人员活动和时间段等因素，智能调节空调设备的运行模式和功率，实现节能优化和降低能耗。系统支持远程监控和管理功能，用户可以通过手机App或电脑端实时监测空调设备的运行状态和能耗数据，并进行远程控制和调整，提高空调设备的智能化管理水平。此外，智能空调系统支持智能场景模式设置，如睡眠模式、工作模式、休息模式等，根据用户需求预设不同的场景模式，系统自动调节空调设备的运行参数，提供符合用户需求的空调服务。系统通过数据采集和分析，实现对空调运行效果、能耗的监测和优化，并支持与其他智能设备的联动和互联网+功能，共同实现室内环境的智能化管理和优化。

3. 智能门窗系统

智能门窗系统可以根据环境条件自动控制开合状态，以实现自然通风、采光和隔热。传感器可以监测室内外温度、湿度和空气质量等参数，系统根据这些数据自动调整门窗的状态，提高室内舒适度的同时减少能耗。

智能门窗系统通常配备各种传感器，如光感应器、温度传感器、烟雾传感器、人体感应器等，可实时感知室内外环境的变化，包括光线、温度、空气质量和人员活动等信息。系统具备自动控制装置，根据传感器数据自动调节门窗的开合、角度和状态，例如根据光线强度调节窗帘或百叶窗的开合程度，实现光线的适当调节。智能门窗系统集成了安全防护功能，包括烟雾报警、窗户震动报警、防盗锁等，系统在检测到异常情况时能自动触发报警机制，提升门窗的安全性和防护能力。用户可以通过手机App或电脑端实时监测门窗的状态、开合情况和安全警报，并进行远程控制和调整，享受便捷的远程监控和控制体验。智能门窗系统还支持智能场景模式的设置，如家庭模式、离家模式、睡眠模式等，用户可以根据不同的场景需求预设相应的模式，系统会自动调节门窗的状态和功能，提供更智能化的用户体验。系统通过精准的控制和调节，达到了较高的节能效果，例如在冬季根据室内外温度差异自动调节门窗开合程度，降低能耗。随着技术的发展，智能门窗系统还支持与其他智能设备的联动功能，如智能空调、智能照明系统的联动控制，通过智能联动实现室内环境的智能化协调和优化。综合来看，智能门窗系统通过集成传感器技术、自动控制装置、安全防护功能、远程监控和智能场景模式设置等多种功能，提高了门窗的智能化程度，为用户提供了更安全、更舒适、更节能的居住环境。

4. 智能建筑集中控制系统

智慧医院运维管理系统

该系统是建筑自动控制技术的核心，它整合了各种智能设备和传感器，通过中央控制器实现对建筑内各个系统的集中管理，这包括照明、空调、安防、消防等子系统。通过智能建筑控制系统，运维人员可以实现对整个建筑环境的实时监测和远程控制，提高运维效率。

智能建筑集中控制系统与各种传感器，如温度传感器、湿度传感器、光感应器、CO_2 传感器和人体感应器等，可以实时感知建筑内外环境的变化，为系统的智能化控制提供数据支持。系统具备自动化控制装置，包括智能调光调温装置、智能空调系统、智能照明系统、智能门窗系统等，根据传感器采集的数据自动调节建筑内部设备的运行状态和参数，打造节能、舒适和安全的建筑环境。智能建筑控制系统通过数据采集、分析和优化算法，实现对建筑能源的智能管理和优化，根据实时能耗情况和需求预测，调整设备运行模式和能源利用策略，降低能耗，减少排放。系统支持智能场景模式的设置，如会议模式、休息模式或假日模式等，根据场景需求自动调节设备的运行参数和工作模式，提供更符合需求的建筑环境。智能建筑集中控制系统集成了安全监控装置和报警系统，包括视频监控、烟雾报警、门窗震动报警等，实时监测建筑内外部的安全情况，发现异常并自动触发报警机制，保障建筑安全。用户可以通过手机 App 或电脑端实时监测建筑设备的运行状态、能耗数据、安全情况等信息，并进行远程控制和调整，提高建筑的智能化管理水平。

5. 智能化能源管理系统

智能化能源管理系统

智能化能源管理系统通过监测建筑能源消耗情况，实现对能源的智能化控制，包括能源的实时监测、分析，以及优化能源使用的决策支持。该系统可以根据不同时段、不同需求自动调整能源供应，以降低能源成本和减少对环境的影响。

智能化能源管理系统通过安装传感器和智能仪表，实现对建筑、设备和能源消耗的实时监测和数据采集，监测电力、水资源、燃气、热能等能源的使用情况，并将数据实时传输到系统中。通过对采集的数据进行分析和处理，系统实现能源消耗的模式识别、异常检测和能效评估，发现能源浪费和低效问题，并提出优化建议和节能措施。智能化能源管理系统具备智能控制功能，根据实时数据和预设的优化策略，实现对能源消耗的精准控制和优化调节。配合节能智能化设备如智能空调、智能照明、智能窗帘等，系统可以自动调节运行状态，实现能源消耗的最优化。系统还能通过历史数据分析和预测算法，实现对未来能源需求的预测和规划，响应能源需求变化，调整能源使用策略，达到节能和成本优化的目的。用户可以通过手机 App 或电脑端实时查看能源消耗情况、报表和分析结果，并进行远程控制和调整，实现对能源消耗的实时监控和管理。智能化能源管理系统能生成能源节约效果评估报告，包括节能量统计、成本分析、碳排放减少等指标，帮助用户评估节能效果和节能措施的效果。综合来看，该系统集成了传感器技术、数据分析、智能控制、节能智能化设备应用和远程管理等功能，实现了对能源的智能化监测、精准控制和优化利用，为用户提供了更智能、更节能、更可持续的能源管理方案。

6. 建筑智能化安全与应急管理系统

建筑智能化安全与应急管理系统整合了视频监控、入侵检测、火警报警等设备，通过智能分析技术实现对建筑安全状况的实时监测和预警。该系统能够自动识别异常行为、火警等紧急情况，并采取相应的措施，提高建筑的安全性。

建筑智能化安全与应急管理系统是一种利用先进技术和信息化手段实现建筑安全管理的系统。它通过集成传感器、视频监控、智能分析算法、远程控制和应急管理等功能，解决在智能化监测、预警、控制，以及应对建筑内部和周边环境的安全问题。该系统配备多种传感器，包括烟雾传感器、气体传感器、温度传感器、湿度传感器、振动传感器和人体感应器，实时监测环境变化，如火灾、气体泄漏和异常温湿度等。同时，系统通过视频监控和智能分析算法检测入侵、盗窃、破坏等异常行为，并及时发出警报通知。安全预警和报警功能能够通过声光报警、手机短信、App 推送等方式快速传达，用户可以远程监控，查看监控画面，并实现远程控制和应急响应，如关闭门窗、启动消防设备等。智能化防火和灾害管理系统集成了智能化防火设备和紧急疏散导引系统，能自动触发防火措施和应急预案。此外，该系统还支持人员管理和访客追踪，通过智能识别技术实现人员身份识别和访客管理，确保建筑安全。通过对监测数据的分析，系统可以生成安全报告、评估结果和安全演练计划，帮助用户制定安全管理策略。建筑智能化安全与应急管理系统综合利用各种功能，实现了对建筑安全的全面监测、及时预警和有效应对，为用户提供了更安全、更智能的建筑安全管理方案。

7.2.2 结构健康监测技术

结构健康监测技术是一种利用传感器、监测设备和先进的信息技术，对建筑结构的变化、性能和健康状况进行实时监测和评估的方法。通过实时监测建筑结构的状态，可以提前发现潜在问题，减少维修成本，延长建筑寿命，保障人员安全。

1. 传感器和监测设备

结构健康监测系统使用各种传感器和监测设备，如加速度计、应变计、位移传感器、振动传感器等。这些设备被部署在建筑结构的关键部位，以实时测量结构的物理参数。

（1）传感器

结构健康监测技术使用各种传感器来实时感知建筑结构的运行状态。常用的传感器包括应变计、加速度计、位移传感器、压力传感器等。这些传感器能够测量结构的变形、振动、应力、温度等参数。

（2）监测设备

安装监测设备来采集传感器所获得的数据，并将数据传输至监测系统。监测设备可以是数据采集器、数据传输设备、数据处理装置等，用于实时监测和记录结构数据。

2. 数据采集、处理及传输

结构健康监测技术通过数据采集和处理，将传感器获取的数据进行整合、分析和存储。数据采集包括实时数据采集和定期数据采集，如振动数据、应变数据、温度数据等；数据处理则包括数据清洗、数据校正、异常检测等过程。传感器生成的数据通过数据采集系统进行收集，并通过通信网络传输到数据中心或云平台。这种实时的数据传输允许工程师和维护人员远程监控建筑结构的状态，及时获取结构健康信息。

3. 结构健康监测参数

通过对采集到的结构数据进行分析和处理，结构健康监测技术可以实现结构健康评估。评估内容包括结构的强度、刚度、稳定性、耐久性等方面的评估，以及对可能存在的结构问题进行识别和评估。监测系统通常关注的参数包括结构的振动、变形、应力、裂缝宽度等，这些参数的监测有助于工程师了解结构的实时状况，检测潜在的结构问题，并进行及时的维护和修复。

4. 振动分析

通过对建筑结构振动的分析，可以评估结构的自然频率、振型以及可能存在的异常振动。振动分析有助于提前发现结构问题，如裂缝、变形等，从而采取适当的维护措施。

5. 应变测量

应变测量是结构健康监测中的关键技术，通过监测结构中的应变分布，可以了解结构的受力情况。这对于评估结构的承载能力、监测结构变形以及发现可能的损伤非常重要。

6. 远程诊断与分析

通过分析数据趋势、异常变化和预设的结构模型，可以预测结构可能出现的故障、破坏或损伤，提前采取预防措施。结构健康监测系统通常配备了远程诊断和分析工具，工程师可以远程访问实时数据，进行数据分析、模型仿真等，从而及时做出结构健康状况的评估和预测，制订合理的维护计划。

7. 预警与报警系统

当监测系统检测到结构存在严重问题或超过安全阈值时，可以自动触发报警系统，发出警报并通知相关人员，系统还可以提供应急响应方案，指导应对突发结构问题。这种实时的预警机制使得运维人员可以及时采取措施，以防止潜在的结构损伤。

7.2.3 虚拟现实（VR）和增强现实（AR）技术

VR 和 AR 技术可以在建筑设计、施工和维护过程中进行模拟和可视化展示，提高工作效率和减少安全风险，还可以实现对建筑设施的虚拟漫游、实景展示和操作指导，为运维人员提供更直观、更便捷的工作手段。

1. 虚拟现实（VR）技术

通常，VR 技术在运维阶段的应用如下：

(1) 培训和仿真

运维人员可以使用 VR 技术进行设备操作培训，模拟真实的工作环境，提高操作技能，降低设备操作风险，如图 7-2 所示。在虚拟环境中模拟各种紧急情况，帮助运维人员熟悉应对程序，提高应急响应能力。

图 7-2　VR 体验

（2）远程支持和维护

使用 VR 头盔，远程专家可以通过 VR 技术与现场运维人员进行实时沟通，提供远程支持，解决问题。在虚拟环境中进行设备维护演练，提前了解设备结构和维护流程，提高维护效率。

2. 增强现实（AR）技术

通常，AR 技术在运维阶段的应用如下：

（1）实时数据展示

1）设备信息显示。运维人员通过 AR 眼镜或智能手机，可以在实际设备上看到实时数据、性能参数和维护记录的叠加信息，提高数据的可视化程度。

2）故障诊断。AR 技术可以在实际设备上标记出潜在的故障点，并提供维修说明和故障诊断信息，帮助运维人员更快速地解决问题。

（2）维修和保养

1）可视化维修指导。AR 技术可以提供实时的可视化维修指导，将维修步骤和信息叠加到实际设备上，降低错误率，提高维修效率。

2）保养提醒。AR 技术可以通过识别设备的状态和运行数据，提供实时的保养提醒和计划，确保设备始终处于最佳状态。

（3）现场勘察和数据可视化

1）现场勘察。运维人员在进行现场勘察时，通过 AR 技术可以看到地下管线、电缆等实体设施的虚拟叠加，提高勘察的准确性。

2）数据可视化。将实时数据、统计信息以及运维计划通过 AR 技术叠加在现实场景中，使运维人员更清晰地理解数据和计划。

（4）远程协作与实时培训

1）远程协作。AR 技术允许多名运维人员远程共享同一场景，进行实时协作和讨论，提高解决问题的效率。

2）实时培训。利用 AR 技术，运维人员可以在实际工作场景中接受实时培训，提高对新技术和流程的学习效率。

总体而言，VR 和 AR 技术在绿色智能运维中通过提供沉浸式体验、实时数据展示和可视化信息，大大提高了运维人员的工作效率和质量，同时降低了操作风险。这些技术为绿色智能运维带来了更先进、更智能的工具，推动了运维领域的数字化和智能化发展。

7.2.4　智能化安防、消防与应急管理技术

智能化安防、消防与应急管理技术是基于先进的信息技术和智能化设备，用于实现对建筑物、场所或区域安全、消防以及应急管理的智能化监控、预警、控制和应对的技术系统。它综合运用了传感器技术、视频监控、数据分析、远程控制、智能算法等多种技术手段，提高安全管理效率，减少安全风险，并能够迅速响应应急事件，保障人员和财产安全。

1. 安防监控系统

安防监控系统通过摄像头、传感器等设备对区域进行实时监控和录像，以便发现异常情况并及时处理。

安防监控系统利用视频监控、图像识别、智能分析等技术，实现对建筑物、公共场所等区域的全方位监控。其功能主要包括视频监控、入侵检测、门禁管理、车辆识别、人脸识别等，可以实现对安全事件的实时监测和报警。

具体表现涵盖以下几个方面：

（1）视频监控与分析

1）高清监控系统：部署高清摄像头和监控系统，对建筑区域进行实时监控。

2）智能视频分析：利用图像识别、人脸识别等技术，实现对异常行为的实时检测和警报。

（2）入侵检测系统

1）传感器技术：部署入侵检测传感器，实时监测建筑周边和内部区域。

2）智能分析算法：运用智能算法分析传感器数据，快速识别潜在的入侵行为。

（3）智能门禁系统

1）刷卡、指纹或人脸识别：用智能门禁系统实现对建筑内外人员的身份验证。

2）时段访问控制：设置不同时段的访问权限，增加安全性。

（4）远程监控和管理

运维人员可以通过智能手机远程监控安防系统，接收实时警报和视频画面。

（5）远程门禁控制

在紧急情况下，可以通过远程控制系统开启或关闭门禁。

2. 消防预警与应急响应系统

消防预警与应急响应系统是利用传感器、监测设备等实时监测火灾风险，并提供应急处理措施的系统。

消防预警与应急响应系统包括火灾监测、烟雾检测、火警报警、自动喷水系统、疏散指

引等技术，可以实现对火灾风险的及时感知和处理。其功能主要包括提供火灾预警、自动报警、联动控制、灭火系统控制等，能够有效降低火灾事故的发生和损失。

具体表现涵盖以下几个方面：

（1）火灾预警系统

1）烟雾和温度监测：部署传感器监测烟雾和温度变化。

2）智能火灾预警算法：利用智能算法，提前识别火灾风险并发出预警。

（2）自动灭火系统

1）智能化灭火剂释放：在检测到火灾风险时，自动释放灭火剂。

2）可编程灭火控制：灭火系统可根据不同区域的火灾风险进行编程控制。

（3）远程监控和控制

1）远程消防设备监控：运维人员可以通过远程监控系统实时查看消防设备状态。

2）远程灭火控制：在紧急情况下，可以通过远程控制系统触发消防设备。

（4）消防演练和培训

1）虚拟化消防演练：利用 VR 技术进行消防演练，提高运维人员应对火灾的能力。

2）在线培训课程：制订在线培训计划，使运维人员了解最新的消防技术和设备操作流程。

3. 智能化应急管理系统

智能化应急管理系统是通过信息化、智能化手段对应急事件进行监测、分析、预警和应对的系统。

智能化应急管理系统包括信息采集、数据分析、应急预案管理、指挥调度等技术，可以实现对应急事件的全面管理和响应。其功能主要包括提供应急事件监测、情报分析、指挥调度、资源调配、信息发布等，能够有效应对突发事件，保障人员安全和财产安全。

具体表现涵盖以下几个方面：

（1）应急响应系统

1）智能应急响应中心：配备智能化应急响应中心，集成多个系统的数据，实现综合监测和分析。

2）实时事件识别：利用智能算法识别并分析灾害和突发事件。

（2）紧急通信系统

1）多渠道通信：构建多渠道的紧急通信系统，确保在紧急情况下可以及时沟通。

2）语音和文字消息：提供语音和文字消息的发送和接收功能。

（3）应急演练和模拟

1）虚拟现实应急演练：利用 VR 技术进行应急演练，提高运维人员的协同应急能力。

2）模拟系统：利用模拟系统模拟各种突发事件，帮助运维人员熟悉应对流程。

（4）实时数据分析与预测

1）大数据分析：利用大数据分析技术对实时数据进行处理，提供决策支持。

2）事件预测：利用机器学习和预测分析，提前识别潜在的应急事件。

总体而言，智能化安防、消防与应急管理技术在绿色智能运维中为设施提供了全方位的安全保障和应急响应能力。整合先进的监测、分析和通信技术，有助于及早发现潜在风险，降低事故发生的概率，提高运维的整体安全性和灾害应对能力。

7.3 绿色智能运维系统

7.3.1 绿色智能运维系统架构

绿色智能运维系统是一个集成了多种智能化技术和管理模块的系统，可以提高运维效率，降低成本，增强系统稳定性和可靠性。其架构设计需要考虑到数据采集、处理、分析、预测、管理和优化等多个方面。

绿色智能运维系统的架构涉及多个层面和组件，旨在整合智能化技术和运维管理，以实现资源优化和环境保护。

1. 数据采集层

数据采集层是绿色智能运维系统的基础，负责实时收集各种设备、传感器、能源数据等信息。这些数据包括设备运行状态、能耗数据、环境参数等。

1）传感器和监测设备：负责监测设备状态、能源消耗、环境条件等。

2）数据采集设备：用于将传感器数据、设备数据等采集到系统中，包括数据采集器、网关等。

2. 数据处理与存储层

数据处理与存储层负责对采集到的数据进行处理、存储和分析。这一层面的关键是实现数据的清洗、整合和分析，为后续的决策和优化提供基础。

1）数据清洗与预处理模块：用于清理和过滤原始数据，确保数据质量。

2）数据存储系统：包括实时数据库、历史数据库等，用于存储和管理大量数据。

3）数据分析与挖掘工具：利用机器学习、数据挖掘等技术，对数据进行分析和挖掘，提取关键信息和模式。

3. 智能决策与优化层

智能决策与优化层是绿色智能运维系统的核心，基于数据分析和模型预测，实现智能化的运维决策和资源优化。

1）预测与优化模型：利用历史数据和实时数据建立预测模型，用于预测设备故障、能源消耗趋势等。

2）智能调度与优化算法：基于模型结果和实时数据，制定设备调度、能源优化等决策策略。

3）自动化控制系统：将优化决策转化为实际控制指令，调节设备运行状态和能源利用。

4. 用户界面与应用层

用户界面与应用层提供可视化的管理界面和应用服务，使用户能够实时监测运营状态、获取报告和进行操作。

1）实时监控界面：展示设备运行状态、能源消耗情况等实时数据。

2）报告与分析工具：生成报告、趋势分析图表，支持运营决策和管理。

3）远程控制与调整：支持远程操作和调整设备运行参数。

5. 安全与通信层

安全与通信层负责保障系统的安全性和通信稳定性，防止数据泄露和受到攻击。

1）安全认证与访问控制：确保只有授权用户可以访问系统和数据。

2）数据加密与隐私保护：对数据进行加密和隐私保护，防止数据泄露。

3）通信协议与网络安全：使用安全的通信协议和网络架构，保障系统通信稳定和安全。

以上架构是一个通用的绿色智能运维系统的框架，具体的系统设计和实现会根据应用场景和需求进行定制和扩展。通过构建这种系统架构来实现设备运行的智能化、能源的有效管理以及环境保护的目标。

7.3.2 一体化绿色智能运维平台的系统融合方案

一体化绿色智能运维平台的系统融合方案旨在整合各种智能化技术和管理模块，实现对设备和系统的全面监控、预测、管理和优化。将各类智能化技术和管理模块整合到统一的运维平台中，包括安防监控、消防预警、能源管理、设备管理等模块，实现各个系统和设备的数据集成，确保数据的实时、准确、完整传输和共享。

（1）需求分析

明确一体化绿色智能运维平台的需求和目标，包括实时监控、故障预警、资源调度、节能优化等功能。

（2）数据采集与传输

整合各种设备、传感器和系统，确保数据能够准确、及时地采集和传输到中心平台。使用标准化的数据格式和通信协议，确保设备的互操作性，定义各个系统模块之间的接口和数据格式，以确保它们之间的相互通信和数据传递。

（3）数据存储与处理

搭建数据存储和处理系统，选择云端或本地的存储方案。确保数据的安全性和可靠性，同时建立实时的数据处理流程，用于监测、分析和决策支持。

（4）智能分析与决策

引入机器学习和人工智能技术，对数据进行智能分析和挖掘，识别潜在的问题和优化机会；建立智能决策系统，实现自动化的运维决策。

（5）可视化展示与用户界面

设计友好的用户界面，将复杂的数据和分析结果以直观的方式展示出来。提供实时的监控图表、报告和预警信息，方便用户进行运维管理和决策。

（6）跨系统集成与优化

整合现有的运维系统、设备管理系统和能源管理系统等，实现跨系统的信息共享和优化调度。确保各个子系统的协同工作，提高整体的运维效率和能源利用率。

7.3.3　绿色智能运维系统的运行与管理

通常，绿色智能运维系统的运行与管理包括以下内容：

（1）系统监控与性能管理

介绍系统监控的策略和工具，包括实时性能监测、资源利用率监控、响应时间跟踪等。讨论如何管理系统性能，确保系统在高负荷时能够保持高效运行。

（2）故障检测与自动恢复

详细说明系统中的故障检测机制，包括实时警报和自动恢复功能。介绍系统如何自动应对常见问题，减少对人工干预的依赖。

（3）日志记录与审计

讨论系统的日志记录策略，包括事件日志、错误日志和审计日志。说明如何使用这些日志来诊断问题、追踪操作，以及确保系统的安全性。

（4）用户权限管理

详细解释用户权限管理的策略，包括用户角色的定义、权限的分配和审批流程。确保只有经过授权的用户能够访问和修改系统。

（5）系统更新与维护

讨论系统更新的计划和流程，包括如何应用安全补丁、升级系统组件以及维护系统的可用性。描述维护窗口和备份策略。

（6）性能优化与调整

介绍对系统进行性能优化和调整的方法，包括数据库索引的优化、算法调整和硬件升级等。确保系统在不断变化的环境中保持高效。

（7）安全性管理与漏洞修复

讨论系统的安全性管理措施，包括漏洞修复策略、网络安全措施、数据加密等。说明如何及时应对新的安全威胁。

7.4　典型案例

7.4.1　某超高层建筑案例

某超高层建筑由 2 座塔楼组成，总高 217m，共 48 层，建筑面积为 27 万 m^2，总投资为 63 亿元。该项目涵盖商业中心、酒店、写字楼等多种物业形态，汇聚商业、居住、商务办公、景观、休闲等多重资源，满足现代化城市发展进程的高品质需求。项目于 2018 年 6 月建成并投入使用，为所在城市的地标建筑之一，获得中国绿色建筑标识三星级认证和美国 LEED 标识金级认证。

该项目所采用的绿色智慧技术如下：

1. 数据字典

数据字典是一种基于语义的对建筑和建筑中的各类机电系统进行信息化表达的标准方

法。该方法与通信协议无关，与系统功能无关，与弱电厂商无关，是面向客观物理对象和物理过程构建的一套信息表达标准，具有良好的扩展性和交互性。数据字典是系统物理层与应用层的逻辑纽带，是大数据平台的业务逻辑基础，起到将异构数据标准化、一站式支持应用开发的作用。

通过基于 BIM 技术的智能运维平台将 BIM 与数据字典匹配，对运维管理平台所需的 BIM 进行数据优化，以建筑运维数据字典为标准，对模型构件的命名、属性、连接关系等信息进行录入和修改，从数据标准层面支持建筑运维管理平台的应用需求。

梳理规范业务流程，统一数据标准，满足对设备台账、运行及工程管理等业务的管理要求，为智能运维管理平台建设提供标准化数据平台的有力支撑。

2. 绿色智能运维系统的架构

该系统可以分为设备层、子系统、项目级管理平台、企业级管理平台四个层次。

（1）设备层

设备层即智能电表、冷量表、环境传感器、温控仪、阀门、喷淋开关、控制器等各种传感器与执行器设备。

（2）子系统

节能类外部专家系统（能源管理、冷站群控、楼宇设备自控系统等）、品质类系统（环境监控等）、安全类系统（配电监测等）、管理类系统（设备设施、租户用电缴费等），以及对接式系统（停车管理、客流统计、消防监测、视频监测等）。

（3）项目级管理平台

运维管理体系的应用平台涵盖系统概览、设备和系统管理中心、环境和品质管理中心、安防和消防管理中心、经营和服务管理中心、资产和资料管理中心、事务和人力管理中心，以及全局功能等应用功能。

（4）企业级管理平台

建筑运维数据字典标准下的建筑信息数据中台，通过与 BIM 挂接的形式，对建筑数据信息进行基于语义的规范化的定义和分类管理，并提供以此为基础的 AI 算法（能源预算、设备运行、预警报警、负荷预测）、大数据分析（数据仓库、数据分析、数据清洗、数据挖掘）、地理位置（设备定位、室内地图）等相关数据服务，并最终通过企业平台驾驶舱（关键指标总览、电子地图）、综合管理（登录日志、消息中心、报表编辑及生成）、商业智能平台（各项目关键指标对比分析）、设备设施管理，以及能源、设备运行、环境管理等功能服务于集团的考核管理体系。

数据底层由数据采集设备层的各传感器与执行器设备构成，通过子系统对数据进行集成。进而在项目级管理平台层面集合各子系统，形成项目集成管理平台。最终在企业级管理平台层面，基于底层标准化的数据接入，形成建筑运维数据字典标准下的建筑信息数据中台，并最终服务于运维集团的考核管理体系，为整体建筑运维管理的高效实现提供强有力的数据支持。

绿色智慧技术的应用有效提高了该项目的建筑节能、节水管理和室内环境质量管理等运维水平，使之成为绿色智慧运维的标杆项目，形成良好的示范效应。在智慧化方面，该运维管理系统实现了对建筑能源、配电、室内环境、用能缴费、设备设施等诸多要素进行统一和高效的管理，通过智慧化技术达成运维管理的高效率、高品质、高安全、低能耗。在绿色低碳方面，该项目单方年能耗为 109kW · h，低于 GB/T 51161—2016《民用建筑能耗标准》规定的建筑能耗约束值为 160kW · h 的 70%，取得了十分可观的节能减碳效果。同时主要功能区域声环境均达到高标准要求，空调气流组织满足热环境设计指标，自然采光空间达标面积达到高标准要求。

7.4.2　上海新华医院新建儿科综合楼案例

该项目总建筑面积为 57670m^2，地上 18 层，地下 3 层，包括门诊、急诊、手术、医技和病房等各种功能的综合性医疗建筑（图 7-3）。其中机电系统除了水暖电等常规系统外，还包括医用气体、气动物流、轨道小车等特有系统。通过绿色智能运维，提供了如下应用服务：

图 7-3　上海新华医院新建儿科综合楼

1. 空间资产可视化管理

使用 BIM 查看各科室空间占用情况，辅助医院科室绩效考核评估；可快速查看房间的建筑荷载和墙顶地材料，辅助改造决策。

2. 移动资产智能定位与精细化管理

如图 7-4 所示，通过室内定位和能耗监测，分析移动医疗设备所在房间、使用频次、历史轨迹，提高资产盘点效率，为资产采购提供数据支撑；基于海量报修数据，自动定位高频问题，降低电梯关人、医疗房间故障的发生频率，更好地服务医疗业务。

3. 建筑设备智能化运维管理

通过智能化系统对建筑机电设备和医院气体等专用设备进行实时监测。设备报警时，基于 BIM 分析影响范围和优先级，自动推送故障设备位置、原因和处理建议至维修人员手机。处理完成后，上传处理结果等信息，实现闭环管理。BIM 运维系统还根据设备的历史报修数据和运行监测数据，建立设备故障预测 AI 算法，支持空调箱、电梯等设备故障预测，实现主动式运维，减少突发故障，提高病人就医体验。

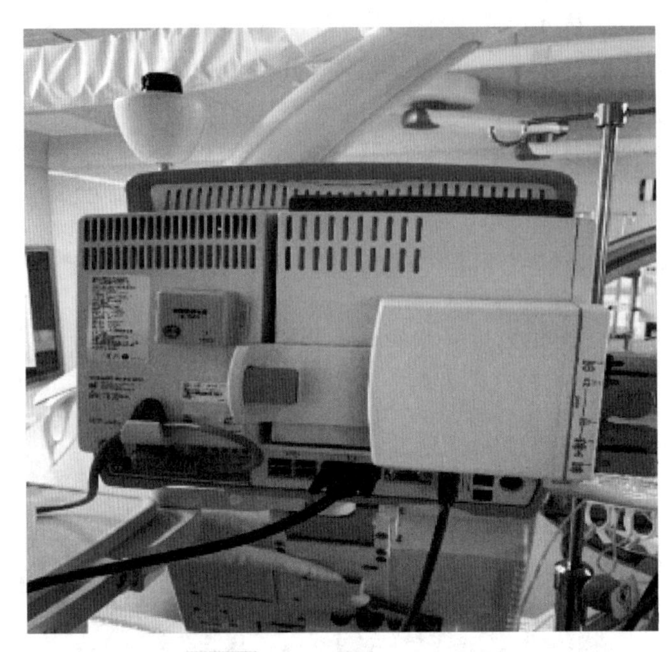

图 7-4 医疗设备定位物联网

4. 应急维修在线管理与高频重复工单挖掘

后勤维修管理人员可以通过移动端便捷地发起工单，异常设备也能够自动发起报警工单，将原来的被动式运维管理变成主动式管理。如图 7-5 所示，重复维修工单页面汇总了近期反复报修的问题，通过数据智能分析和主动推送，管理者可以及时了解哪些地方反复报修，分析是维修师傅水平有问题，还是配件需要更换。用数据指导运营管理决策，提高管理的精细化水平。

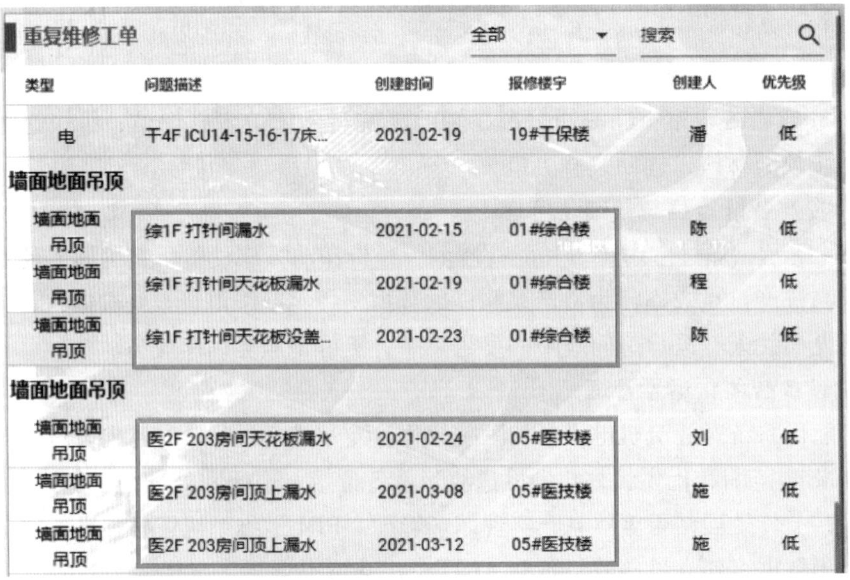

重复维修工单　　全部　　搜索

类型	问题描述	创建时间	报修楼宇	创建人	优先级
电	干4F ICU14-15-16-17床...	2021-02-19	19#干保楼	潘	低
墙面地面吊顶					
墙面地面吊顶	综1F 打针间漏水	2021-02-15	01#综合楼	陈	低
墙面地面吊顶	综1F 打针间天花板漏水	2021-02-19	01#综合楼	程	低
墙面地面吊顶	综1F 打针间天花板没盖...	2021-02-23	01#综合楼	陈	低
墙面地面吊顶					
墙面地面吊顶	医2F 203房间天花板漏水	2021-02-24	05#医技楼	刘	低
墙面地面吊顶	医2F 203房间顶上漏水	2021-03-08	05#医技楼	施	低
墙面地面吊顶	医2F 203房间顶上漏水	2021-03-12	05#医技楼	施	低

图 7-5 挖掘门、急诊区域高频报修问题

5. 客流监测异常分析与主动式安防管理

应用人脸识别技术自动识别可疑人员和危险行为，同时调取监控画面和位置，通知安保人员进行相应处理。如图 7-6 所示，自动分析医院各出入口客流情况，挖掘医患进出污物通道等异常情况，基于院区 BIM 实现网格化流向精细管控，合理规划人、车、物流，避免交叉感染。

图 7-6　出入口客流分析

6. 能耗分项计量与节能管理

如图 7-7 所示，将医院水、电、天然气的分项计量数据集成到 BIM 中，结合各回路逻辑关系和服务范围，挖掘能耗异常情况，及时发现漏水、过载等问题，辅助降低能源消耗。

7.4.3　光伏电站案例

元谋物茂光伏电站坐落于云南省楚雄彝族自治州元谋县物茂乡，隶属中国华能集团，电站总投资超 33 亿元，总装机容量 550MW，是目前亚洲最大的山地并网光伏电站。

元谋物茂光伏电站在生产运营中存在以下痛点：一是山地光伏区域分散、地块跨度大、地形复杂运维难，少人化甚至无人化管理需求迫切；二是电厂对网络安全要求高，传统无线通信无法满足安全隔离要求。为解决上述痛点，元谋物茂光伏电站联合云南移动、中移物联、华为等单位探索 5G 智能化应用，助力电站提升智能化运维管理水平。

该案例利用 5G 融合物联网、大数据、人工智能、云计算、边缘计算等技术，在赋能层为光伏电站提供安全、高效、稳定的基础“底座”。在平台层加速实现元谋物茂光伏电站的集约化运营、高效化运转以及信息化构建，形成智慧光伏运维一体化平台。在应用层开展 5G 数据采集、5G 智能诊断、5G 无人机自动巡检、5G 安全管控等 10 余项 5G 应用建设。三层架构支撑构建全面、快速、准确的电站感知能力体系，实现智能分析与生产运营的高效协

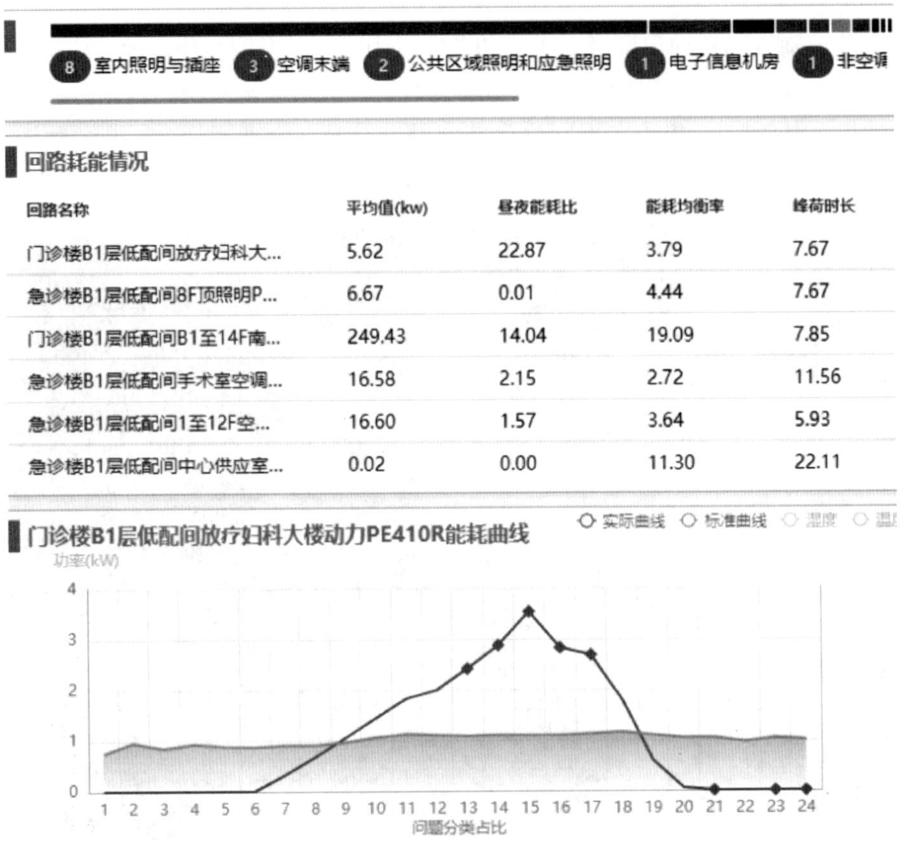
8 室内照明与插座
3 空调末端
2 公共区域照明和应急照明
1 电子信息机房
1 非空调
回路耗能情况
回路名称 平均值(kw) 昼夜能耗比 能耗均衡率 峰荷时长
门诊楼B1层低配间放疗妇科大... 5.62 22.87 3.79 7.67
急诊楼B1层低配间8F顶照明P... 6.67 0.01 4.44 7.67
门诊楼B1层低配间B1至14F南... 249.43 14.04 19.09 7.85
急诊楼B1层低配间手术室空调... 16.58 2.15 2.72 11.56
急诊楼B1层低配间1至12F空... 16.60 1.57 3.64 5.93
急诊楼B1层低配间中心供应室... 0.02 0.00 11.30 22.11
门诊楼B1层低配间放疗妇科大楼动力PE410R能耗曲线
实际曲线
标准曲线
功率(kW)
4
3
2
1
0
1 2 3 4 5 6 7 8 9 10 11 12 13 14 15 16 17 18 19 20 21 22 23 24
问题分类占比

图 7-7　用电异常分析

同，为电站安全稳定运行、风险预控提供技术基础，为大规模光伏电站高效维检、安全管控提供技术手段。

（1）5G+逆变器无线采集：提升光伏组串故障识别精度

元谋物茂智慧光伏通过 5G 监控系统下发 IV 诊断指令至逆变器，逆变器接收 IV 扫描指令后，单路组串电压回到开路电压。逆变器从开路电压一直扫描到最低电压，并根据 IV 曲线变化趋势，判定故障位置或完成定期体检任务。该场景打破传统有线数据传输方式，采用 5G 电力虚拟专网实现工控系统数据传输，在保障数据安全性的同时，为 5G 技术在工业控制系统上的安全性应用做试点验证。

（2）5G+设备状态感知：实现电厂精益化运营

该场景利用传感器实时采集变压器运行状态数据，通过 5G 网络将电力设备的在线综合状态数据上传至监测平台，平台基于数据模型对获得的数据进行整理和分析，并对设备的健康状态进行评估、诊断和预测，支撑开展精益运维故障预测、智能改造及资产管理等多类高级应用，助力构建完善的电力设备全生命周期管理体系。

（3）5G+无人机、机器人巡检：提升设备运维水平

如图 7-8 和图 7-9 所示，该场景在作业现场部署无人机智慧机库、巡检机器人等行业终

端，并依托 5G 电力虚拟专网进行指令的下发及回传，以实现各区域作业终端的数据采集与自动线路规划。无人机采集的视频数据通过 5G 网络传输至云端，并利用 AI 算法进行故障自动识别，识别准确率接近 100%。该场景可实现组件缺陷问题及时发现，大幅提高运维效率。

图 7-8　无人机巡检

图 7-9　机器人巡检

思考题

1. 建筑运维的主要内容是什么？
2. 绿色智能运维的内涵是什么？
3. 请列举绿色智能运维的技术，并说明其应用场景。
4. 请说明绿色智能运维系统的架构。
5. 假设有一个高层酒店项目，请简要拟订其绿色智能运维方案。

参考文献

[1] 郑展鹏，窦强，陈伟伟，等. 数字化运维［M］. 北京：中国建筑工业出版社，2019.

[2] 吴斌. 现代建筑智能化系统运行与维护管理手册［M］. 北京：中国电力出版社，2014.

[3] 叶钢，孔繁颖，王峰，等. 混合架构下构建运维监控平台的设想［J］. 金融电子化，2019（2）：74-76.

[4] 买亚锋，张琪玮，沙建奇. 基于 BIM+物联网的智能建造综合管理系统研究［J］. 建筑经济，2020，41（6）：61-64.

[5] 陈大海. 基于物联网和数字孪生的综合交通客运枢纽智能运维技术研究［J］. 中国信息化，2023（2）：67-68.

[6] 黄宁，王宇，窦强，等. 超高层建筑绿色智慧运维综合技术研究与实践：以青岛海天中心为例［J］. 绿色建造与智能建筑，2024（1）：69-74.